职业院校教学用书

SMT 基础与设备
（第 3 版）

主　编　何丽梅　施德江　李　晶
参　编　孙　妍　刘　冰　罗晓鹏
主　审　黄永定

電子工業出版社
Publishing House of Electronics Industry
北京•BEIJING

内 容 简 介

本书系统阐述了 SMT 工艺、SMT 生产线、SMT 元器件等 SMT 基础内容。针对 SMT 产品制造业的技术发展及岗位技能要求，本书详细介绍了 SMB 的设计与制造、焊锡膏印刷、贴片胶涂敷、波峰焊、再流焊、手工焊接、检测、返修及清洗等基本技能与相关设备。此外，还介绍了静电防护技术与无铅工艺制程。为解决学校实训条件不足的问题，满足增加学生感性认识的需求，本书配置了大量实物图片。

本书可作为中等职业技术学校电子技术应用专业、电子材料与元器件制造专业的教材，也可作为其他相关专业的辅助教材，或者作为 SMT 产业工程技术人员的参考资料。

未经许可，不得以任何方式复制或抄袭本书之部分或全部内容。
版权所有，侵权必究。

图书在版编目（CIP）数据

SMT 基础与设备 / 何丽梅，施德江，李晶主编. —3 版. —北京：电子工业出版社，2022.11

ISBN 978-7-121-44451-7

Ⅰ. ①S… Ⅱ. ①何… ②施… ③李… Ⅲ. ①SMT 技术—教材 Ⅳ. ①TN305

中国版本图书馆 CIP 数据核字（2022）第 198454 号

责任编辑：蒲　玥　　　特约编辑：田学清
印　　刷：北京天宇星印刷厂
装　　订：北京天宇星印刷厂
出版发行：电子工业出版社
　　　　　北京市海淀区万寿路 173 信箱　　　邮编：100036
开　　本：880×1230　1/16　印张：16.5　字数：370 千字
版　　次：2011 年 7 月第 1 版
　　　　　2022 年 11 月第 3 版
印　　次：2025 年 1 月第 4 次印刷
定　　价：39.80 元

凡所购买电子工业出版社图书有缺损问题，请向购买书店调换。若书店售缺，请与本社发行部联系，联系及邮购电话：（010）88254888，88258888。

质量投诉请发邮件至 zlts@phei.com.cn，盗版侵权举报请发邮件至 dbqq@phei.com.cn。

本书咨询联系方式：010-88254485，puyue@phei.com.cn。

前 言

SMT 是一门包括元器件、材料、设备、工艺及表面安装电路基板设计与制造的系统性综合技术，是突破了传统的 PCB 通孔插装元器件方式而发展起来的第四代安装方法，也是电子产品能有效地实现“短小轻薄”、多功能、高可靠性、高质量、低成本的主要手段之一。而且，随着半导体元器件技术、材料技术、电子与信息技术等相关技术的飞速发展，SMT 的应用面不断扩大，相关技术得到了完善和深化。用 SMT 安装的电子产品具有体积小、性能好、功能多、价格低的综合优势，故 SMT 作为新一代电子装联技术已被广泛地应用于各个领域电子产品的安装，成为世界电子整机安装技术的主流。近年来，为与 SMT 的发展现状和趋势相适应，与信息产业和电子产品制造业的飞速发展带来的对 SMT 需求相适应，我国电子制造业急需大量掌握 SMT 知识的技术人才。

为更好地满足 SMT 人才系统性培养的需求，我们对《SMT 技术基础与设备（第 2 版）》进行了修订。本次修订听取了部分院校师生的意见与建议，考察了 SMT 电子产品的生产企业，并对相关电子行业的用工需求进行了调研，编写中注重教材的实用参考价值。与第 2 版相比，第 3 版充实了 SMT 工艺中的印刷、贴片、焊接、检测等关键工序的应用指导，删除了部分重复和纯理论方面的内容。

本书针对 SMT 产品制造业的技术发展及岗位需求，详细阐述了 SMB 的设计与制造、焊锡膏印刷、贴片、焊接、清洗等技能型人才应该掌握的基本知识，特别强调了生产现场的工艺指导，同时介绍了 SMT 设备的性能、操作方法及日常维护方法。为解决学校实训条件不足的问题，满足增加学生感性认识的需求，本书配置了大量实物图片。本书可作为中等职业技术学校电子技术应用专业、电子材料与元器件制造专业的教材，也可作为其他相关专业的辅助教材，或者作为 SMT 产业工程技术人员的参考资料。

本书在编写过程中参考了大量 SMT 相关的资料，同时得到了电子产品制造企业工程技术人员在生产制造方面的具体指导，在此对相关人员一并表示感谢。

本书由吉林信息工程学校的何丽梅、施德江和吉林通用航空职业技术学院的李晶主编，施德江编写第 1 章～第 3 章，李晶编写第 4 章～第 6 章，参与编写的还有吉林信息工程学校的孙妍（第 7 章～第 9 章）、刘冰（第 10 章、第 11 章）、罗晓鹏（第 12 章、第 13 章），全书由何丽梅统稿。

本书由吉林信息工程学校的黄永定主审。

由于编者的水平、经验有限，书中难免存在不足之处，真诚希望读者提出宝贵意见。

编　者

目　录

第 1 章

SMT 与 SMT 工艺

SMT 是“Surface Mount Technology”的简称，在我国电子行业标准中称为表面安装技术。20 世纪 70 年代，日本电子行业首先将 SMT 在电子制造业中推广开来，并很快推出 SMT 专用焊料、专用设备（如贴片机、再流焊炉、印刷机等）和各种片式元器件，这极大地丰富了 SMT 的内涵，也为 SMT 的发展奠定了坚实的基础。用 SMT 安装的电子产品具有体积小、性能好、功能多、价格低的综合优势。因此，SMT 作为新一代电子工艺技术已被广泛应用于各个领域的电子产品装联，目前已成为世界电子整机安装技术的主流。

SMT 是一门包括元器件、材料、设备、工艺及表面安装电路基板设计与制造的系统性综合技术，是突破了传统 PCB 通孔插装元器件的方式发展起来的第四代安装方法，是现在最热门的电子产品安装技术和工艺，也是电子产品能有效地实现“短小轻薄”、多功能、高可靠性、高质量、低成本的主要手段之一。

1.1 SMT 的发展

1. SMT 的发展简史

从 20 世纪 60 年代到现在，SMT 的发展历经了三个阶段。

第一阶段的主要技术目标是把小型化的片式元器件应用在混合电路（我国称为厚膜电路）的生产制造中，从这个角度来说，SMT 对集成电路（IC）的制造工艺和技术发展做出了重大贡献。同时，SMT 开始广泛应用于民用的石英电子表和电子计算器等产品。

1975 年，SMT 的发展进入第二阶段，为促使电子产品迅速小型化、多功能化，SMT 开始广泛应用于摄像机、耳机式收音机和电子照相机等产品。同时，用于表面安装的自动化设备被大量研制开发出来，片式元器件的安装工艺和支撑材料也已经成熟，这为 SMT 的高速发展打下了基础。

1986 年，SMT 的发展进入第三阶段，主要目标是降低成本，进一步改善电子产品的性价比。随着 SMT 的成熟，工艺可靠性的提高，应用在军事、汽车、计算机、通信设备、工业设备等领域的电子产品迅速发展，同时大量涌现的自动化表面装配设备及工艺手段，使片式元器件在 PCB 上的使用量高速增长，这促使电子产品的总成本高速下降。

目前，SMT 正在沿着以下趋势发展。

① 伴随着 I/O 端子数量的增多，器件的封装形式将由 QFP 快速地向 BGA 过渡，BGA、CSP 将成为封装技术的主流。随着 FC 底层填料的开发成功，FC 器件将进入实用化阶段，这意味着球栅阵列技术将开始取代周围有引脚的表面贴装元器件，就像表面贴装元器件取代通孔插装元器件一样，芯片正在从系统芯片（SOC）向系统级封装（SIP）的设计方法过渡。

② 与球栅阵列式器件相配套的是 PCB 技术，包括基材的制造技术也将更新，如今高玻璃化温度（T_g）、低热膨胀系数（CTE）的基材不断被推出，特别是用积成法（BUM）制造的 PCB 每年以 17%的速度在增长，用 BUM 制造的 PCB，其 CTE 可达 6×10^{-6}/℃，达到与片式元器件的 CTE 同等级别，BUM 法制造的 PCB 将有力支撑着 FC 的实际应用。

③ 随着人们环保意识的提高，绿色化生产已成为大生产技术的新理念。这种新理念体现在如下几方面：无铅焊料开发成功，日本企业已经在部分消费类产品中使用；无铅化进程有加速化趋势，特别是欧盟有关电子电气设备中废料的指令（WEEE Directive）与含铅焊料的禁止在 2006 年 7 月 1 日生效，这意味着全世界电子产品的安装进入无铅化时代；PCB 的制造过程中不再使用数种因焚化而产生致癌物质的阻燃剂，在焊剂使用中，无 VOC（挥发性有机化合物）焊剂的应用也被提上日程。

④ 0201 元件的使用将对印刷机、贴片机、再流焊炉技术及检测技术提出更高要求。模块化、高速、高精度的贴片机，以及能连线使用的 AOI 和 AXI 将成为设备的制造方向。

⑤ 如今导电胶的电阻率已做到小于 0.001Ω·cm，综合性能明显提高，冷连接工艺已有雏形。

⑥ SMT 生产线的管理已实现计算机和无线网络管理，做到实时采集和传送工艺参数，不仅在质量上达到 6S 标准，还向无人化管理迈进。

SMT 作为新一代的装联技术，仅有几十年历史，但显示出强大的生命力，它以非凡的速度走完了从诞生、完善至成熟的路程，迈入了大范围工业应用的旺盛期。如今无论是在投资类电子产品中还是在民用类电子产品中，均有它的身影。

2. SMT 元器件的发展过程

SMT 的重要基础之一是 SMT 元器件，SMT 的发展需求和发展程度主要受 SMT 元器件发展水平的制约。为此，SMT 的发展史与 SMT 元器件的发展史基本是同步的。

20 世纪 60 年代，荷兰飞利浦公司研制出可供手表工业使用的可表面安装的纽扣状微型器件的 SOIC（小外形集成电路）。它的引脚分布在器件两侧，呈翼形，引脚的中心距为 1.27mm（50mil，1mil=0.001in=0.0254mm），引脚多达 28 个以上。20 世纪 70 年代初，日本开始使用 QFP 集成电路来制造计算器。QFP 的引脚分布在器件的四边，呈翼形，引脚的中心距最小仅为 0.635mm（25mil），甚至更小，引脚可达几百个。

20 世纪 70 年代，LCCC 全密封器件被研制出来，它以分布在器件四边的金属化焊盘代替引脚。进入 20 世纪 90 年代后，引脚间距为 0.3mm 的 SMC/SMD 的安装技术和安装设备趋向成熟。美国研制的PLCC器件，引脚分布在器件的四边，引脚中心距一般为1.27mm（50mil）。

20世纪90年代初期，CSP以芯片面积与封装面积近似相等、可进行与常规封装集成电路相同的处理和试验、可进行老化筛选、制造成本低等特点脱颖而出。

为满足集成电路集成度的增大使同一SMD的I/O接口数，即引脚数增大的需求，将引脚有规律地分布在SMD整个贴装表面，形成栅格阵列型的SMD，从20世纪90年代开始发展并很快得以普及应用，其典型产品为BGA器件。

由此可见，SMT元器件的不断缩小和变化，促进了安装技术的不断发展，而安装技术在提高安装密度的同时又向元器件提出了新的技术要求和齐套性要求。可以说二者是相互依存、相互促进的。

作为第四代电子装联技术的SMT，已经在现代电子产品，特别是在尖端科技电子设备、军用电子设备的微小型化、轻量化、高性能、高可靠性的发展中发挥了极其重要的作用。为了适应更高密度、多层互连和立体安装的要求，目前SMT已处于MPT新阶段。

MCM（Multi-Chip Module，多芯片模块）是20世纪90年代以来发展较快的一种先进的混合集成电路。它把几块集成电路芯片安装在一块电路板上，构成功能电路块。由于MCM技术将多块裸芯片不加封装，直接安装于同一基板并封装于同一壳体内，因此面积只为SMT的$\frac{1}{6}\sim\frac{1}{3}$，质量仅为SMT的$\frac{1}{3}$。

以MCM、3D（三维）为核心的MPT是在高密度、多层互连的PCB上，用微型焊接和封装工艺将微型元器件（主要是集成电路）通过高密度安装、立体安装等安装方法进行安装，形成的高密度、高速度和高可靠性主体结构的微电子产品（组件、部件、子系统或系统）的技术。这种技术是当今微电子技术的重要组成部分，在尖端高科技领域更具有十分重要的意义，在航天、航空、雷达、导航、电子干扰系统、抗干扰系统、通信、巨型计算机、敌我识别电子装备等方面具有非常广阔的应用前景。

因此，SMT是信息产业迅速壮大和突飞猛进的主要支柱，在21世纪甚至更长时期中，SMT仍是电子产品安装的主流和基础技术。

3. SMT发展的意义

从狭义上讲，SMT将片式元器件贴装到PCB上，经过整体加热实现片式元器件的互连，从广义上讲，SMT包含片式元器件、表面安装设备、表面安装工艺，通常人们把表面安装设备称为“硬件”，把表面安装工艺称为“软件”，而片式元器件既是SMT的基础，又是SMT发展的动力，它推动SMT专用设备和装联工艺不断更新与深化。支持信息产业的关键技术正是芯片技术和安装技术。芯片技术决定电子产品的性能，是信息产业的核心。

安装技术即大生产技术，它把先进的信息技术转化为实际的可供人们使用的电子产品，该过程既给社会带来巨大的物质财富，又给人们带来物质生活的享受。如今各种数字化的电子产品琳琅满目，使人目不暇接。从广义上来讲，SMT 和信息产业是相互依存、相互发展的，SMT 已成为信息产业强有力的基础。

4．我国 SMT 的发展与现状

我国的电子科技人员从 20 世纪 70 年代初就开始关注和跟踪国外 SMT 的发展，并于 20 世纪 80 年代初在小范围内应用 SMT。我国最早规模化引进 SMT 生产线始于 20 世纪 80 年代初期，其背景是我国开始引进彩色电视机工业技术，与其配套的彩电调谐器，如松下彩电调谐器由 A 型转向 B 型电子调谐器，而新型调谐器大量采用片式元器件。在当时经济制度的指导下，国内彩电调谐器厂开始引进 SMT 生产线，引进的机型品牌有松下、三洋、TESCOM、TDK 等。

20 世纪 90 年代初期，我国录像机生产线的引进掀起了另一次 SMT 引进高潮。以松下录像机为例，从 L15 开始大量采用片式元器件。其间中国华录集团有限公司（大连）、北京电视设备厂、上海录音器材厂、南京 714 厂、厦新电子有限公司（厦门）等录像机生产厂家开始引进 SMT 生产线。据国外某调查机构统计，截至 1997 年年底，我国贴片机的保有量为 3700 台，SMT 生产线总数为 1 500～2 000 条。

进入 21 世纪以来，我国电子信息产品制造业加快了发展步伐，每年都以 20%以上的速度高速增长，成为国民经济的支柱产业。随着我国电子制造业的高速发展，我国的 SMT 产业同步迅猛发展，整体规模居世界前列。

我国 SMT/EMS（制造执行系统）产业主要集中在东部沿海地区，其中广东、福建、浙江、上海、江苏、山东、天津、北京及辽宁等省市的 SMT/EMS 总量占全国 80%以上。按地区分，以珠三角及其周边地区最强，长三角地区次之，环渤海地区第三。环渤海地区 SMT/EMS 总量虽与珠三角和长三角地区相比有较大差距，但增长潜力巨大，发展势头更强。据国家有关部门公布的信息来看，天津滨海新区继深圳、上海浦东后将成为我国经济增长的第三极。不久的将来，我国 SMT/EMS 产业必然形成珠三角、长三角、环渤海地区三足鼎立之势。

我国 SMT/EMS 产业之所以出现如此大好形势，主要是因为我国政府有关部门高度重视电子信息产品制造业的发展，制定了良好的引进、发展政策。世界电子信息产品制造业发达的国家和地区，如美、日、韩、欧洲和我国台湾地区，把电子制造业往我国大陆转移也是重要因素。以在 SMT/EMS 领域世界排名前十的企业为例，像 FOXCONN（富士康科技集团）、Flextronics（伟创力公司）、SOLECTRON（美国旭电公司）等一批企业均在我国大陆设厂。其中以富士康科技集团最为成功，其在深圳、苏州、北京、天津、烟台等地均建有大型工厂，就业人员数以万计。从国际大环境看，虽然印度、越南、东欧地区的 SMT 产业会有所发展，但是近期不会对我国的世界电子制造大国地位造成很大威胁。总之，此后几年内我国仍是世界最大的 SMT 市场。

在 SMT 生产线方面，得益于我国东南沿海地区电子工业的高速发展，我国电子信息产业巨子华为、中兴、东方、大唐和巨龙等公司迅猛发展，大大促进了 SMT 产业的迅速发展。目前国内自行设计的电子产品，片式化率超过 70%，在大型 PCB 贴装、COB（板上芯片封装）技术、双面再流焊、通孔再流焊、激光焊及 MCM 方面都能达到国外同等水平。我国已成为全球最大、最重要的 SMT 市场。

1.2 SMT的优越性

1.2.1 SMT的优点

1. 安装密度高

片式元器件与传统通孔插装元器件（THC/THD）相比，所占面积和质量大为减小。采用 SMT 可使电子产品体积缩小 60%，质量减轻 75%。通孔插装元器件按 2.54mm 网格安装，而 SMT 安装元器件网格从 1.27mm 发展到目前的 0.63mm，个别达 0.5mm，密度更高。例如，一个 64 引脚的 DIP 集成电路的安装面积为 25mm×75mm；而采用引脚间距为 0.63mm 的 QFP，同样引脚数量的元器件安装面积为 12mm×12mm，约为 THT 的$\frac{1}{13}$。

2. 可靠性高

片式元器件的可靠性高；器件小而轻，故抗震能力强；采用自动化生产，贴装与焊接可靠性高，一般不良焊点率小于10^{-5}，比波峰焊接的 THC/THD 低一个数量级；用 SMT 安装的电子产品的 MTBF（平均无故障工作时间）为 25 万小时。

3. 高频特性好

由于片式元器件贴装牢固，元器件通常为无引脚或短引脚，降低了寄生电感和寄生电容的影响，提高了电路的高频特性。采用片式元器件设计的电路最高频率达 3GHz，而采用 THC/THD 的电路最高频率仅为 500MHz。采用 SMT 也可缩短传输延迟时间，可用于时钟频率大于 16MHz 的电路。若采用 MCM 技术，计算机工作站的高端时钟频率可达 100MHz，由寄生电抗引起的附加功耗可降至原附加功耗的$\frac{1}{3}\sim\frac{1}{2}$。

4. 成本低

SMT 工艺中 PCB 占用面积减小，为 THT 工艺中 PCB 面积的$\frac{1}{13}$。若采用 CSP 安装，其面积还可大幅度下降。片式元器件发展很快，促使成本迅速下降，一个片式电阻已和通孔电阻的价格相当，SMT 简化了电子整机产品的生产工序，降低了生产成本。在 PCB 上安装时，元器件的引脚不用整形、打弯、剪短，这使得整个生产过程缩短，生产效率得到提高。同样功能电路的加工成本低于通孔插装方式，一般可使生产总成本降低 30%～50%。以下几点也是促使 SMT 生产成本下降的因素。

① PCB 上钻孔数量减少，节约返修费用。

② 由于高频特性提高，减少了电路调试费用。

③ 由于片式元器件体积小、质量小，减少了包装、运输和储存费用。

5. 便于自动化生产

目前通孔安装 PCB 要实现完全自动化，还需使原 PCB 面积扩大 40%，以便自动插装头将元器件插入，否则没有足够的空间间隙，将碰坏零件。自动贴片机采用真空吸嘴吸放元器件，真空吸嘴小于元器件外形，有利于提高安装精度，便于自动化生产。

当然，SMT 生产线中也存在一些问题，如：元器件上的标称值看不清，维修工作困难；维修调换元器件需要专用工具；元器件与 PCB 之间的 CTE 一致性差。但这些问题均是发展中的问题，随着专用拆装设备的出现，以及新型低膨胀系数 PCB 的出现，均已不再是阻碍 SMT 深入发展的障碍。

1.2.2 SMT 和 THT 的比较

SMT 工艺的特点可以通过其与 THT 工艺进行比较来体现。从安装工艺的角度分析，SMT 和 THT 的根本区别是“贴”和“插”。二者的区别还体现在元器件、PCB 基板、焊接方法、PCB 面积、安装工艺、自动化程度等方面。

电子电路装联技术的发展主要受元器件类型的支配，出现“插”和“贴”这两种截然不同的电路模块安装技术的原因是采用了外形结构和引脚形式完全不同的两种类型的元器件。由于 SMT 工艺中采用无引脚或短引脚的元器件，故从安装工艺角度分析，SMT 和 THT 的根本区别一是所用元器件、PCB 的外形不完全相同；二是前者是“贴”，即将元器件贴装在 PCB 焊盘表面，而后者是“插”，即将长引脚元器件插入 PCB 焊盘孔内。前者是预先将焊料（焊锡膏）涂在焊盘上，贴装元器件后一次加热完成焊接；后者是通过波峰焊机利用熔融的焊料流，实现升温与焊接。THT 与 SMT 的区别如表 1-1 所示。

表 1-1 THT 与 SMT 的区别

类　型	THT	SMT
元器件	双列直插或 DIP； PGA（插针阵列封装）； 有引脚电阻、电容	SOIC、SOT、LCCC、PLCC、QFP、BGA、CSP 尺寸比 DIP 要小许多； 片式电阻、电容
PCB 基板	PCB 采用 2.54mm 网格设计，通孔孔径为 0.8～0.9mm	PCB 采用 1.27mm 网格或更细设计，通孔孔径为 0.3～0.5mm，布线密度要高 2 倍以上

续表

类　型	THT	SMT
焊接方法	波峰焊	再流焊
PCB面积	大	小，缩小比为1∶10～1∶3
安装工艺	穿孔插入	表面安装（贴装）
自动化程度	自动插装机	自动贴片机，生产效率高于自动插装机

1.3 SMT的组成与SMT工艺的主要内容

1.3.1 SMT的组成

表面安装技术（SMT）通常包括元器件、基板（表面安装电路板）、设计（PCB图形设计）、材料（焊锡膏及贴片胶等）、设备（印刷机、贴片机、再流焊机等）、工艺方法（印刷、点胶、波峰焊、再流焊、清洗）、测试技术及管理工程（表面安装生产线管理）等多方面内容，如图1-1所示。这些内容可以归纳为三方面：一是设备，被称为SMT的“硬件”；二是装联工艺，被称为SMT的“软件”；三是元器件，既是SMT的基础，又是SMT发展的动力，推动着SMT专用设备和装联工艺不断更新与深化。

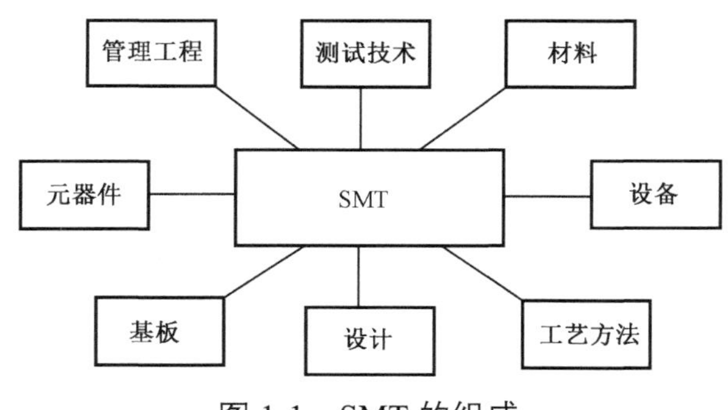

图1-1　SMT的组成

SMT是一组技术密集、知识密集的技术群，涉及元器件封装、电路基板制造、PCB设计、印刷技术、自动控制技术、软钎焊技术、物理、化工、新型材料等多种专业和学科。在设备方面，许多机器都采用计算机控制，由微处理器、图像识别系统、传感器、伺服系统组成控制系统。以贴片机为例，一般贴片机以焊接结构为基础件，采用大量灵敏元器件，如滚动丝杆、滑动直线导轨、磁性流体阻尼器件等，巧妙地安装上气动系统、真空系统、电气控制与机械式凸轮分配轴系统，涉及机械学的各个领域。中高速贴片机运行速度快，振动频率高，紧固器件松动、传感器移位、结构件错位等，任何一个电接触头浮动都会导致设备不能正常运行。事故原因需从机械、光源光路、电气线路几方面寻找，故要求SMT工艺人员机电并通，具有丰富的机电一体化学科知识。在新型材料方面，焊锡膏和贴片胶都是触变性流体，它们引起的缺陷占 SMT 总缺陷的 60%，只有掌握了这些材料的知识才能保证 SMT 工艺的质量。SMT 还涉及多种装联工艺，如印刷工艺、点胶工艺、贴放工艺、固化工艺，其中任一环节的工艺参数漂移都会导致不良产品出现。这要求 SMT 工艺人员必须具有丰富的工艺知识，随时监视工艺状况，预测发展动向。

值得一提的是，SMT 生产线中早期投入大，因此要组织 SMT 生产线，首先应做好 SMT 人员的培训工作，这样做将事半功倍，通过培训，增强技术人员对 SMT 的理性认识，逐步培养出一支具有专业知识的专业队伍；其次应通过对设备性能的了解，合理地组建 SMT 生产线；最后应通过严格科学的生产管理，成功实现 SMT 生产线。

1.3.2 SMT 工艺的主要内容

SMT 工艺的主要内容可分为安装材料选择、安装工艺设计、安装技术和安装设备应用四大部分，如图 1-2 所示。

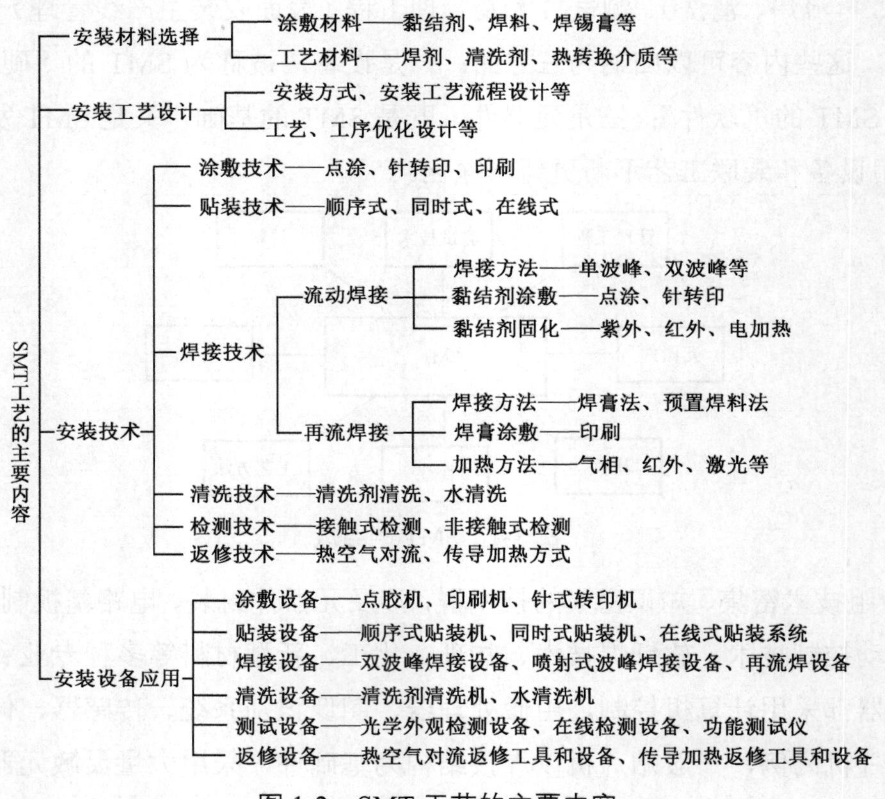

图 1-2　SMT 工艺的主要内容

SMT 工艺涉及化工与材料技术（如各种焊锡膏、焊剂、清洗剂）、涂敷技术（如焊锡膏印刷）、精密机械加工技术（如丝网制作）、自动控制技术（如设备及生产线控制）、焊接技术和测试、检验技术、安装设备应用技术等诸多方面。SMT 工艺具有 SMT 综合性工程技术特征，是 SMT 的核心。

1.4 SMT生产线

1.4.1 SMT的两类基本工艺流程

SMT工艺有两类基本工艺流程，一类是焊锡膏-再流焊工艺流程；另一类是贴片胶-波峰焊工艺流程。在实际生产中，应根据使用的元器件和生产装备的类型及产品的需求，选择单独进行某一工艺流程或重复与混合使用两类工艺流程，以满足不同产品的生产需要。

1. 焊锡膏-再流焊工艺流程

焊锡膏-再流焊工艺流程是焊锡膏印刷→贴片→再流焊→检验、清洗，如图1-3所示。该工艺流程的特点是简单、快捷，有利于减小产品的体积。该工艺流程在无铅焊接工艺中更显示出其优越性。

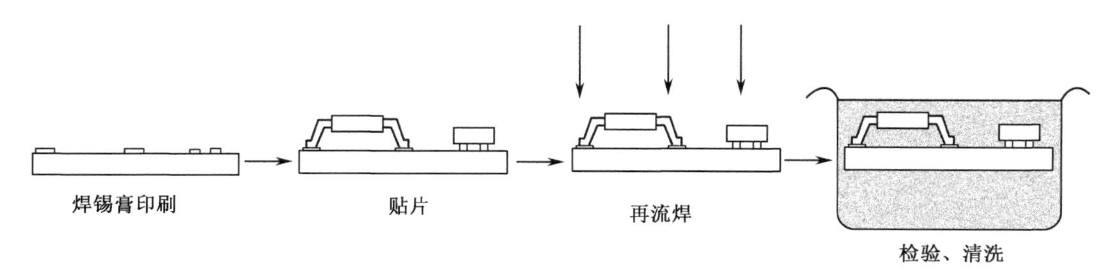

图1-3 焊锡膏-再流焊工艺流程

2. 贴片胶-波峰焊工艺流程

贴片胶-波峰焊工艺流程是贴片胶涂敷→贴片→固化→翻转PCB→插装THC/THD→波峰焊→检验、清洗，如图1-4所示。该工艺流程的特点是利用PCB的双面空间，电子产品的体积进一步缩小，由于部分使用THC/THD，价格低廉，但由于设备要求增多，波峰焊过程中易出现焊接缺陷，难以实现高密度安装。

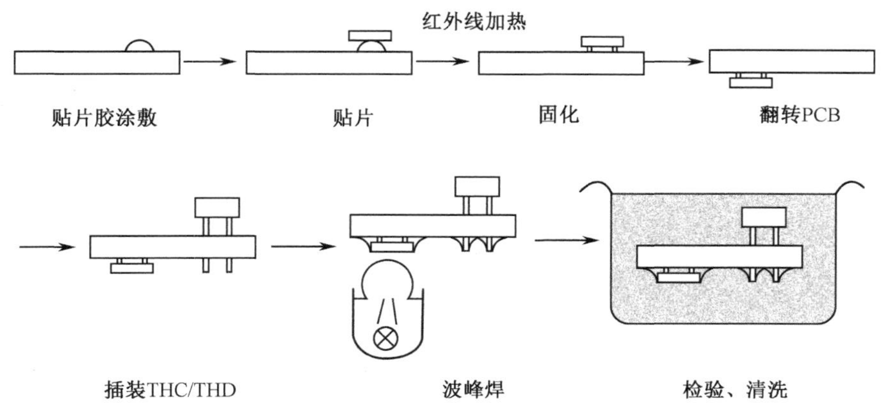

图1-4 贴片胶-波峰焊工艺流程

若将上述两类工艺流程混合与重复使用，可以演变出多类工艺流程。

1.4.2 SMT 的元器件安装方式

SMT 的元器件安装方式及其工艺流程主要取决于表面安装组件（SMA）的类型、使用的元器件种类和安装设备条件，大体上可分为单面混合安装、双面混合安装和全表面安装三种类型共六种安装方式，如表 1-2 所示。

表 1-2　SMA 的安装方式

序号	安装方式		组件结构	电路基板	元器件	特征
1	单面混合安装	先贴法	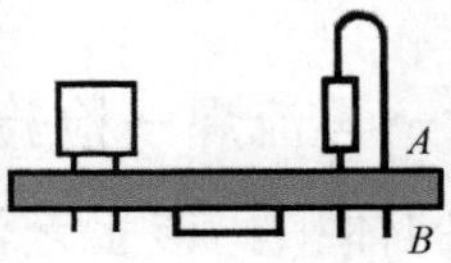	单面 PCB	SMC/SMD、THC/THD	先贴后插，工艺简单，安装密度低
2		后贴法		单面 PCB	SMC/SMD、THC/THD	先插后贴，工艺较复杂，安装密度高
3	双面混合安装	SMC/SMD 和 THC 同侧方式	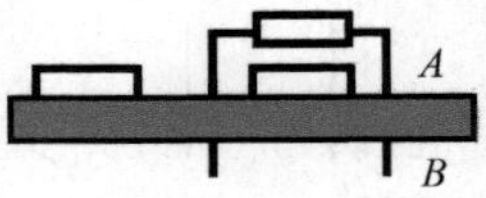	双面 PCB	SMC/SMD、THC	先贴后插，工艺较复杂，安装密度高
4		SMC/SMD 和 THC 不同侧方式	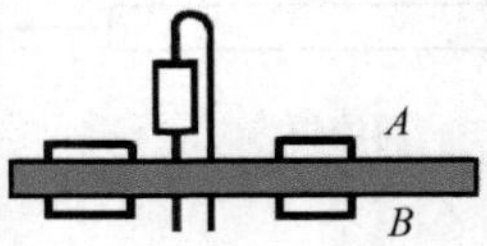	双面 PCB	SMC/SMD、THC	THC 和 SMC/SMD 安装在 PCB 同一侧，但另一侧也装有 SMC/SMD
5	全表面安装	单面表面安装	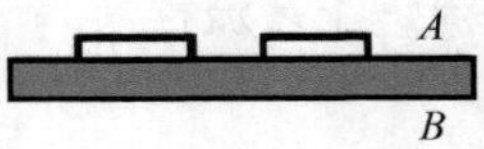	单面：PCB、陶瓷基板	SMC/SMD	工艺简单，适用于小型、薄型化的电路安装
6		双面表面安装	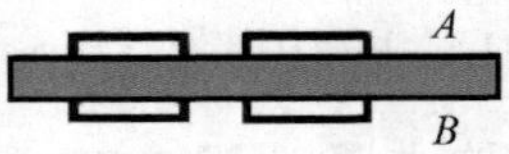	双面：PCB、陶瓷基板	SMC/SMD	安装密度高，薄型化

根据产品的具体要求和安装设备的条件选择合适的安装方式，是高效、低成本安装生产的基础，也是 SMT 工艺设计的主要内容。

1．单面混合安装

单面混合安装，即 SMC/SMD 与 THC/THD 分布在 PCB 不同面上混装，但焊接面仅为单面。该类安装均采用单面 PCB 和波峰焊接工艺，具体有两种安装方式。

（1）先贴法：表 1-2 所列的第一种方式，即先在 PCB 的 *B* 面（焊接面）贴装 SMC/SMD，然后在 PCB 的 *A* 面插装 THC/THD。

（2）后贴法：表 1-2 所列的第二种方式，即先在 PCB 的 *A* 面插装 THC/THD，然后在 PCB 的 *B* 面贴装 SMC/SMD。

2．双面混合安装

双面混合安装，即 SMC/SMD 和 THC 可混合分布在 PCB 的同一面，SMC/SMD 也可分布在 PCB 的两面。双面混合安装采用双面 PCB、双波峰焊接或再流焊接。该类安装也有先贴 SMC/SMD 还是后贴 SMC/SMD 的区别，一般根据 SMC/SMD 的类型和 PCB 的大小合理选择，通常采用先贴法。该类安装常用的安装方式有两种。

（1）SMC/SMD 和 THC 同侧方式：表 1-2 所列的第三种方式，SMC/SMD 和 THC 同在 PCB 的一侧。

（2）SMC/SMD 和 THC 不同侧方式：表 1-2 所列的第四种方式，把表面安装集成芯片（SMIC）和 THC 放在 PCB 的 *A* 面，而把 SMC/SMD 和 SOT 放在 PCB 的两面。

该类安装由于在 PCB 的单面或双面贴装 SMC/SMD，把难以表面安装化的有引脚元器件插入安装，因此安装密度相当高。双面混合安装工艺流程如图 1-5 所示。

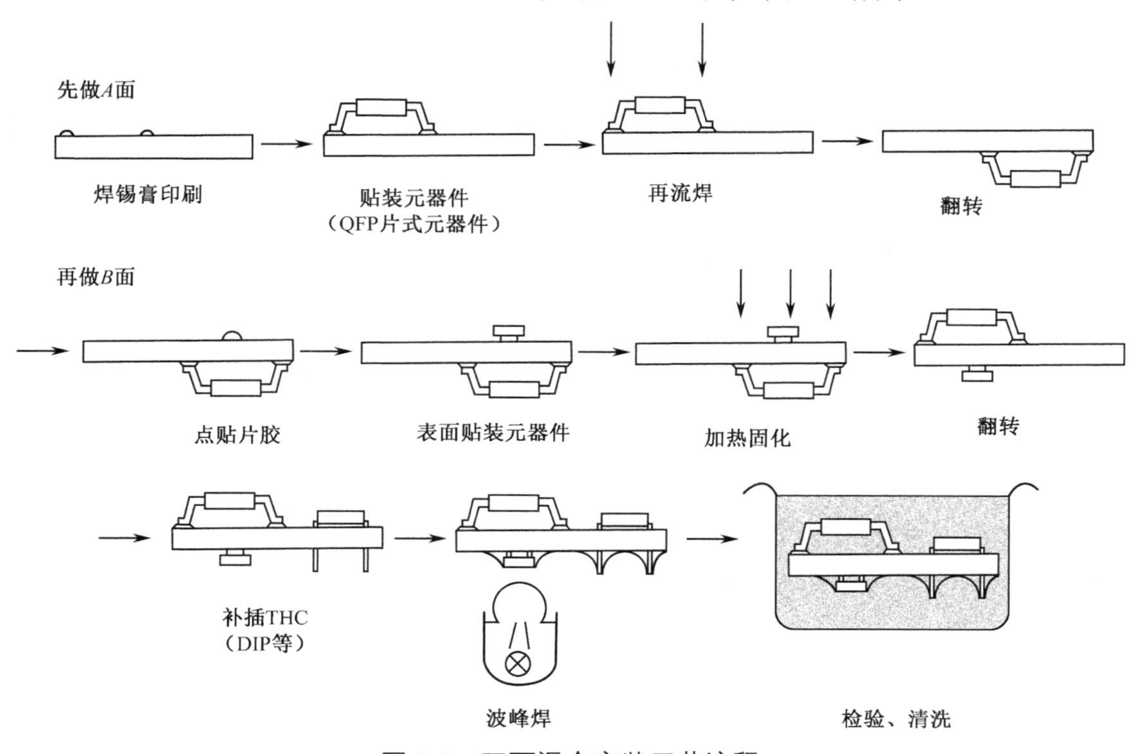

图 1-5 双面混合安装工艺流程

3. 全表面安装

全表面安装，在 PCB 上只有 SMC/SMD 没有 THC/THD。由于目前元器件还未完全实现片式化，实际应用中这类安装形式不多。该类安装方式一般在细线图形的 PCB 或陶瓷基板上，采用细间距器件和再流焊接工艺进行安装。该类安装具体有两种安装方式。

（1）单面表面安装方式：表 1-2 所列的第五种方式，采用单面 PCB 在单面安装 SMC/SMD。

（2）双面表面安装方式。表 1-2 所列的第六种方式，采用双面 PCB 在两面安装 SMC/SMD，安装密度更高。双面均采用焊锡膏–再流焊工艺流程如图 1-6 所示。

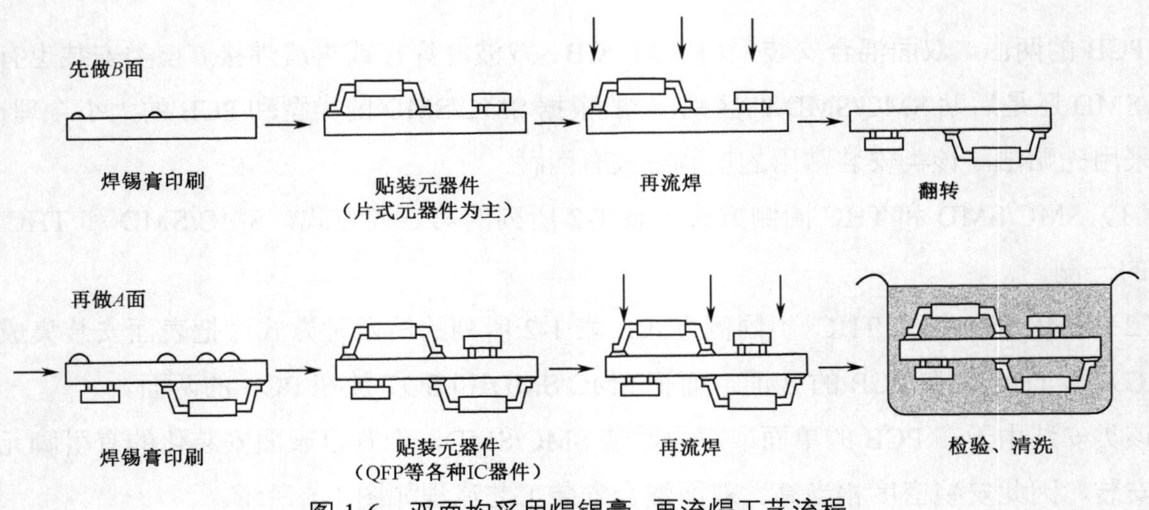

图 1-6　双面均采用焊锡膏–再流焊工艺流程

1.4.3　SMT 生产线的基本组成

由表面涂敷设备、贴装机、焊接机、清洗机、测试设备等表面安装设备形成的 SMT 生产系统习惯上称为 SMT 生产线。

目前，SMT 元器件的品种规格尚不齐全，因此在 SMA 中有时仍需要采用部分 THC/THD。常说的 SMA 中往往是 THC/THD 和 SMC/SMD 兼有的，全部采用 SMC/SMD 的只是一部分。根据安装对象、安装工艺和安装方式的不同，SMT 生产线有多种组线方式。

图 1-7 所示为采用再流焊技术的 SMT 生产线基本组成示例，一般用在 PCB 单面安装 SMC/SMD 的场合，也称为单线形式。若在 PCB 双面安装 SMC/SMD，则需要双线形式的生产线。当 THC/THD 和 SMC/SMD 兼有时，还需在图 1-7 所示生产线的基础上附加插装件安装线和相应设备。当采用的是非免清洗安装工艺时，还需附加焊后清洗设备。目前，一些大型企业设置了配有送料小车的、以计算机进行控制和管理的 SMT 产品集成安装系统，这是 SMT 产品自动安装生产的高级组织形式。

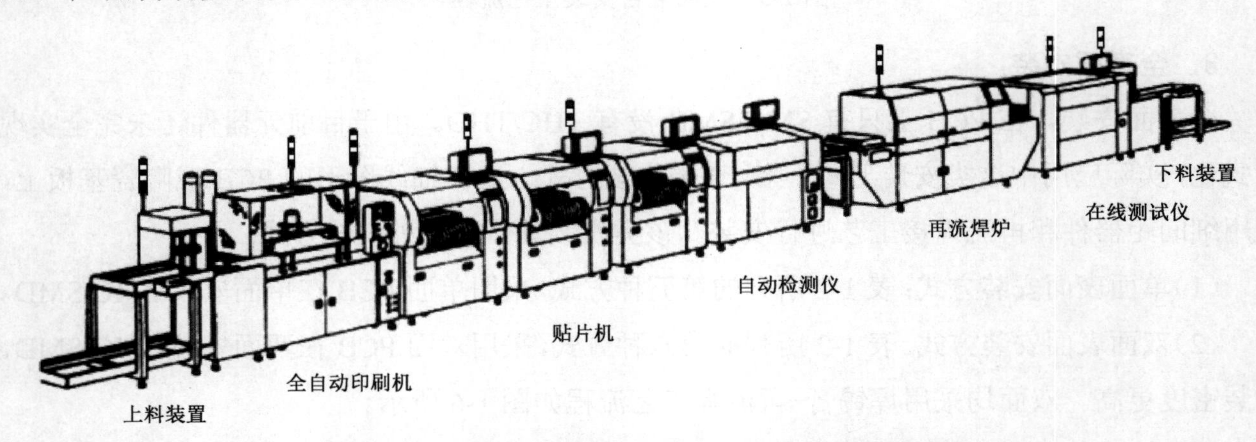

图 1-7　采用再流焊技术的 SMT 生产线基本组成示例

下面是 SMT 生产线的一般工艺流程，其中焊锡膏涂敷方式、焊接方式及点胶工序的有无根据不同的组线方式有所不同。

（1）印刷。其作用是将焊锡膏或贴片胶漏印到 PCB 的焊盘上，为元器件的焊接做准备。所用设备为全自动印刷机，位于 SMT 生产线的前端。

（2）点胶。其作用是将胶水滴到 PCB 的固定位置上，在采用波峰焊时，将元器件固定到 PCB 上。所用设备为点胶机，位于 SMT 生产线的前端或检测设备的后面。

（3）贴装。其作用是将 SMT 元器件准确安装到 PCB 的固定位置上。所用设备为贴片机，位于 SMT 生产线中全自动印刷机的后面。

（4）固化。其作用是将贴片胶固化，使 SMT 元器件与 PCB 牢固粘接在一起。所用设备为固化炉，位于 SMT 生产线中点胶机的后面。

（5）再流焊。也称回流焊，其作用是将焊锡膏熔化，使 SMT 元器件与 PCB 牢固地黏结在一起。所用设备为再流焊炉，位于 SMT 生产线中贴片机的后面。

（6）清洗。其作用是将安装好的 PCB 上对人体及产品有害的焊接残留物（如助焊剂等）除去。所用设备为清洗机，位置可以不固定，可以在生产线上，也可以不在生产线上。

（7）检测。其作用是对安装好的 SMA 进行焊接质量和装配质量的检测。所用设备有放大镜、显微镜、飞针式在线测试仪、AOI、X-Ray 检测系统、功能测试仪等，位置根据检测的需要，配置在生产线合适的位置。

（8）返修。其作用是对检测出故障的 SMA 进行返工。所用设备为电烙铁、返修工作站等。配置在生产线的合适位置上。

1.5　思考与练习题

【思考】科技的高速发展，带动了电子技术产业的改革与创新。进入 21 世纪以来，中国电子信息产品制造业加快了发展步伐，每年都以 20%以上的速度高速增长，成为国民经济的支柱产业，整体规模连续三年居全球第 2 位。随着中国电子制造业的高速发展，中国的 SMT 及产业也同步迅猛发展，整体规模也位居世界前列。

学习以上内容，作为将来的电子产业从业人员，谈一下自己的感受与感想。

1．简述 SMT 的含义及产生背景。

2．SMT 和 THT 的根本区别是什么？二者具体在哪些方面有区别？

3．简述 SMT 工艺的主要内容。

4．简述 SMT 的两类基本工艺流程。

5．简述 SMT 的元器件在 PCB 上的六种安装方式。

6．写出 SMT 生产线的基本组成，说明每一工序的作用和主要设备。

第2章 SMT元器件

2.1 SMT元器件的特点和种类

2.1.1 SMT元器件的特点

SMT元器件俗称无引脚元器件或片式元器件。习惯上人们把表面安装元件，如片式电阻、电容、电感等称为SMC（Surface Mounted Component），而将表面安装器件，如SOT、QFP组件等称为SMD（Surface Mounted Device）。无论是SMC还是SMD，在功能上都与传统的通孔插装元器件（THC/THD）相同。起初SMC/SMD是为了减小体积而制造的，然而，一经问世，它们就表现出强大的生命力，其体积明显减小，高频特性提高，抗震性好，安装紧凑等优点是传统THC/THD所无法比拟的，从而极大地刺激了电子产品向多功能、高性能、微型化、低成本的方向发展。同时，这些微型电子产品又促进了SMC和SMD继续向微型化发展。片式电阻、电容已由早期的3.2mm×1.6mm缩小到0.4mm×0.2mm，集成电路的引脚中心距已由1.27mm减小到0.3mm，且随着裸芯片技术的发展，BGA和CSP类多引脚器件已广泛应用到生产中。此外，一些机电元器件，如开关、继电器、滤波器、延迟线等，也都实现了片式化。

1．SMT元器件的特点

① 在SMT元器件的电极上，有些焊端完全没有引脚，有些只有非常短小的引脚，相邻电极之间的距离比传统的THT集成电路的标准引脚间距（2.54mm）小很多，目前引脚中心间距已经达到0.3mm。在集成度相同的情况下，SMT元器件的体积比THT元器件小很多，或者说，与同样体积的传统电路芯片比较，SMT元器件的集成度提高了很多倍。

② SMT元器件直接贴装在PCB的表面，将电极焊接在与元器件在同一面的焊盘上。这样，PCB上通孔的直径仅由制作PCB时镀覆孔（金属化孔）的工艺水平决定，通孔的周围没有焊盘，使PCB的布线密度和安装密度大大提高。

2. SMT 元器件的不足之处

① 元器件的片式化发展不平衡，阻容器件、晶体管、集成电路发展较快，异形器件、插座、振荡器等发展迟缓。

② 已片式化的元器件尚未完全标准化，不同国家甚至不同厂家的产品存在较大差异。因此，在设计、选用元器件时，一定要弄清楚元器件的型号、厂家及性能等，以避免出现因互换性差而造成的缺陷。

③ 元器件与 PCB 表面非常贴近，与基板的间隙小，给清洗造成困难。元器件体积小，电阻、电容一般不设标记，一旦弄乱就很难分清楚。元器件材料与 PCB 所用材料之间 CTE 的差异也是 SMT 产品中影响质量的因素。

本章主要介绍目前 SMT 生产中常用 SMC 与 SMD 的结构特点、主要性能指标、外形尺寸、识别标志及包装形式。

2.1.2 SMT 元器件的种类

SMT 元器件基本上都是片状结构。但片状是个广义的概念，从结构形状说，SMT 元器件包括薄片矩形、圆柱形、扁平异形等。SMT 元器件同传统元器件一样，也可以从功能上分为 SMC、SMD 和机电元件三大类。

SMT 元器件的详细分类如表 2-1 所示。

表 2-1 SMT 元器件的详细分类

类 别	封装形式	种 类
SMC	矩形片式	厚膜和薄膜电阻、热敏电阻、压敏电阻、单层或多层陶瓷电容、钽电解电容、片式电感、磁珠、石英晶体等
	圆柱形	碳膜电阻、金属膜电阻、陶瓷电容、热敏电容等
	异形	电位器、微调电位器、铝电解电容、微调电容、线绕电感、晶体振荡器、变压器等
	复合片式	电阻网络、电容网络、滤波器等
SMD	圆柱形	二极管
	陶瓷组件（扁平）	LCCC（无引脚陶瓷芯片载体）、CLCC（有引脚陶瓷芯片载体）
	塑料组件（扁平）	SOT、SOP、SOJ、PLCC、QFP、BGA、CSP 等
机电元件	异形	继电器、开关、连接器、延迟器、薄型微电机等

SMT 元器件按照使用环境分类，可分为非气密性封装器件和气密性封装器件。非气密性封装器件对工作温度的要求一般为 0～70℃，气密性封装器件的工作温度范围为−55～+125℃。气密性封装器件价格昂贵，一般在要求高可靠性的产品中使用。

2.2 表面安装电阻

2.2.1 表面安装固定电阻

1. 表面安装电阻的封装外形

表面安装电阻按封装外形可分为片状和圆柱状两种，其外形与结构如图 2-1 所示。表面安装电阻按制造工艺，可分为厚膜型（RN 型）和薄膜型（RK 型）两大类。片状表面安装电阻一般是用厚膜工艺制作的：先在一个高纯度氧化铝（Al_2O_3，96%）基底平面上网印二氧化钌（RuO_2）电阻浆来制作电阻膜，改变电阻浆的成分或配比，就能得到不同的电阻值的电阻膜。也可以先用激光在电阻膜上刻槽微调电阻值，然后印刷玻璃浆覆盖电阻膜，并烧结成釉保护层，最后把基片两端做成焊端。

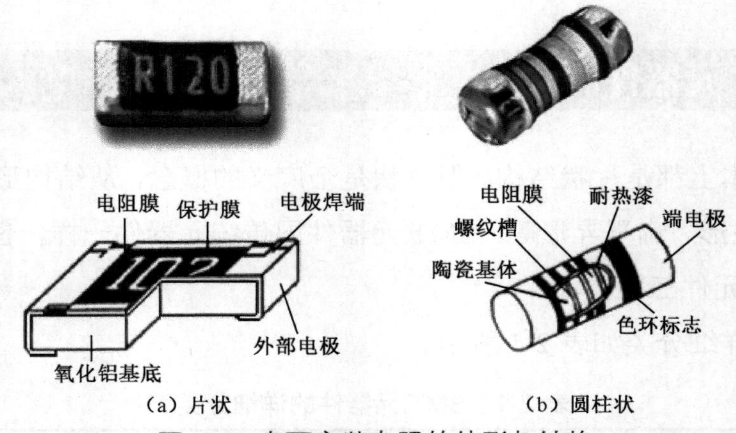

图 2-1　表面安装电阻的外形与结构

圆柱状表面安装电阻可以用薄膜工艺来制作：在高铝陶瓷基体表面溅射镍铬合金膜或碳膜，先在膜上刻槽调整电阻值，两端压上金属焊端，再涂覆耐热漆形成保护层并印上色环标志。圆柱状表面安装电阻主要有碳膜 ERD 型、金属膜 ERO 型及跨接用的 0Ω电阻三种。

2. 外形尺寸

片状表面安装电阻是根据其外形尺寸的大小划分成几个系列型号的，现有两种表示方法，欧美产品大多采用英制系列，日本产品大多采用公制系列，我国这两种系列都可以使用。无论哪种系列，系列型号的前两位数字都表示元器件的长度，后两位数字表示元器件的宽度。例如，公制系列 3216（英制系列 1206）的矩形片式电阻，长 L=3.2mm（0.12in），宽 W=1.6mm（0.06in）。并且，系列型号的发展变化也反映了 SMC 的小型化进程：5750（2220）→4832（1812）→3225（1210）→3216（1206）→2520（1008）→2012（0805）→1608（0603）→1005（0402）→0603（0201）→0402（01005）。典型 SMC 系列的外形尺寸如表 2-2 所示。

表 2-2 典型 SMC 系列的外形尺寸（单位：mm/in）

公制/英制系列型号	长 L	宽 W	外电极（焊端）宽度 a	外电极（焊端）宽度 b	厚度 T
3216/1206	3.2/0.12	1.6/0.06	0.5/0.02	0.5/0.02	0.6/0.024
2012/0805	2.0/0.08	1.25/0.05	0.4/0.016	0.4/0.016	0.6/0.016
1608/0603	1.6/0.06	0.8/0.03	0.3/0.012	0.3/0.012	0.45/0.018
1005/0402	1.0/0.04	0.5/0.02	0.2/0.008	0.25/0.01	0.35/0.014
0603/0201	0.6/0.02	0.3/0.01	0.2/0.005	0.2/0.006	0.25/0.01

图 2-2 所示为片状表面安装电阻的外形尺寸示意图。

图 2-3 所示为圆柱状表面安装电阻的外形尺寸示意图，以 ERD-21TL 为例，L=2.0（−0.05, +0.1）mm，D=1.25（±0.05）mm，T=0.3（+0.1）mm，H=1.4mm。

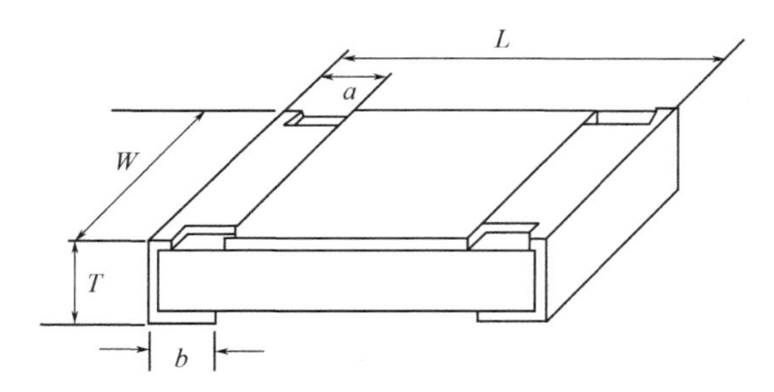

图 2-2 片状表面安装电阻的外形尺寸示意图

图 2-3 圆柱状表面安装电阻的外形尺寸示意图

通常电阻的封装尺寸与功率的关系为 0201——$\frac{1}{20}$W，0402——$\frac{1}{16}$W，0603——$\frac{1}{10}$W，0805——$\frac{1}{8}$W，1206——$\frac{1}{4}$W。

3. 标称数值的标注

从电子元器件的功能特性来说，表面安装电阻的参数数值系列与传统 THC/THD 的差别不大，标准的标称数值系列有 E6（电阻值允许偏差为±20%）、E12（电阻值允许偏差为±12%）、E24（电阻值允许偏差为±5%），精密表面安装电阻的标称数值系列还有 E48（电阻值允许偏差为±2%）、E96（电阻值允许偏差为±1%）等。

1005、0603 系列片状表面安装电阻的表面积太小，难以用手工装配焊接，所以表面不印刷它的标称数值（印在编带的带盘上）；3216、2012、1608 系列片状表面安装电阻的标称数值一般用印在表面上的三位数字表示（E24 系列）：前两位数字是有效数字，第三位是倍率乘数（有效数字后所加 0 的个数）。例如，片状表面安装电阻表面印有 114，表示阻值为 110kΩ；表面印有 5R6，表示阻值为 5.6Ω；表面印有 R39，表示阻值为 0.39Ω；跨接电阻用 000 表示。

当片状表面安装电阻的阻值允许偏差为±1%时，阻值采用四位数字表示：电阻值≥100Ω时，前三位数字是有效数字，第四位表示有效数字后所加 0 的个数，如 20kΩ记为 2002；电阻值为 10～100Ω时，小数点用 R 代替，如 15.5Ω记为 15R5；电阻值<10Ω时，小数点用 R 代替，不足四位的在末尾加 0，如 4.8Ω记为 4R80。

圆柱状表面安装电阻用三位、四位或五位色环表示电阻值的大小，每位色环所代表的意义与通孔插装色环电阻完全一样。例如，若五位色环电阻的色环从左至右第一位色环是绿色，代表其有效值为 5；第二位色环为棕色，代表其有效值为 1；第三位色环是黑色，代表其有效值为 0；第四位色环为红色，代表其倍率乘数为 10^2；第五位色环为棕色，代表其电阻值允许偏差为±1%，则该电阻的阻值为 51 000Ω（51.00kΩ），允许偏差为±1%。

表面安装电阻在料盘等包装上的标注目前尚无统一的标准，不同生产厂家的标注不尽相同。图 2-4 所示为某国产片状表面安装电阻标识的含义，图中的标识 RC05K103JT 表示该电阻是 0805 系列 10kΩ±5%片状表面安装电阻，温度系数为±250ppm/℃，采用编带包装。

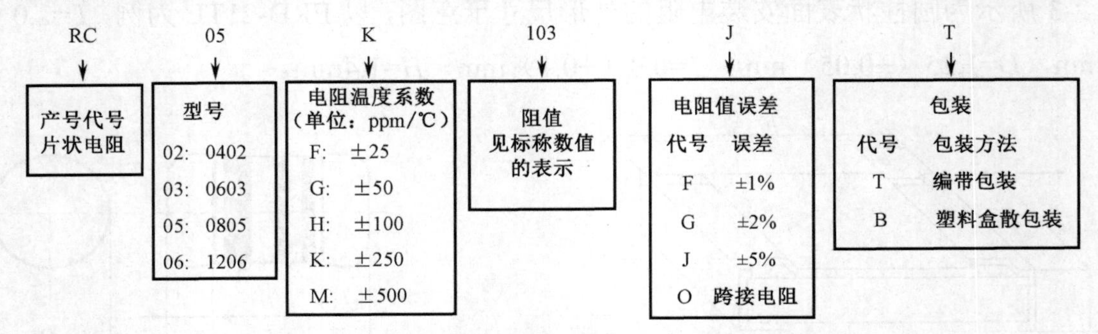

图 2-4 某国产片状表面安装电阻标识的含义

4．表面安装电阻的主要技术参数

虽然表面安装电阻的体积很小，但它的阻值范围和允许偏差并不差（见表 2-3）。3216 系列的阻值范围为 0.39Ω～10MΩ，额定功率可达 $\frac{1}{4}$ W，允许偏差有±1%、±2%、±5%、±10%四个系列，额定温度上限是 70℃。

表 2-3 常用典型表面安装电阻的主要技术参数

系列型号	3216	2012	1608	1005
阻值范围	0.39Ω～10MΩ	2.2Ω～10MΩ	1Ω～10MΩ	10Ω～10MΩ
允许偏差/%	±1、±2、±5、±10	±1、±2、±5	±2、±5	±2、±5
额定功率/W	$\frac{1}{4}$，$\frac{1}{8}$	$\frac{1}{10}$	$\frac{1}{16}$	$\frac{1}{16}$
最大工作电压/V	200	150	50	50
工作温度范围/额定温度/℃	（-55～+125）/70	（-55～+125）/70	（-55～+125）/70	（-55～+125）/70

5．表面安装电阻的焊端结构

片状表面安装电阻的电极焊端一般由三层金属构成，如图 2-5 所示。焊端的内部电极通常是采用厚膜工艺制作的钯银（Pd-Ag）合金电极，中间电极是镀在内部电极上的镍（Ni）阻挡层，外部电极是铅锡（Pb-Sn）合金。中间电极的作用是避免在高温焊接时焊料中的铅和银发生置换反应，从而导致厚膜电极"脱帽"，造成虚焊或脱焊。镍的耐热性和稳定性好，对内部钯银电极起到了阻挡的作用；但镍的可焊性较差，镀铅锡合金的外部电极可以提高可焊性。随着无铅焊接技术的推广，焊端表面的合金镀层也将改变为无铅焊料。

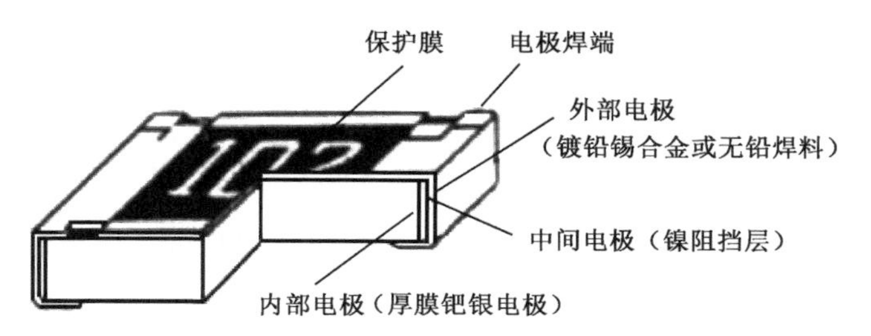

图 2-5　片状表面安装电阻的电极焊端

2.2.2　表面安装电阻排

电阻排也称电阻网络或集成电阻，它将多个参数与性能一致的电阻，按预定的配置要求连接后封装于同一个外壳内。图 2-6 所示为 8P4R（8 引脚 4 电阻）3216 系列表面安装电阻网络的外形与尺寸。

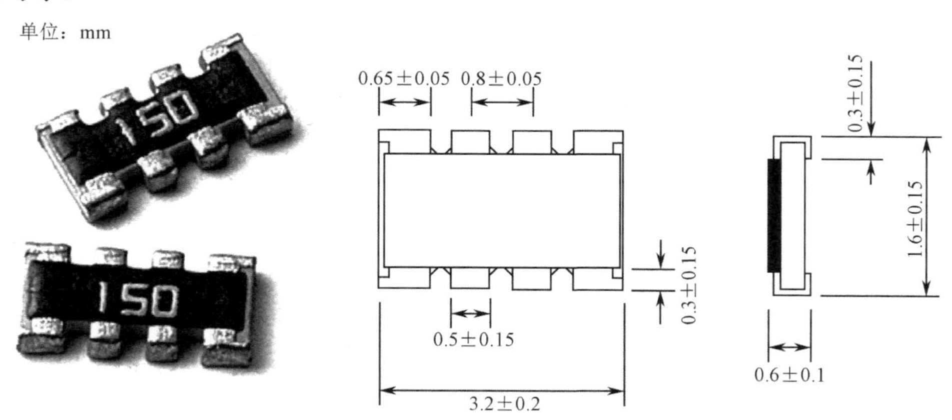

图 2-6　8P4R（8 引脚 4 电阻）3216 系列表面安装电阻网络的外形与尺寸

电阻网络按结构可分为 SOP 型、芯片功率型、芯片载体型和芯片阵列型四种。根据用途的不同，电阻网络有多种电路形式，芯片阵列型电阻网络的常见电路形式如图 2-7 所示。小型固定电阻网络一般采用标准矩形封装，主要有 0603、0805、1206 等几种尺寸。电阻网络内部的电阻值用数字标注在外壳上，意义与普通固定片状表面安装电阻相同，其精度一般为 J（5%）、G（2%）和 F（1%）。

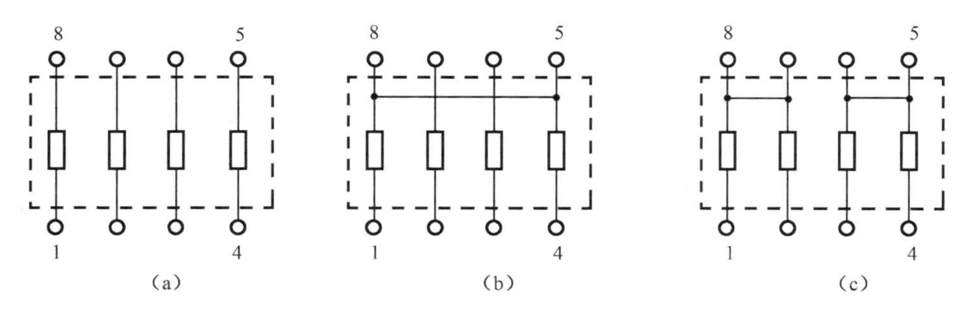

图 2-7　芯片阵列型电阻网络的常见电路形式

2.2.3 表面安装电位器

表面安装电位器又称为片式电位器。它包括片状、圆柱状、扁平矩形等类型。阻值范围为 100Ω～1MΩ，阻值允许偏差为±25%，额定功耗系列为 0.05W、0.1W、0.125W、0.2W、0.25W、0.5W，阻值变化规律为线性变化。

（1）敞开式结构。敞开式电位器的结构如图 2-8 所示。它又分为直接驱动簧片结构和绝缘轴驱动簧片结构。这种电位器无外壳保护，灰尘和潮气易进入产品，对性能有一定影响，但价格低廉，因此，常用于消费类电子产品。敞开式电位器仅适用焊锡膏-再流焊工艺，不适用贴片胶-波峰焊工艺。

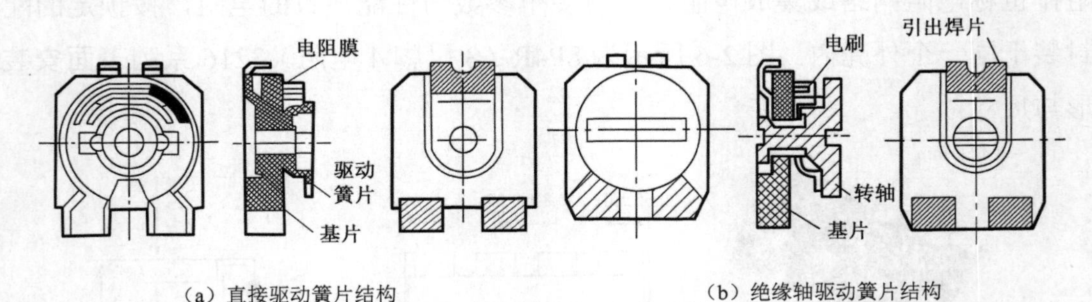

图 2-8 敞开式电位器的结构

（2）防尘式结构。防尘式电位器的结构如图 2-9 所示，有外壳或护罩，灰尘和潮气不易进入产品，性能好，多用于投资类电子整机和高档消费类电子产品。

（3）微调式结构。微调式电位器的结构如图 2-10 所示，属于精细调节型，性能好，但价格昂贵，多用于投资类电子整机。

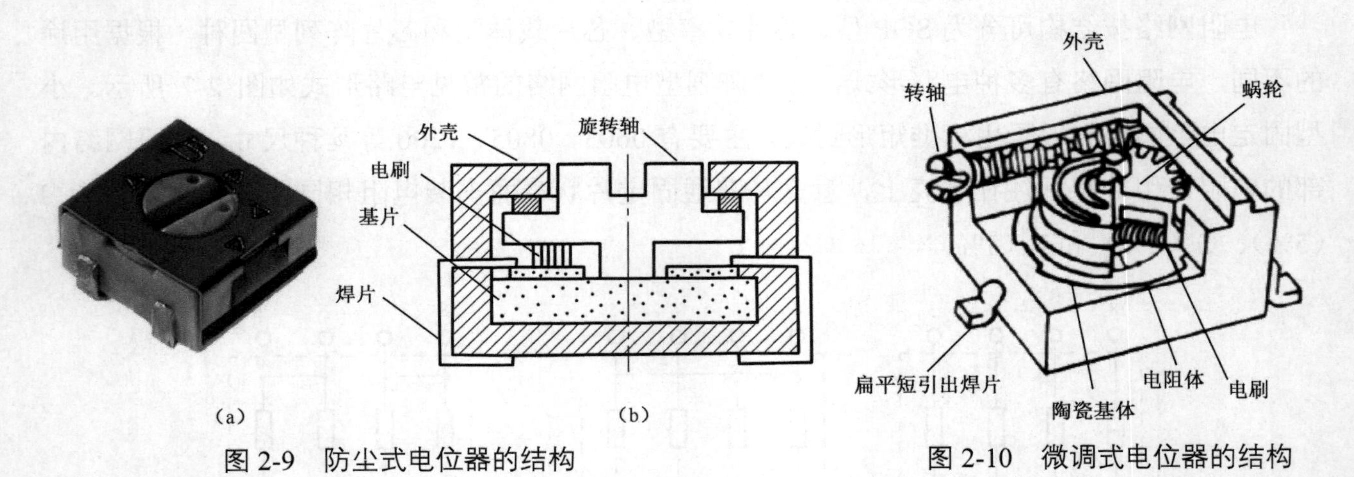

图 2-9 防尘式电位器的结构

图 2-10 微调式电位器的结构

（4）全密封式结构。全密封式电位器有圆柱状和扁平矩形两种形式，具有调节方便、可靠性好、寿命长的特点。圆柱状电位器的结构如图 2-11 所示，它又分为顶调和侧调两种结构。

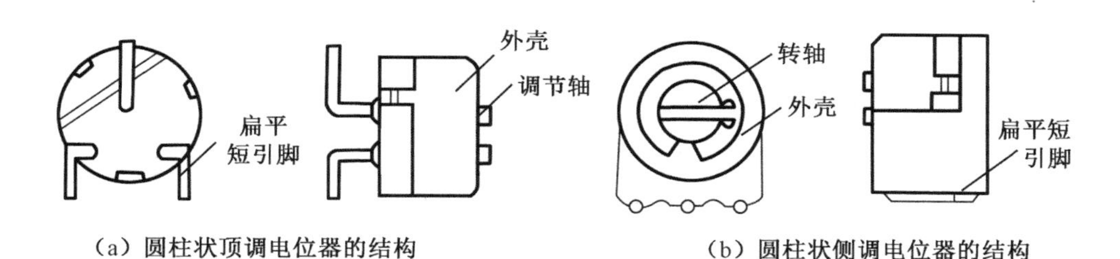

（a）圆柱状顶调电位器的结构　　（b）圆柱状侧调电位器的结构

图 2-11　圆柱状电位器的结构

2.3　表面安装电容

表面安装电容目前使用较多的主要有两种：陶瓷系列（瓷介）电容和钽电解电容，其中瓷介电容约占 80%，其次是钽电解电容和铝电解电容。有机薄膜电容和云母电容使用较少。

2.3.1　表面安装多层陶瓷电容

表面安装陶瓷电容多以陶瓷材料为电容介质，片式多层陶瓷电容是在单层盘状电容的基础上构成的，电极深入电容内部，并与陶瓷介质相互交错。片式多层陶瓷电容简称 MLCC。MLCC 通常为无引脚矩形结构，其外形标准与片式电阻大致相同，仍然采用长×宽表示。

MLCC 所用介质有 COG、X_7R、Z_5V 等多种类型，它们有不同的电容量范围及温度稳定性，以 COG 为介质的电容温度特性较好。不同介质材料的 MLCC 电容量范围如表 2-4 所示。

表 2-4　不同介质材料的 MLCC 电容量范围

型　　号	COG	X_7R	Z_5V
0805C	10～560pF	120pF～0.012μF	—
1206C	680～1 500pF	0.016～0.033μF	0.033～0.10μF
1812C	1 800～5 600pF	0.039～0.12μF	0.12～0.47μF

MLCC 内部电极用低电阻率的导体银连接而成，提高了 Q 值和共振频率特性，采用整体结构，具有高可靠性、高品质、高电容量等特性，已经大量用于汽车工业、手机、个人手持电话系统（PHS）、无线局域网（WLAN）及军事和航天产品等的高频电路、中频增幅电路。

对于片式电容的标注，早期采用英文字母及数字表示其电容量，它们均代表特定的数值，只要查表就可以估算出电容的电容量，字母数值对照可查阅表 2-5、表 2-6。

表 2-5　片式电容容量系数表

字　母	A	B	C	D	E	F	G	H	J	K	L
容量系数	1.0	1.1	1.2	1.3	1.5	1.6	1.8	2.0	2.2	2.4	2.7
字　母	M	N	P	Q	R	S	T	U	V	W	X
容量系数	3.0	3.3	3.6	3.9	4.3	4.7	5.1	5.6	6.2	6.8	7.5
字　母	Y	Z	a	b	c	d	e	f	m	n	t
容量系数	8.2	9.1	2.5	3.5	4.0	4.5	5.0	6.0	7.0	8.0	9.0

表 2-6　片式电容容量倍率表（单位：pF）

下标数字	0	1	2	3	4	5	6	7	8	9
容量倍率	1	10^1	10^2	10^3	10^4	10^5	10^6	10^7	10^8	10^9

例如，标注为 F_5，从表 2-5 中查知字母 F 表示容量系数为 1.6，从表 2-6 中查知下标 5 表示容量倍率为 10^5，由此可知该电容的电容量为 1.6×10^5pF。

现在，片式瓷介电容上通常不做标注，相关参数标记在料盘上。对于片式电容外包装上的标注，到目前为止仍无统一的标准，不同厂家标注略有不同。

MLCC 外层电极与片式电阻相同，也是三层结构，即 Ag/Ni-Cd/Sn-Pb，其结构与外形如图 2-12 所示。

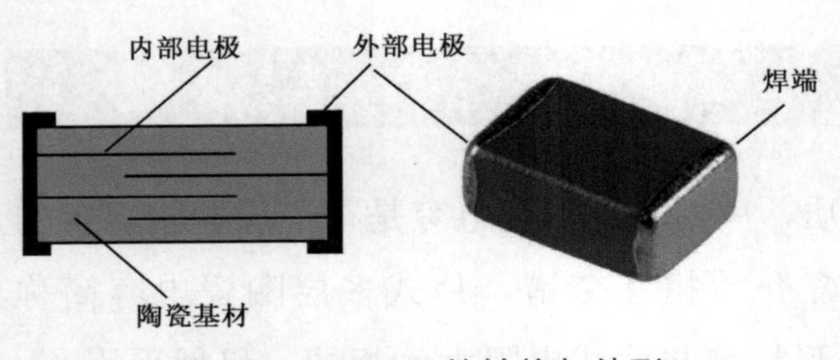

图 2-12　MLCC 的结构与外形

2.3.2　表面安装电解电容

常见的表面安装电解电容有铝电解电容和钽电解电容两种。

1．铝电解电容

铝电解电容的电容量和额定工作电压的范围比较大，因此做成贴片形式比较困难，一般采用异形封装。它主要应用于各种消费类电子产品，价格低廉。按照外形和封装材料的不同，铝电解电容可分为矩形（树脂封装）和圆柱形（金属封装）两类。

铝电解电容的制作方法为：首先将高纯度的铝箔（含铝 99.9%～99.99%）电解腐蚀成高倍率的附着面后在硼酸、磷酸等弱酸性的溶液中进行阳极氧化，形成电介质薄膜，作为阳极箔，将低纯度的铝箔（含铝 99.5%～99.8%）电解腐蚀成高倍率的附着面，作为阴极箔；其次用电解纸将阳极箔和阴极箔隔离后烧成电容器心子，经电解液浸透，根据电解电容的工作电压及电导率的差异，分成不同的规格，用密封橡胶铆接封口；最后用金属铝壳或耐热环氧树脂封装。

由于铝电解电容采用非固体介质作为电解材料，因此在再流焊工艺中，应严格控制焊接温度，特别是再流焊接的峰值温度和预热区的升温速率。采用手工焊接时电烙铁与电容的接触时间应控制在 2s 以内。

铝电解电容的电容量及耐压值在其外壳上均有标注，外壳上的深色标记表示负极，如图 2-13 所示。图 2-13（a）所示为铝电解电容的形状和结构，图 2-13（b）所示为其标注和极性表示方式。

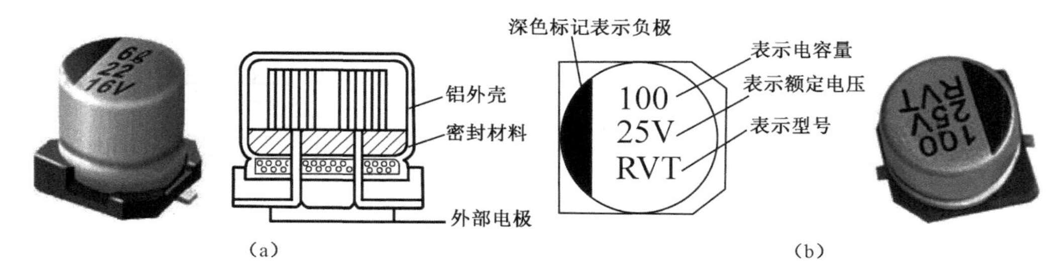

图 2-13　铝电解电容

贴装工艺中电容本身是直立于 PCB 的，与插装式铝电解电容的区别是片式铝电解电容有黑色的橡胶底座。

2. 钽电解电容

钽电解电容的性能优异，是所有电容中体积小而又能达到较大电容量的产品，因此容易制成适于表面贴装的小型和片式元器件。虽然钽原料稀缺，钽电解电容价格较昂贵，但由于大量采用高比容钽粉，加上对电容制造工艺的改进和完善，钽电解电容得到了迅速发展，使用范围日益广泛。

目前生产的钽电解电容的电解质主要有烧结型固体、箔形卷绕固体、烧结型液体三种，其中烧结型固体的电解质约占目前生产总量的 95%以上，又以非金属密封型的树脂封装为主。图 2-14 所示为烧结型固体电解质片式钽电解电容的内部结构图。

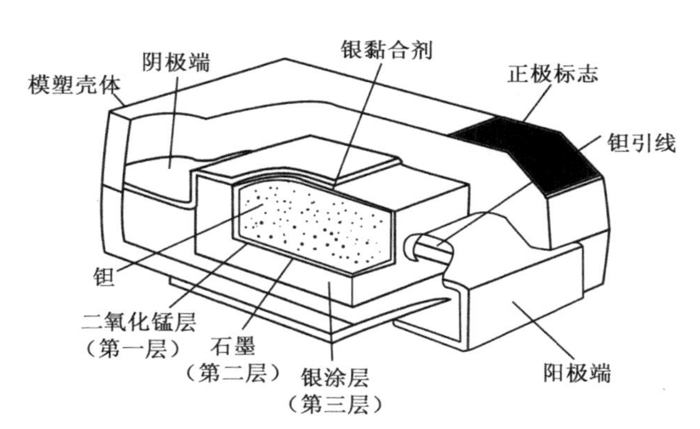

图 2-14　烧结型固体电解质片式钽电解电容的内部结构图

钽电解电容的介质是在金属钽的表面生成的一层极薄的五氧化二钽膜。此层氧化膜介质与组成电容的一个端极结合成整体，不能单独存在。因此单位体积内所具有的电容量特别大，即比容量非常高，所以特别适用于小型化元器件。在钽电解电容工作过程中，具有自动修补或隔绝氧化膜中疵点的功能，使氧化膜介质随时得到加固，恢复其应有的绝缘能力，而不致遭到连续的累积性破坏。这种独特的自愈性能，保证了其长寿命和高可靠性的优势。

钽电解电容按照其外形可以分为矩形和圆柱形两种；按封装形式的不同，分为裸片型、模塑封装型和端帽型三种，如图2-15所示。

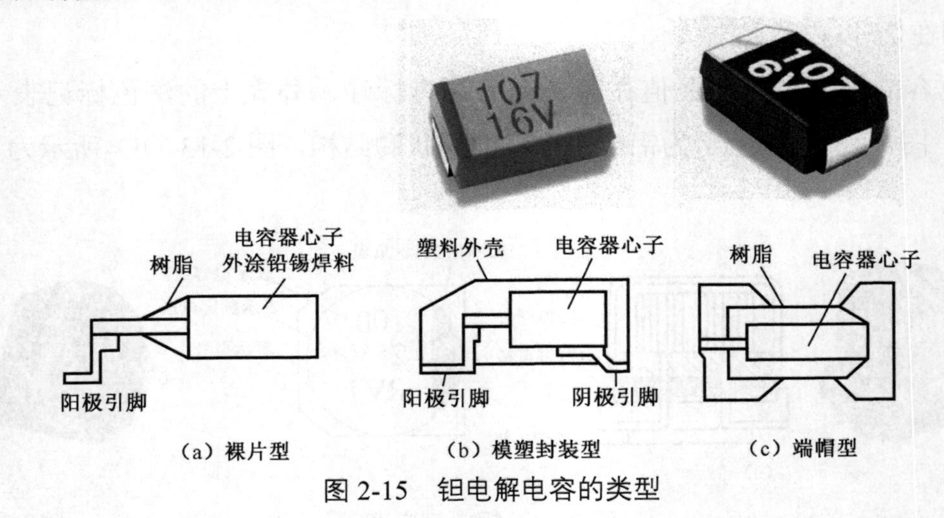

图2-15　钽电解电容的类型

（1）裸片型。即无封装外壳，吸嘴无法吸取，故贴片机无法贴装，一般采用手工贴装。其尺寸小，成本低，但对恶劣环境的适应性差。对于裸片型钽电解电容来说，有引脚的一端为正极。

（2）模塑封装型。即常见的矩形钽电解电容，多数为浅黄色塑料封装。其单位体积电容量低，成本高，尺寸较大，可采用自动化生产。该类型电容的负极和正极与框架引脚的连接会导致热应力过大，对机械强度影响较大，广泛应用于通信类电子产品。对于模塑封装型钽电解电容来说，靠近深色标记线的一端为正极。

（3）端帽型。也称树脂封装型，主体为黑色树脂封装，两端有金属帽电极。它的体积适中，成本较高，高频性能好，机械强度高，适用于自动化贴装，常用于投资类电子产品。对于端帽型钽电解电容来说，靠近白色标记线的一端为正极。

端帽型钽电解电容的尺寸范围为宽度1.27～3.81mm，长度2.54～7.239mm，高度1.27～2.794mm，电容量范围为0.1～100μF，直流工作电压范围为4～25V。

（4）圆柱形钽电解电容。圆柱形钽电解电容由阳极、固体半导体阴极组成，采用环氧树脂封装。该电容的制作方法为：将作为阳极引脚的钽金属线放入钽金属粉末中，加压成形后在1 650～2 000℃的高温真空炉中烧结成阳极芯片，将芯片放入磷酸等电解质中进行阳极氧化，形成介质膜，通过钽金属线与非磁性阳极端子连接后作为阳极；将经过上述处理的阳极芯片浸入硝酸锰等溶液中，在200～400℃的气浴炉中进行热分解，形成二氧化锰固体电介质膜并作为阴极；成膜后，先在二氧化锰层上沉积一层石墨，再涂银浆，用环氧树脂封装，最后打上标志。从圆柱形钽电解电容的结构可以看出，该电容有极性。阳极采用非磁性金属，阴极采用磁性金属，所以，通常可根据磁性来判断圆柱形钽电解电容的正负极。圆柱形钽电解电容的电容量采用色环标定，具体颜色对应的数值如表2-7所示。

表 2-7 圆柱形钽电解电容的色环标志

额定电压/V	本底涂色	标称容量/μF	色环			
			第 1 环	第 2 环	第 3 环	第 4 环
35	橙色	0.1	茶色	黑	黄	粉红
		0.15		绿		
		0.22	红	红		
		0.33	橘红	橘红		
		0.47	黄	紫		
		0.68	蓝	灰		
10	粉红色	1.00	茶色	黑	绿	绿
		1.50		绿		
		2.20	红	红		
6.3		3.30	橘红	橘红		黄
		4.70	黄	紫		

2.3.3 表面安装云母电容

云母电容采用天然云母作为电解质，做成片状，如图 2-16 所示。由于它具有耐热性好，损耗低，Q 值和精度高，易做成小体积电容等特点，特别适合在高频电路中使用，近年来已在无线通信、硬盘系统中大量使用。

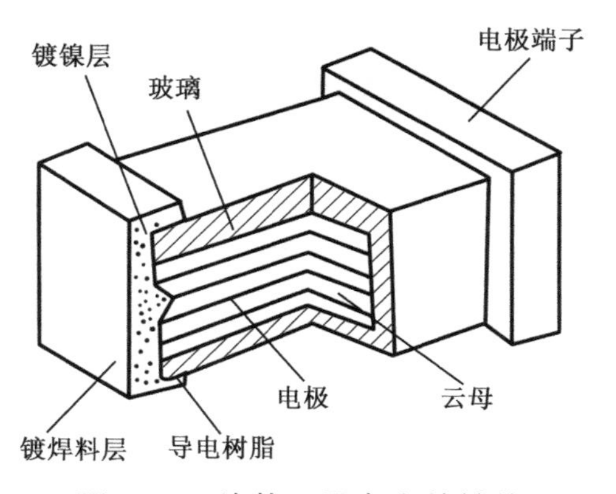

图 2-16 片状云母电容的结构

以日本某半导体公司产品为例，片状云母电容的外形尺寸如表 2-8 所示。

表 2-8 片状云母电容的外形尺寸

型号	尺寸/mm		
	长	宽	高
UC12	2.0	1.25	1.4
UC23	3.2	2.5	1.5
UC34	3.2	3.2	2.0
UC55	5.5	5.0	2.0

2.4 表面安装电感

表面安装电感是继表面安装电阻、表面安装电容之后迅速发展起来的一种新型无源元件。

表面安装电感除了与传统的插装电感有相同的扼流、退耦、滤波、调谐、延迟、补偿等功能，还特别在 LC 调谐器、LC 滤波器、LC 延迟线等多功能器件中体现出独到的优越性。

由于电感受线圈制约，片式化比较困难，故其片式化晚于电阻和电容，其片式化率也低。尽管如此，电感的片式化仍取得了很大的进展。不但种类繁多，而且相当多的产品已经系列化、标准化，并已批量生产。表面安装电感的常见类型如表 2-9 所示。目前用量较大的主要有绕线型、多层型和卷绕型。

表 2-9　表面安装电感的常见类型

类　型	形　状	种　类
固定电感	矩形	绕线型、多层型、固态型
	圆柱形	绕线型、卷绕印刷型、多层卷绕型
可调电感	矩形	绕线型（可调线圈、中频变压器）
LC 复合元器件	矩形	LC 滤波器、LC 调谐器、中频变压器、LC 延迟线
	圆柱形	LC 滤波器、陷波器
特殊产品	—	LC、LRC、LR 网络

2.4.1　绕线型表面安装电感

绕线型表面安装电感实际上是把传统的卧式绕线电感稍加改进制成的。制造时，将导线（线圈）缠绕在磁芯上。小电感量时用陶瓷作为磁芯，大电感量时用铁氧体作为磁芯，绕组可以垂直也可水平。一般垂直绕组的尺寸最小，水平绕组的电性能要稍好一些，绕线后加上端电极。端电极也称外部端子，它取代了传统的插装式电感的引脚，以便表面安装。绕线型表面安装电感的实物外观如图 2-17 所示。

图 2-17　绕线型表面安装电感的实物外观

对于绕线型表面安装电感来说，由于所用磁芯不同，故结构上也有多种形式。

（1）工字形结构。这种结构的电感是在工字形磁芯上绕线制成的，如图 2-18（a）、图 2-18（b）所示。

（2）槽形结构。这种结构的电感是在磁芯的沟槽上绕线制成的，如图 2-18（c）所示。

（3）棒形结构。这种结构的电感与传统的卧式棒形电感基本相同，它是在棒形磁芯上绕线制成的，只是它用适合表面安装用的端电极代替了插装用的引脚。

（4）腔体结构。这种结构的电感是把绕好的线圈放在磁性腔体内，加上磁性盖板和端电极制成的，如图 2-18（d）所示。

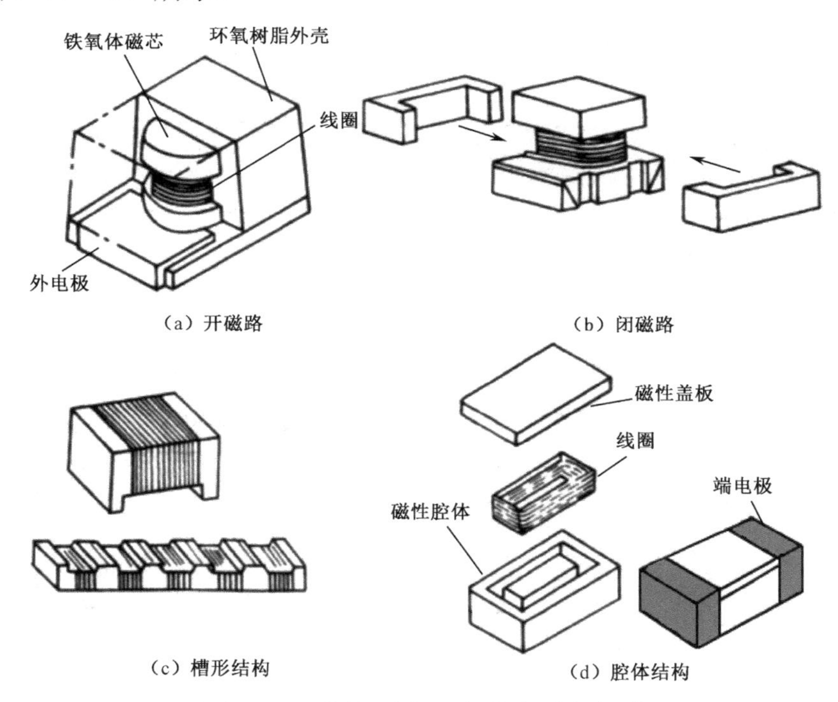

图 2-18　绕线型表面安装电感的结构

2.4.2　多层型表面安装电感

多层型表面安装电感也称多层型片式电感（MLCI），它的结构和多层陶瓷电容相似，制造时由铁氧体浆料和导电浆料交替印刷叠层后，经高温烧结形成具有闭合磁路的整体。导电浆料经烧结后形成的螺旋式导电带，相当于传统电感的线圈，包围导电带的铁氧体相当于磁芯，导电带外围的铁氧体使磁路闭合。MLCI 外形与结构如图 2-19 所示。

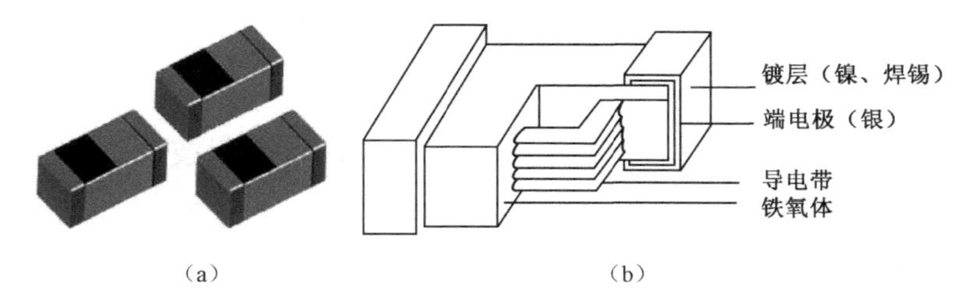

图 2-19　MLCI 的外形与结构

MLCI 制造的关键是其结构中起线圈作用的螺旋式导电带。目前导电带常用的加工方法有交替（分部）印刷法和叠片通孔过渡法。此外，低温烧结铁氧体材料的选择，适当的黏合剂种类与含量，对 MLCI 的性能也是非常重要的。

MLCI 具有如下特点。

① 线圈密封在铁氧体中作为整体结构，可靠性高。

② 磁路闭合，磁通量泄漏很少，不干扰周围的元器件，也不易受邻近元器件的干扰，适合高密度安装。

③ 无引脚，可做到薄型化、小型化。但电感量和 Q 值较低。

2.4.3 表面安装滤波器

1. 表面安装抗电磁干扰滤波器（片式抗 EMI 滤波器）

抗电磁干扰滤波器可滤除信号中的电磁干扰（EMI）。它主要用于抑制同步信号中的高次谐波噪声，防止数字电路信号失真。

抗 EMI 滤波器主要由矩形铁氧体磁芯和片式电容组合而成，经与内、外金属端子的连接，做成 T 形耦合，外表用环氧树脂封装，其结构与等效电路如图 2-20 所示。

片式抗 EMI 滤波器的厚度只有 1.8mm，适合高密度安装，其外形尺寸如图 2-21 所示。

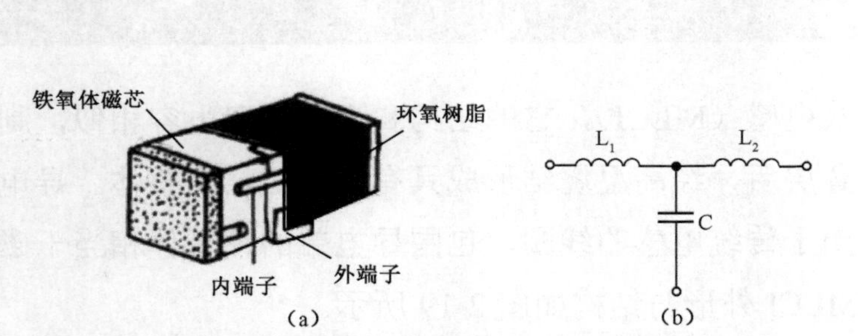

图 2-20　抗 EMI 滤波器的结构与等效电路

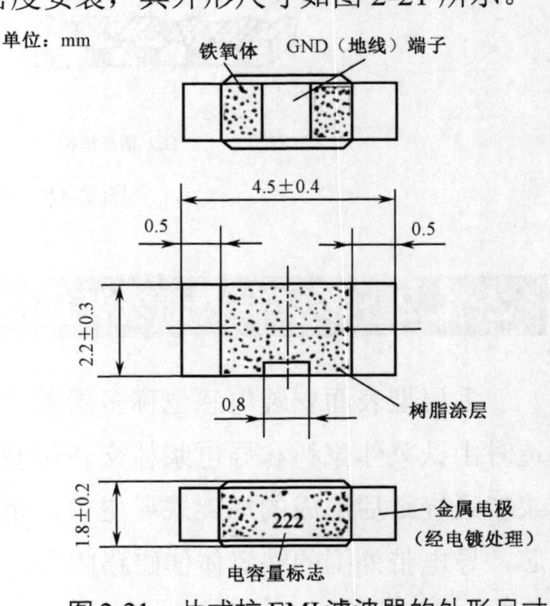

图 2-21　片式抗 EMI 滤波器的外形尺寸

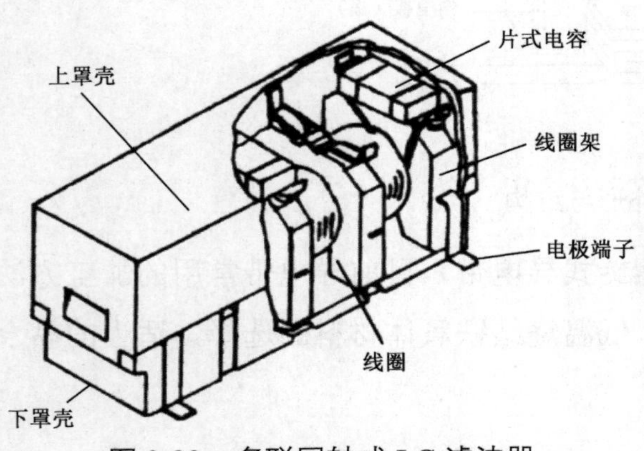

图 2-22　多联同轴式 LC 滤波器

2. 片式 LC 滤波器

LC 滤波器有闭磁路型和金属壳型两种，前者采用翼形引脚，后者采用 J 形引脚。图 2-22 所示为多联同轴式 LC 滤波器。线圈的端部接在线圈架凸肩上部预置的端子上。将片式电容装在凸肩的端子间，经焊接完成线圈与电容的连接后，用罩壳封装成 LC 滤波器。

LC 滤波器线圈用的铜线是耐热的聚氨酯铜线，为了达到小型、轻量和较高耐热性的要求，同轴线圈架用掺入适量铁氧体粉末的聚苯硫醚（PPS）制成。预插入同轴线圈架的端子以电连接的方式与线圈端子和电容端子结合在一起。为保护 LC 滤波器的线圈和电容，采用上、下罩壳进行封装。为了防止在焊接中受高温影响而降低 LC 滤波器性能，一般在罩壳表面涂敷白色的耐热性聚酰胺树脂，以减轻高温中的光热辐射。片式 LC 滤波器按内含线圈 L 与电容 C 的多少，分为五种型号，其外形尺寸如图 2-23 所示。

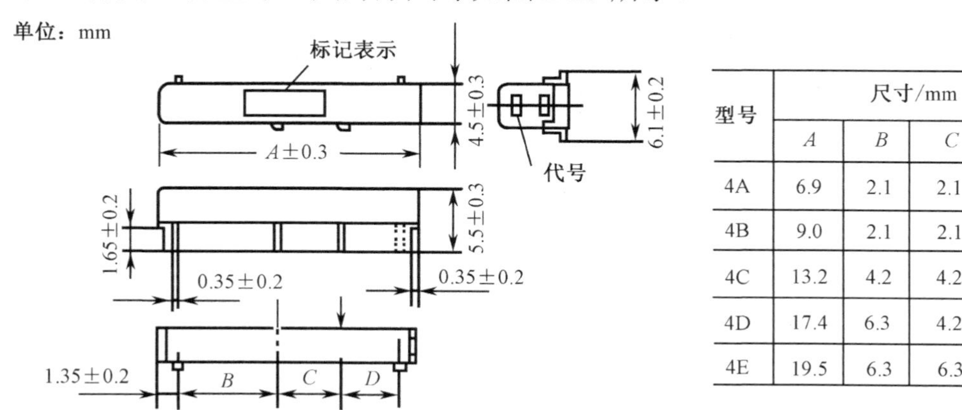

型号	尺寸/mm			
	A	B	C	D
4A	6.9	2.1	2.1	0.0
4B	9.0	2.1	2.1	2.1
4C	13.2	4.2	4.2	2.1
4D	17.4	6.3	4.2	4.2
4E	19.5	6.3	6.3	4.2

图 2-23 片式 LC 滤波器的外形尺寸

2.5 表面安装分立器件

表面安装分立器件包括各种分立半导体器件，有二极管、晶体管、场效应管，也有由两三个晶体管、二极管组成的简单复合电路。典型表面安装分立器件的封装外形如图 2-24 所示，电极引脚数为 2～6。

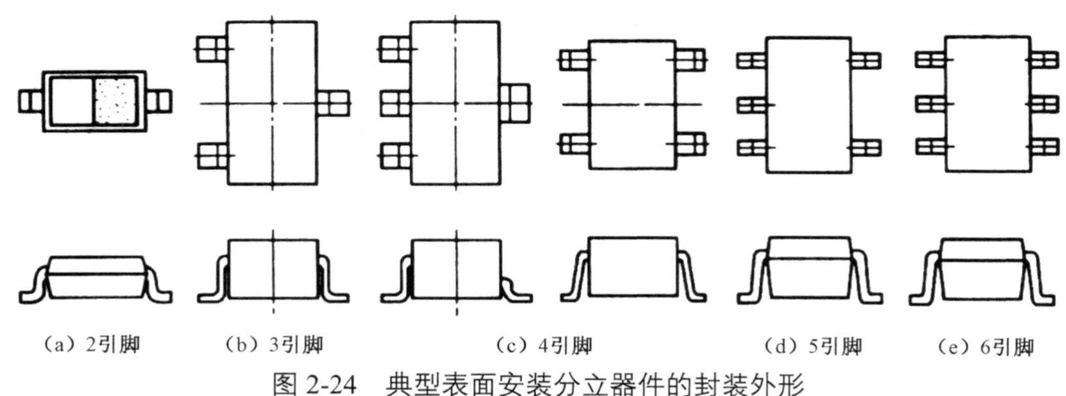

图 2-24 典型表面安装分立器件的封装外形

二极管类器件一般采用两端或三端 SMD 封装，小功率晶体管类器件一般采用三端或四端 SMD 封装，四端、五端、六端 SMD 内大多封装了两个晶体管或场效应管。

2.5.1 表面安装二极管

表面安装二极管有无引脚柱状玻璃封装和片状塑料封装两种。无引脚柱状玻璃封装二极管将管芯封装在细玻璃管内，两端以金属帽为电极。常见的有稳压、开关和通用二极管，功耗为 0.5～1W。外形尺寸有 ϕ1.5mm×3.5mm、ϕ2.7mm×5.2mm 等几种，如图 2-25 所示。

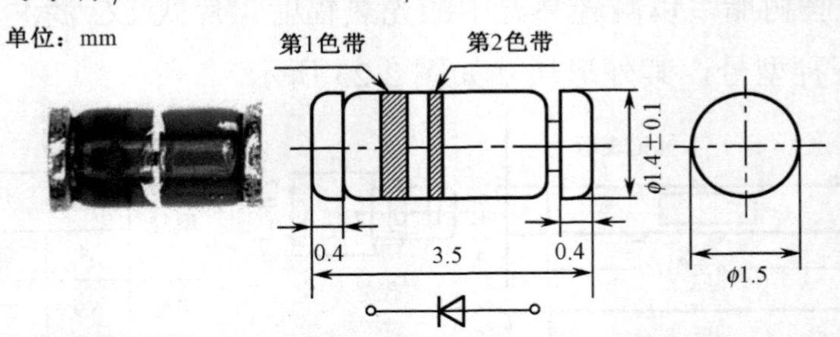

图 2-25 无引脚柱状玻璃封装表面安装二极管

塑料封装二极管一般做成矩形片状，额定电流为 150mA～1A，耐压为 50～400V。根据所承受的电流限度，封装形式大致分为两类：小电流型（如 1N4148）封装为 1206，大电流型（如 1N4007）暂没有具体封装形式，一般尺寸为 5.5mm×3mm×0.5mm。塑料矩形片状封装形式多用于整流、检波等通用二极管和发光二极管的封装。

还有一种 SOT-23 封装的片式二极管，其尺寸如图 2-26 所示。这种封装形式多用于封装复合二极管，也用于封装高速开关二极管和高压二极管。

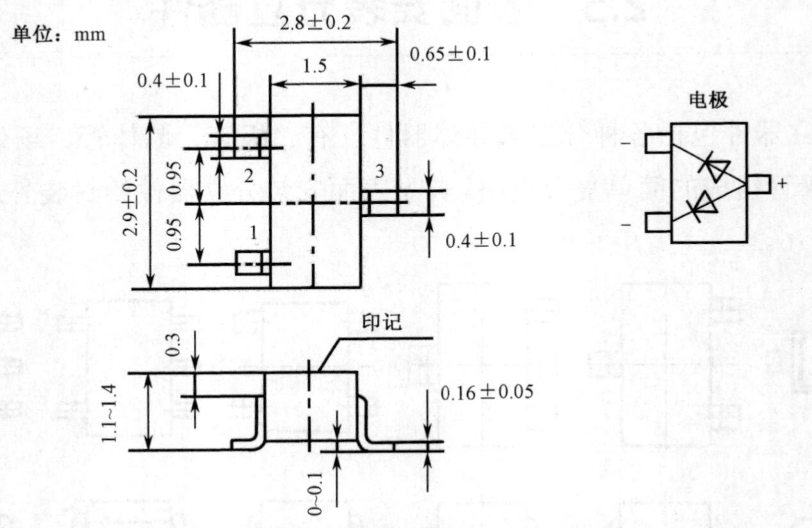

图 2-26 SOT-23 封装的片式二极管的尺寸

2.5.2 表面封装晶体管

晶体管（三极管）采用带有翼形短引脚的塑料封装，即 SOT 封装，可分为 SOT-23、SOT-89、SOT-143、SOT-252 几种尺寸结构，产品有小功率管、大功率管、场效应管和高频管几个系列。其中 SOT-23 晶体管是通用的表面安装晶体管，有三个翼形引脚，SOT-23 晶体管的外形与内部结构如图 2-27 所示。

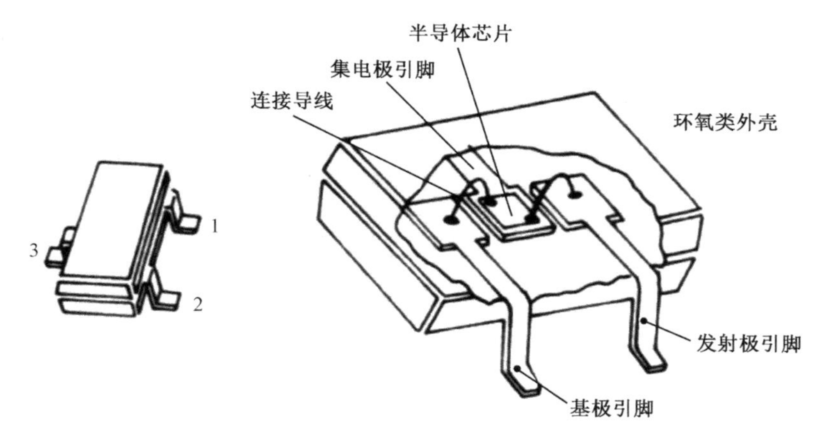

图 2-27　SOT-23 晶体管的外形与内部结构

SOT-89 晶体管适用于较高功率的场合，它的 e、b、c 三个电极从晶体管的同一侧引出，晶体管底面有金属散热片与集电极相连，晶体管芯片粘在较大的铜片上，以利于散热。

SOT-143 晶体管有四个翼形短引脚，对称分布在长边的两侧，引脚中宽度偏大一点的是集电极，这类封装常用于双栅场效应管及高频晶体管的封装。

小功率管额定功率为 100～300mW，电流为 10～700mA。

大功率管额定功率为 300mW～2W。

SOT-252 晶体管功率为 2～50W，两个连在一起的引脚或与散热片连接的引脚是集电极。

到目前为止，表面安装分立器件封装类型及产品已有 3 000 多种，各厂商产品的电极引出方式略有差别，在选用时必须查阅手册资料。但产品的极性排列和引脚距离基本相同，具有互换性。图 2-28 所示为几种 SOT 晶体管的外观。

（a）SOT-23　（b）SOT-89　（c）SOT-143　（d）SOT-252

图 2-28　几种 SOT 晶体管的外观

表面安装分立器件的包装方式要便于自动化安装设备拾取，电极引脚个数较少的表面安装分立器件一般采用盘状纸质编带包装。

2.6　表面安装集成电路

表面安装集成电路包括各种数字电路和模拟电路的 SSI—ULSI 的集成器件。由于工艺技术的进步，SMT 集成电路比 THT 集成电路的电气性能指标更好一些。

2.6.1 SMD 封装综述

衡量集成电路制造技术的先进性，除了集成度（门数、最大 I/O 数量）、电路技术、特征尺寸、电气性能（时钟频率、工作电压、功耗），还有集成电路的封装。

所谓集成电路的封装，是指安装半导体集成电路芯片用的外壳，它不仅起着安放、固定、密封、保护芯片和增强电热性能的作用，还是沟通芯片内部与外部电路的桥梁——芯片上的接点用导线连接到封装外壳的引脚上，这些引脚又通过 PCB 上的印制导线与其他元器件建立连接。因此，封装对于集成电路起着重要的作用，新一代大规模集成电路的出现，常常伴随着新封装形式的应用。

1. 电极形式

SMD 的 I/O 电极有两种形式：无引脚和有引脚。无引脚形式有 LCCC、塑料方形扁平无引脚封装（PQFN）等，这类器件贴装后，芯片底面上的电极焊端与 PCB 上的焊盘直接连接，可靠性较高。有引脚器件贴装后的可靠性与引脚的形状有关，所以，引脚的形状比较重要。占主导地位的引脚形状有翼形、钩形（J 形）和球形三种。翼形引脚用于 SOT、SOP、QFP 封装，J 形引脚用于 SOJ、PLCC 封装，球形引脚用于 BGA、CSP、FC 封装。

翼形引脚的主要特点是符合引脚薄而窄及小间距的发展趋势，焊接容易，可采用包括热阻焊在内的各种焊接工艺来进行焊接，工艺检测方便，但占用面积较大，在运输和装卸过程中容易损坏引脚。

J 形引脚的主要特点是引脚呈 J 形，空间利用率比翼形引脚高，它可以用除热阻焊外的大部分再流焊工艺进行焊接，且比翼形引脚坚固。由于引脚具有一定的弹性，可缓解安装和焊接的应力，防止焊点断裂。

2. 封装材料

按芯片的封装材料分，SMD 封装有金属封装、陶瓷封装、金属-陶瓷封装和塑料封装。

金属封装：金属材料可以冲压，因此有封装精度高，尺寸精确，便于大量生产，价格低廉等优点。

陶瓷封装：陶瓷材料的电气性能优良，适用于高密度封装。

金属-陶瓷封装：兼有金属封装和陶瓷封装的优点。

塑料封装：塑料的可塑性强，成本低廉，工艺简单，适合大批量生产。

3. 芯片的装载方式

裸芯片在装载时，有电极的一面可以朝上也可以朝下，因此，芯片就有正装片和倒装片之分，布线面朝上为正装片，反之为倒装片。

另外，裸芯片在装载时，它们的电气连接方式也有所不同，有的采用有引脚键合方式，有的采用无引脚键合方式。

4．芯片的基板类型

基板的作用是搭载和固定裸芯片，同时兼有绝缘、导热、隔离和保护的作用，它是芯片内、外电路连接的桥梁。从材料上看，基板有无机材料和有机材料之分；从结构上看，基板有单层的、双层的、多层的和复合的几种类型。

5．封装比

评价集成电路封装技术优劣的一个重要指标是封装比，即

封装比=芯片面积/封装面积

这个比值越接近于1越好。在如图2-29所示的集成电路封装示意图中，芯片面积一般很小，而封装面积受到引脚间距的限制，难以进一步缩小。

集成电路的封装技术已经历经了好几代的变迁，从DIP、QFP、引脚阵列封装（PGA）、BGA到CSP再到MCM，芯片的封装比越来越接近于1，引脚数目增多，引脚间距减小，芯片质量减小，功耗降低，技术指标、工作频率、耐温性能、可靠性和适用性都有了很大的提高。

图2-30所示为常用半导体器件的封装形式及特点。

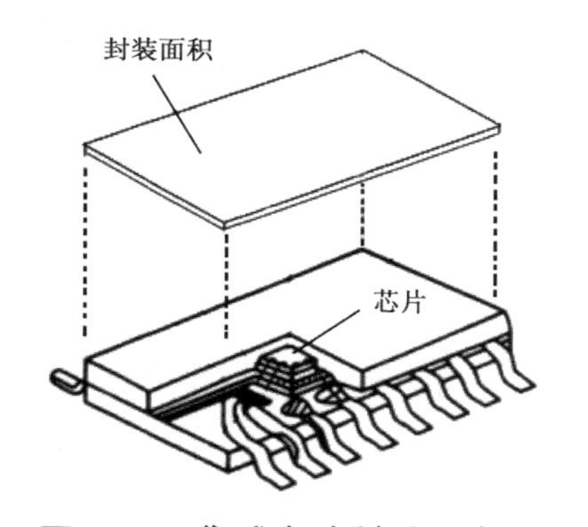

图2-29　集成电路封装示意图

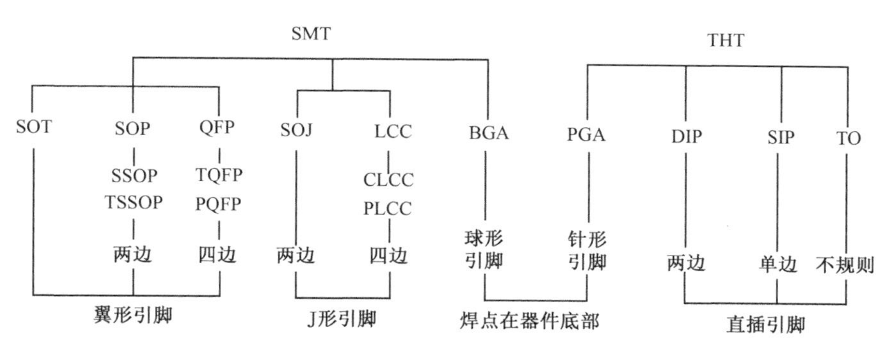

图2-30　常用半导体器件的封装形式及特点

2.6.2　集成电路的封装形式

1．SO封装

引脚比较少的SSI大多采用这种小型封装。SO封装又分为以下几种：芯片宽度小于0.15in，电极引脚数目比较少的（一般为8～40）封装，叫作SOP；芯片宽度在0.25in以上，电极引脚数目在44以上的封装，叫作SOL，这种芯片常见于随机存储器（RAM）；芯片宽度在0.6in以上，电极引脚数目在44以上的封装，叫作SOW，这种芯片常见于可编程存储器（EEPROM）。有些SOP采用小型化或薄型化封装，分别叫作SSOP和TSOP。大多数SO封装的引脚采用翼形电极，也有一些存储器采用J形电极（称为SOJ），有利于在插座上扩展存

储容量。图 2-31（a）、图 2-31（b）所示分别为具有翼形引脚和 J 形引脚的 SOP 结构。SO 封装的引脚间距有 1.27mm、1.0mm、0.8mm、0.65mm 和 0.5mm 几种。

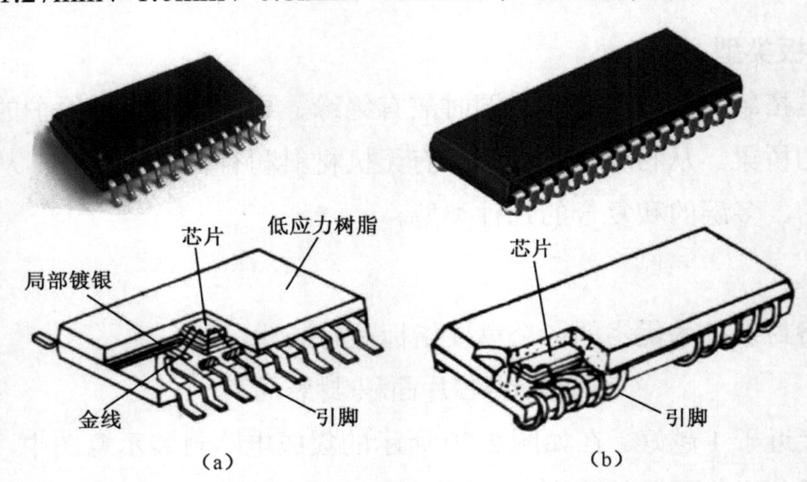

图 2-31　SOP 的翼形引脚和 J 形引脚封装结构

2．QFP

QFP（Quad Flat Package）为四面扁平封装，是表面安装集成电路的主要封装形式之一，引脚从四个侧面引出呈翼（L）形。基材有陶瓷、金属和塑料三种。从数量上看，塑料封装占绝大部分。当没有特别表示出材料时，多数情况为塑料 QFP。塑料 QFP 是最普及的多引脚 LSI 封装，不仅用于微处理器、门阵列等数字逻辑 LSI，还用于录像机（VTR）信号处理、音响信号处理等模拟 LSI。引脚中心距有 1.0mm、0.8mm、0.65mm、0.5mm、0.4mm、0.3mm 等多种规格，引脚间距最小为 0.3mm，最大为 1.27mm。引脚中心距为 0.65mm 的规格中引脚最多为 304 个。

为了防止引脚变形，现已出现了几种改进的 QFP 品种。如封装的四个角带有树脂缓冲垫（角耳）的 BQFP，它在封装本体的四个角设置突起，以防在运送或操作过程中引脚发生弯曲变形。图 2-32 所示为常见的 QFP 封装集成电路的外观。

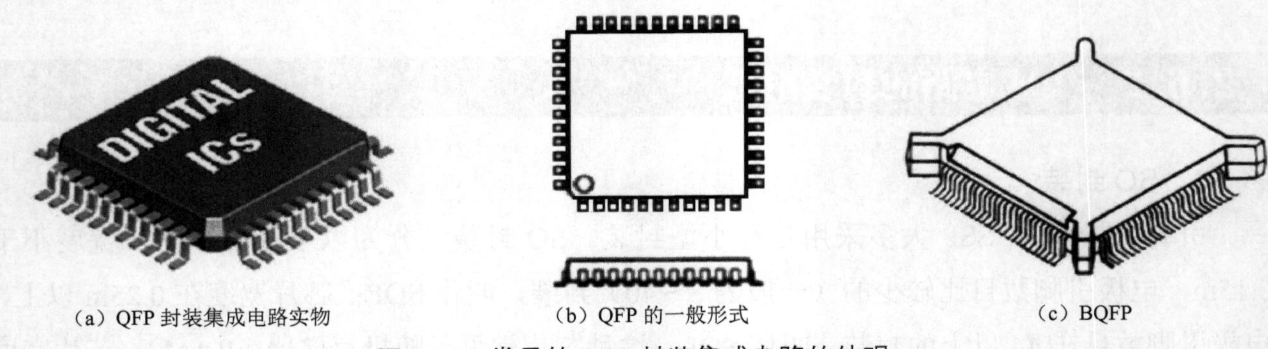

图 2-32　常见的 QFP 封装集成电路的外观

3．PLCC 封装

PLCC 是集成电路的有引脚塑封芯片载体，它的引脚向内钩回，叫作 J 形引脚，电极引脚数为 16～84，引脚间距为 1.27mm，其外观与封装结构如图 2-33 所示。PLCC 封装的集成电路大多是可编程存储器。芯片可以安装在专用的插座上，容易取下来对其中的数据进行改写。为了减少插座的成本，PLCC 的芯片也可以直接焊接在 PCB 上，但用手工焊接比较困难。

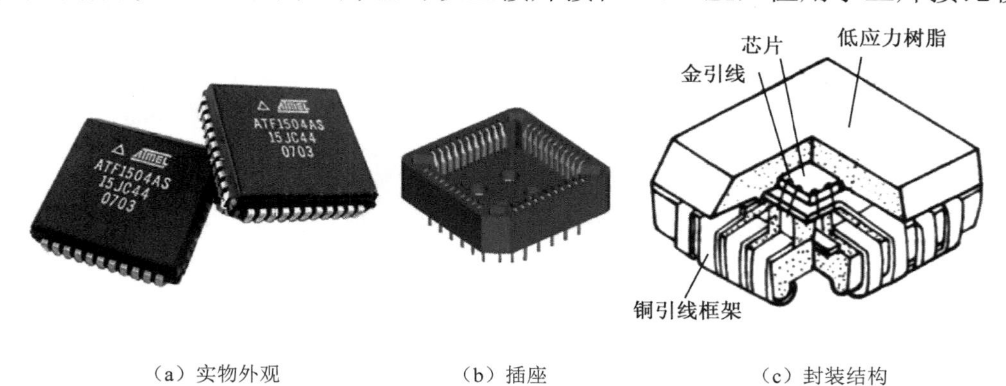

（a）实物外观　（b）插座　（c）封装结构

图 2-33　PLCC 的外观与封装结构

PLCC 的外形有方形和矩形两种，方形的称为 JEDEC MO-047，引脚有 20～124 个；矩形的称为 JEDEC MO-052，引脚有 18～32 个。PLCC 的外形尺寸如图 2-34 所示。

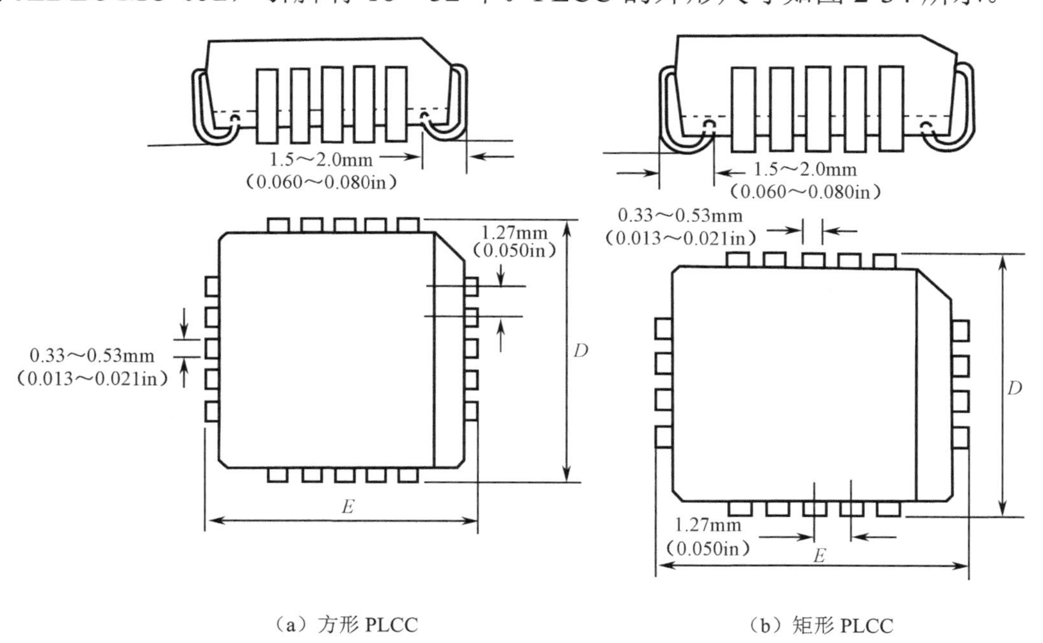

（a）方形 PLCC　（b）矩形 PLCC

图 2-34　PLCC 的外形尺寸

4．LCCC 封装

LCCC 封装是陶瓷芯片载体封装的 SMD 集成电路中没有引脚的一种封装，芯片被封装在陶瓷载体上，外形有方形和矩形两种，无引脚的电极焊端排列在封装底面的四边，方形 LCCC 的电极数分别为 16、20、24、28、44、52、68、84、100、124 和 156，矩形 LCCC 的电极数分别为 18、22、28 和 32。引脚间距有 1.0mm 和 1.27mm 两种，其结构与外形如图 2-35 所示。

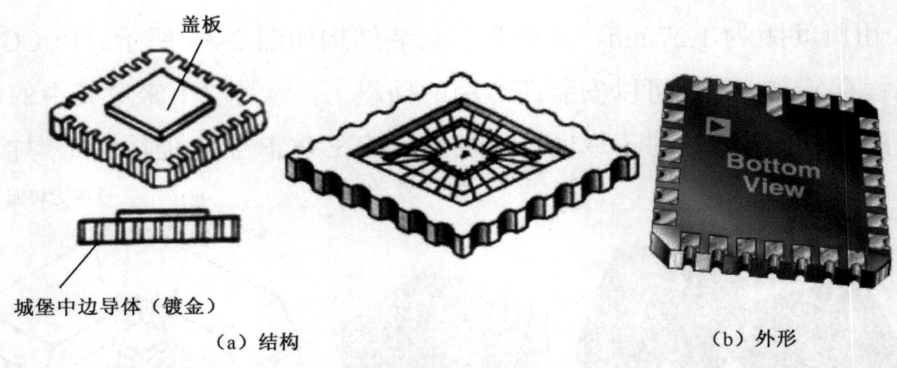

图 2-35　LCCC 封装集成电路的结构与外形

LCCC 封装引出端子的特点是在陶瓷外壳侧面有类似城堡状的金属凹槽和外壳底面镀金电极相连，提供了较短的信号通路，电感和电容损耗较低，可用于高频工作状态，如微处理器单元、门阵列和存储器。

LCCC 集成电路的芯片是全密封的，可靠性高，但价格高，主要用于军用产品，且必须考虑器件与 PCB 之间的 CTE 是否一致的问题。

5．PQFN

PQFN 是一种无引脚封装，呈方形或矩形，封装底部中央位置有一个大面积裸露焊盘，提高了散热性能。围绕大焊盘的封装外围四周有实现电气连接的导电焊盘。由于 PQFN 不像 SOP、QFP 等具有翼形引脚，其内部引脚与焊盘之间的导电路径短，自感系数及封装体内布线的电阻值很低，所以它能提供良好的电性能。PQFN 的外形如图 2-36 所示。

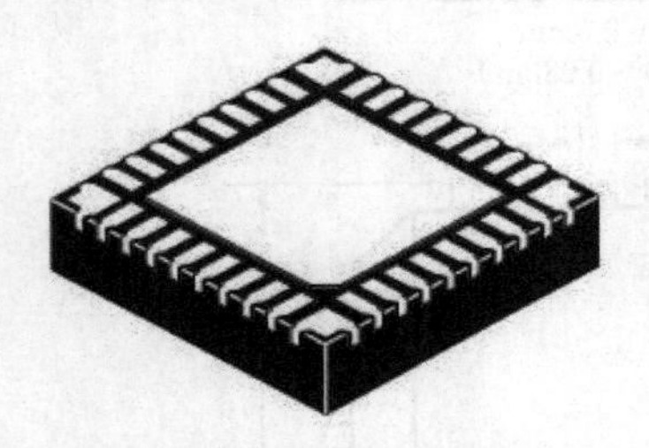

图 2-36　PQFN 的外形

由于 PQFN 具有良好的电性能和热性能，体积小、质量小，因此已经成为许多新应用的理想选择。PQFN 非常适合用于手机、数码相机、PDA、DV、智能卡及其他便携式电子设备等高密度安装的产品。

6．BGA

BGA 即球阵列封装，它将器件原来 QFP、PLCC 封装的 J 形或翼形电极引脚改成球形引脚，把从器件本体四周单线性顺序引出的电极引脚变成本体底面之下全平面的格栅阵列式球形引脚。这样既可以疏散引脚间距，又能够增加引脚数目。焊球阵列在器件底面可以呈完全分布或部分分布，如图 2-37 所示。

图 2-37　BGA 的集成电路

① BGA 方式能够显著地缩小芯片的封装表面积：若某个 LSI 有 400 个 I/O 电极引脚，同样取引脚的间距为 1.27mm，则方形 QFP 芯片每边 100 个引脚，边长至少为 127mm，芯片的表面积要在 160cm^2 以上；而正方形 BGA 芯片的电极引脚按 20×20 的行列均匀排布在芯片的下面，边长只需 25.4mm，芯片的表面积还不到 7cm^2。可见，相同功能的 LSI，BGA 的尺寸比 QFP 的要小得多，有利于在 PCB 上提高装配的密度。

② 从装配焊接的角度看，BGA 芯片的贴装公差为 0.3mm，没有 QFP 芯片的贴装精度要求 0.08mm 那么严苛。这就使 BGA 芯片的贴装可靠性显著提高，工艺失误率大幅度下降，用普通多功能贴片机和再流焊设备就能基本满足安装要求。

③ 采用 BGA 芯片使产品的平均线路长度缩短，改善了电路的频率响应和其他电气性能。

④ 用再流焊设备焊接时，焊球的表面张力较大，使芯片有自校准效应（也叫自对中或自定位效应），提高了装配焊接的质量。

正因为 BGA 有比较明显的优越性，所以 LSI 的 BGA 品种也在迅速多样化。现在已经出现很多种形式，如陶瓷 BGA（CBGA）、塑料 BGA（PBGA）及微型 BGA（Micro-BGA、μBGA 或 CSP）等，前两者的主要区分在于封装的基底材料，如 CBGA 采用陶瓷，PBGA 采用 BT 树脂；而后者是指那些封装尺寸与芯片尺寸比较接近的微型集成电路。

目前可以见到的一般 BGA 芯片，其焊球间距有 1.5mm、1.27mm 和 1.0mm 三种；而μBGA 芯片的焊球间距有 0.8mm、0.65mm、0.5mm、0.4mm 及 0.3mm 多种。

7. CSP

CSP 的全称为 Chip Scale Package，为芯片尺寸级封装的意思。它是 BGA 进一步微型化的产物，可以做到裸芯片尺寸有多大，封装尺寸就有多大，即封装后集成电路的边长不大于芯片边长的 1.2 倍，集成电路面积不大于晶粒（Die）面积的 1.4 倍。CSP 封装可以让芯片面积与封装面积之比超过 1∶1.14，已经非常接近于 1∶1 的理想情况。

在相同的芯片面积下，CSP 所能拥有的引脚明显要比 TSOP、BGA 的引脚多得多。TSOP 最多有 304 个引脚，BGA 的引脚极限能达到 600 个，而 CSP 理论上可以达到 1000 个。由于如此高集成度的特性，芯片到引脚的距离大大缩短了，线路的阻抗显著减小，信号的衰减和干扰也大幅降低。与 BGA 相比，同等空间下 CSP 可以将存储容量提高 3 倍。CSP 也非常薄，金属基板到散热体的最有效散热路径仅有 0.2mm，提高了芯片的散热能力。

目前的 CSP 还主要用于较少 I/O 端子集成电路的封装，如计算机内存条和便携电子产品。图 2-38 所示为计算机内存条上的 CSP 芯片。未来将大量应用在信息家电（IA）、数字电视（DTV）、电子书（E-Book）、无线网络（WLAN/Gigabit Ethernet）、不对称数字用户线（ADSL）等产品中。

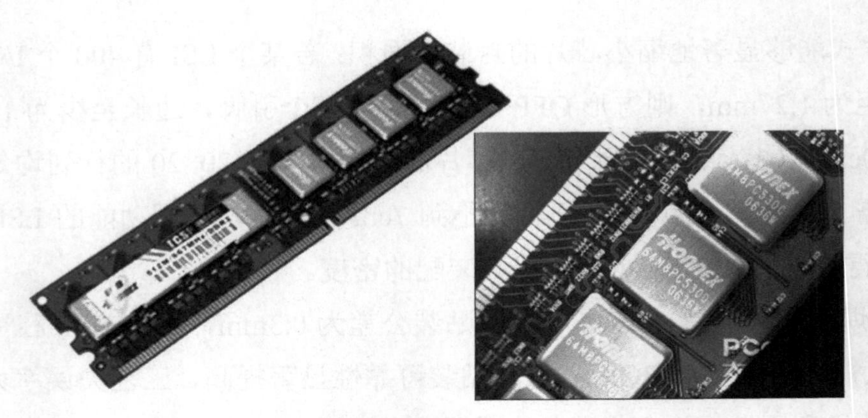

图 2-38 计算机内存条上的 CSP 芯片

2.7 SMT 元器件的包装

SMT 元器件的包装有散装、盘状编带包装、管式包装和托盘包装四种类型。

1. 散装

无引脚且无极性的 SMC 可以散装，如一般矩形、圆柱形的电容和电阻。散装的元器件成本低，但不利于自动化设备拾取和贴装。

2. 盘状编带包装

编带包装适用于除大尺寸 QFP、PLCC、LCCC 芯片外的其他元器件，其具体形式有纸质编带、塑料编带和黏接式编带三种。

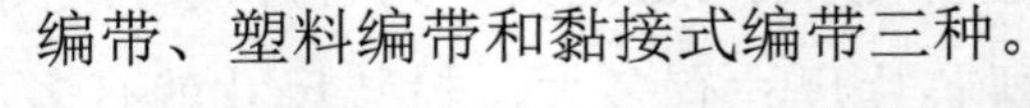

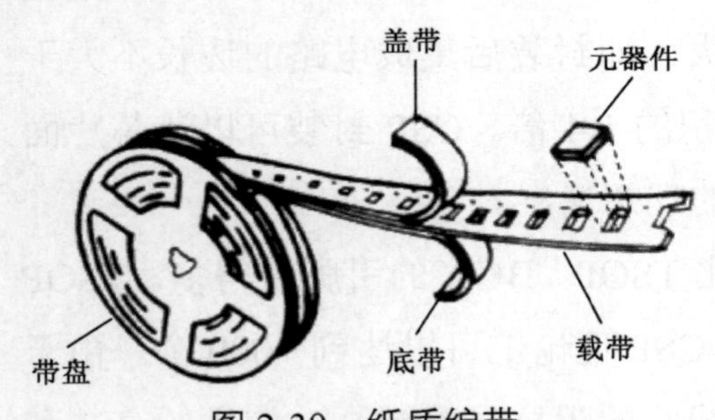

图 2-39　纸质编带

（1）纸质编带。纸质编带由底带、载带、盖带及绕纸盘（带盘）组成，如图 2-39 所示。载带上的圆形小孔为定位孔，以便供料器上的齿轮驱动；矩形孔为承料腔，用来放置元器件。

用纸质编带进行元器件包装的时候，要求元器件厚度与纸质编带厚度差不多，纸质编带不可太厚，否则供料器无法驱动，因此，纸质编带主要用于包装 0805 规格（含）以下的片式电阻、片式电容（有少数例外）。纸质编带一般宽 8 mm，包装元器件后盘绕在塑料带盘上。

（2）塑料编带。塑料编带与纸质编带的结构尺寸大致相同，不同的是料盒呈凸形，如图 2-40 所示。塑料编带包装的元器件种类很多，有各种无引脚元器件、复合元器件、异形元器件、SOT 晶体管、引脚少的 SOP/QFP 集成电路等。贴装时，供料器上的上剥膜装置除去薄膜盖带后再取料。

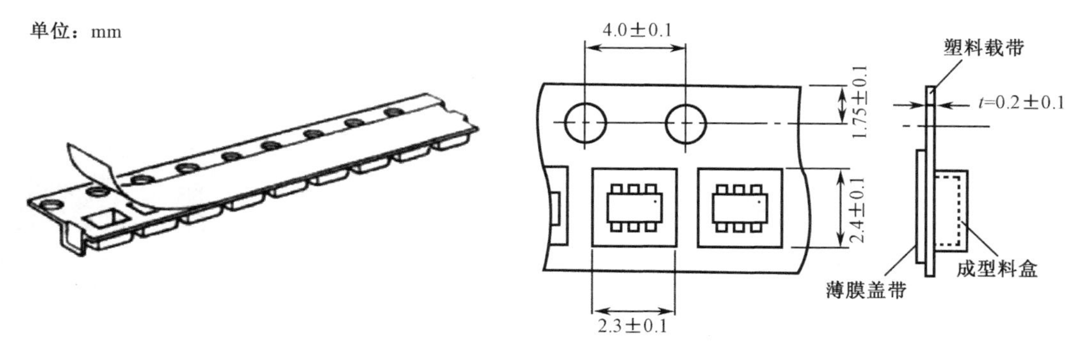

图 2-40 塑料编带结构与尺寸

纸质编带和塑料编带的一边都有一排定位孔，用于贴片机在拾取元器件时引导纸带或塑料带前进并定位。定位孔的孔距为 4mm（小于 0402 系列元器件的编带，孔距为 2mm）。在编带上元器件的间距依元器件的长度而定，一般为 4mm 的倍数。SMT 元器件包装编带的尺寸标准如表 2-10 所示。

表 2-10 SMT 元器件包装编带的尺寸标准

编带宽度/mm	8	12	16	24	32	44	56
元器件间距/mm（4 的倍数）	2，4	4，8	4，8，12	12，16，20，24	16，20，24，28，32	24，28 32，36 40，44	40，44，48，52，56

编带包装的料盒由聚苯乙烯（Polystyrene，PS）制成，由 1～3 个部件组成，其颜色为蓝色、黑色、白色或透明，通常是可以回收使用的。

（3）黏接式编带。黏接式编带的底面为胶带，集成电路贴在胶带上，为双排驱动。贴装时，供料器上有下剥料装置。黏接式编带主要用来包装尺寸较大的片式元器件，如 SOP、片式电阻网络、延迟线等。

3. 管式包装

管式包装主要用于 SOP、SOJ、PLCC 集成电路、PLCC 插座和异形元器件等，从整机产品的生产类型来看，管式包装适合用于品种多、批量小的产品。

包装管（也称料条）由透明或半透明的聚氯乙烯（PVC）制成，挤压成满足要求的标准外形，如图 2-41 所示。管式包装中每管中的元器件从数十个到近百个不等，管中元器件方向一致，不可装反。

4. 托盘包装

托盘由碳粉或纤维材料制成，通常要求暴露在高温下的元器件托盘具有 150℃或更高的耐热温度。托盘铸塑成矩形标准外形，包含统一相间的凹穴矩阵，如图 2-42 所示。凹穴托住元器件，在运输和处理期间对元器件提供保护。间隔为在 PCB 装配过程中用于贴装的标准工业自动化设备提供的元器件的准确位置。元器件被安排在托盘内，标准方向是将第一个引脚放在托盘斜切角落。

托盘包装主要用于 QFP、窄间距 SOP、PLCC、BGA 集成电路等器件的包装。

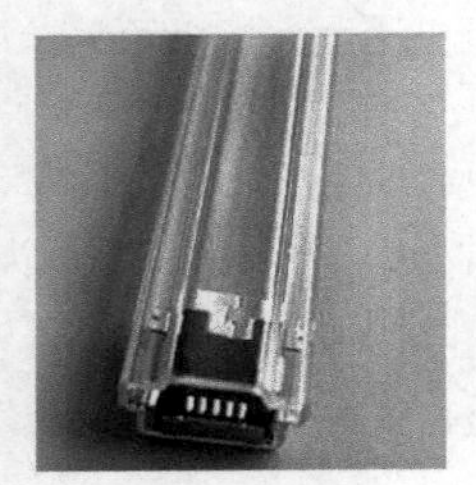
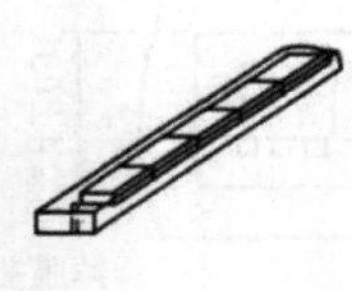

图 2-41　管式包装

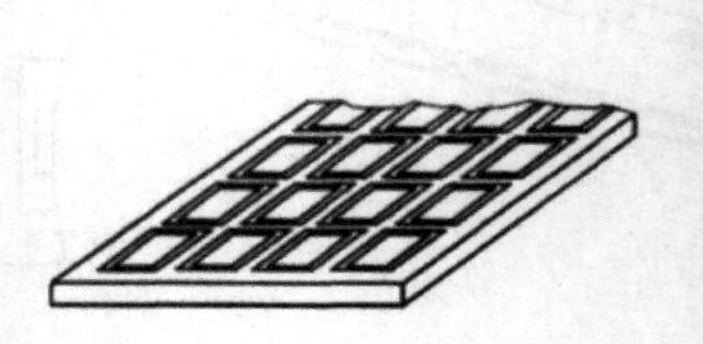

图 2-42　托盘包装

2.8　SMT 元器件的选择与使用

2.8.1　对 SMT 元器件的基本要求

SMT 元器件应该满足以下基本要求。

1．装配适应性——要适应各种装配设备操作和工艺流程

① SMT 元器件在焊接前要用贴片机贴放到 PCB 上，所以，元器件的上表面应该适应贴片机真空吸嘴的拾取。

② SMT 元器件的下表面（不包括焊端）应保留使用胶黏剂的空间。

③ SMT 元器件的尺寸、形状应该标准化，并具有良好的尺寸精度和互换性。

④ SMT 元器件的包装形式要适应贴片机的自动贴装，并能够保护元器件在搬运过程中免受外力作用，以保持引脚的平整。

⑤ SMT 元器件要具有一定的机械强度，能承受贴装应力和 PCB 基板的弯曲应力。

2．焊接适应性——要适应各种焊接设备及相关工艺流程

① SMT 元器件的焊端或引脚的共面性好，满足贴装、焊接要求。

② SMT 元器件的材料、封装耐高温性能好，适应焊接条件：再流焊（235±5）℃，焊接时间（5±0.2）s；波峰焊（250±5）℃，焊接时间（4±0.5）s。

③ SMT 元器件可以承受焊接后的有机溶剂清洗，封装材料及表面标识不得被溶解。

2.8.2　SMT 元器件的选择

选择 SMT 元器件，应该根据系统和电路的要求，综合考虑市场供应商所能提供的规格、性能和价格等因素。

① 选择 SMT 元器件时要注意贴片机的贴装精度水平。

② 钽电解电容和铝电解电容主要用于电容量大的场合。铝电解电容的电容量大、耐压高且价格比较便宜，但引脚在底座下面，焊接的可靠性不如矩形封装的钽电解电容。

③ 集成电路的引脚形式与焊接设备及工作条件有关，是必须考虑的问题。虽然SMT的典型焊接方法是再流焊，但翼形引脚数量不多的芯片也可以放在PCB的焊接面上，用波峰焊设备进行焊接，有经验的技术工人用热风焊台甚至普通电烙铁也可以熟练地焊接。因为J形引脚不易变形，所以对于单片机或可编程存储器等需要多次拆卸以便擦写其内部程序的集成电路，采用PLCC封装的芯片与专用插座配合，使拆卸或更换变得容易。球形引脚是LSI的发展方向，BGA集成电路绝对不能采用波峰焊或手工焊接。

④ 机电元器件大多由塑料构成骨架，塑料骨架容易在焊接时受热变形，最好选用有引脚且引脚露在外面的机电元器件。

2.8.3 使用SMT元器件的注意事项

（1）SMT元器件存放的环境条件。

① 环境温度：储存温度<40℃。

② 生产现场温度：<30℃。

③ 环境湿度：<RH60%。

④ 环境气氛：储存及使用环境中不得有影响焊接性能的硫、氯、酸等有毒有害物质。

⑤ 防静电措施：要满足SMT元器件静电防护的要求。

⑥ 元器件的存放周期：从元器件厂家的生产日期算起，储存时间不超过两年；整机厂用户购买后的储存时间一般不超过一年；假如是自然环境比较潮湿的整机厂，购入SMT元器件以后应在三个月内使用，并在存放地及元器件包装中采取适当的防潮措施。

（2）有防潮要求的SMD。开封后72h内必须使用完毕，最长时间也不要超过一周。如果不能用完，应存放在RH20%的干燥箱内，已受潮的SMD要按规定进行烘干去潮处理。

① 凡采用塑料管包装的SMD（SOP、SOJ、PLCC和QFP等），其包装管不耐高温，不能直接放进烘箱烘烤，应另行放在金属管或金属盘内烘烤。

② QFP的包装塑料盘有不耐高温和耐高温两种类型。耐高温的包装塑料盘（注有T_{max}=135℃、T_{max}=150℃或T_{max}=180℃等几种）可直接放入烘箱进行烘烤；不耐高温的包装塑料盘不可直接放入烘箱烘烤，以防发生意外，应另行放在金属盘内进行烘烤。转放时应注意轻拿轻放，以免损伤引脚，破坏其共面性。

（3）运输、分料、检验或手工贴装。假如工作人员需要拿取SMD，应佩戴防静电腕带，尽量使用吸笔进行操作，并特别注意避免碰伤SOP、QFP等器件的引脚，以免引脚翘曲变形。

（4）剩余SMD的保存方法。

① 配备专用低温低湿储存箱。将开封后暂时不用的SMD或连同送料器一起存放在箱内。

但配备大型专用低温低湿储存箱的费用较高。

② 利用原有完好的包装袋。只要袋子不破损且内装干燥剂良好（湿度指示卡上所有黑圈内部都呈蓝色，无粉红色），就可以将未用完的 SMD 重新装回袋内并用胶带封口。

2.8.4 SMT 元器件封装形式的发展

SMT 自 20 世纪 60 年代问世以来，经半个多世纪的发展，已进入完全成熟的阶段，不仅成为当代电路安装技术的主流，还正继续向纵深发展。就封装元器件安装工艺来说，SMT 正在积极开展多芯片模块（MCM）和三维安装技术的研究。

1. 芯片安装技术

随着 SMT 的成熟，裸芯片直接贴装到 PCB 上已提上议事日程，特别是低膨胀系数的 PCB 及焊接和填充材料这些制约裸芯片发展的瓶颈技术的解决，使裸芯片技术进入一个高速发展的新时代。

裸芯片焊接技术有两种主要方法：一种是 COB（板上芯片）法，另一种是 FC（倒装芯片）法。

（1）COB 法。COB 法是采用引脚键合将裸芯片直接安装在 PCB 上的方法，焊区与芯片在同一平面上，芯片 I/O 端子焊区在芯片周边均匀分布，焊区最小面积为 90μm×90μm，最小间距为 100μm，PCB 焊盘有相应的焊盘数，也是在周边排列的。

在焊接时，先将裸芯片用导电/导热胶粘在 PCB 上，待胶凝固后，用线焊机（绑定机）将金属丝（铝或金）在超声、热压的作用下，分别连接在芯片上的 I/O 端子焊区和 PCB 对应的焊盘上，然后采用环氧树脂进行封装以保护键合引脚，如图 2-43 所示。COB 技术具有价格低廉、节约空间及工艺成熟的优点。但 COB 法不适合大批量自动贴装，并且可用于 COB 法的 PCB 制造工艺难度也相对较大。此外，由于 COB 的散热有一定困难，通常只适用于低功耗（0.5～1W）的集成电路芯片。

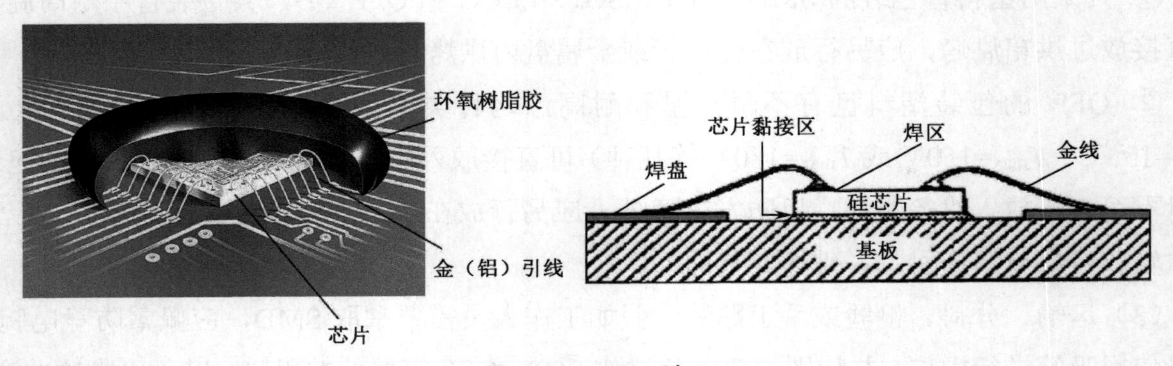

图 2-43　COB 法

（2）FC 法。FC 与 COB 相比，其 I/O 端子以面阵列式排列在芯片之上，并在 I/O 端子表面制造成焊料凸点。焊接时，只要将芯片反置于 PCB 上，使凸点对准 PCB 上的焊盘，加热后就能实现FC与PCB的互连，因此FC可以采用类似于SMT的手段来加工。FC工艺如图2-44所示。

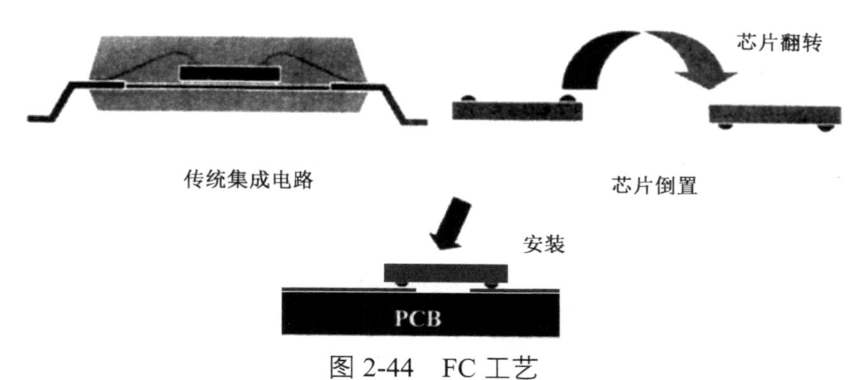

图2-44 FC工艺

早在20世纪60年代末，IBM公司就把FC技术大量应用于计算机，即在陶瓷PCB上贴装高密度的FC；到了20世纪90年代，该技术已在多种行业的电子产品中加以应用，特别是在便携式的通信设备中。裸芯片在焊接过程中一方面受到熔化焊料表面张力的影响，可以自行校正位置；另一方面又受到重力的影响，芯片高度有限度地下降。因此，FC无论是封装还是焊接，其工艺都是可靠和可行的。当前该技术已受到电子装配行业的广泛重视。

2. 多芯片模块技术

MCM是20世纪90年代以来发展较快的一种先进的混合集成电路，它把几块集成电路芯片安装在一块电路板上，构成功能电路块，称为多芯片模块（Multi Chip Module，MCM）。

可以说，MCM技术是SMT的延伸，一组MCM的功能相当于一个分系统的功能。通常MCM基板的布线多于4层，且有100个以上的I/O引出端，并将CSP、FC、专用集成电路（ASIC）器件与之互连。MCM技术代表20世纪90年代电子安装技术的精华，是半导体集成电路技术、厚膜/薄膜混合微电子技术、PCB技术的结晶，国际上称之为微组装技术（Microelectronic Packaging Technology）。MCM技术主要用于超高速计算机、外层空间电子技术。

MCM技术通常分为三大类，即MCM-L、MCM-C、MCM-D。MCM-L是在PCB上制作多层高密度安装和互连的技术，是COB-PCB安装技术的延伸与发展。MCM-C是在多层陶瓷基板上用厚膜和薄膜方法制作多层高密度安装和互连的技术。MCM-D是在硅基板或其他新型基板上采用沉积方法制作薄膜多层高密度安装和互连的技术，在MCM制作中它的技术含量最高。

把几块MCM安装在普通电路板上就实现了电子设备或系统级的功能，从而使军事和工业用电路组件实现了模块化。21世纪的前20年是MCM应用推广和使电子设备变革的时期。

3. 三维立体安装技术

三维立体安装技术（简称3D安装技术）的指导思想是把集成电路芯片（MCM片、WSI

片，即圆片规模集成电路）一片片叠起来，利用芯片的侧面边缘和垂直方向进行互连，将水平安装向垂直方向发展为立体安装。实现三维立体安装不仅使电子产品的密度更高，还使其功能更多，信号传输更快，性能更好，可靠性更高，而电子系统的相对成本却会更低，它是目前硅芯片技术的最高水平。

2.9 思考与练习题

【思考】目前，元器件的片式化率已达 70%以上。但任何事物都有其两面性。如何正确看待表面安装元器件目前存在的缺陷（如型号没有完全标准化，特别是元器件与 PCB 之间热膨胀系数的差异性影响 SMT 产品质量等），也是一个学会树立辩证唯物主义观点的问题。

在我们今后的工作学习中，如果遇到问题，首先要重视问题，然后要从主流方向去分析问题，最后要用科学的方法解决问题。

1. 分析 SMT 元器件有哪些显著特点。
2. 简述 SMC 的小型化进程。
3. 试写出下列 SMC 的长和宽（mm）。
   3216，2012，1608，1005。
4. 说明下列 SMC 的含义。
   3216C，3216R。
5. 简述表面安装电阻的焊端结构。
6. 常用的表面安装电容有哪些类型？叙述它们的结构与特点。
7. SMT 元器件有哪些包装形式？
8. 什么是集成电路的封装比？
9. 总结归纳 SOP、PLCC、QFP、BGA、CSP 等封装方式各自的特点。
10. SMT 元器件应该满足哪些基本要求？
11. 使用 SMT 元器件时应注意哪些问题？
12. 选择 SMT 元器件时应注意哪些方面？

第 3 章

SMB 的设计与制造

通常把在绝缘基板上按预定设计，制成印制线路、印制元器件或两者组合而成的导电图形称为印制电路。印制电路的成品板称为印制电路板，一般英文简称为 PCB（Printed Circuit Board）。一块完整的 PCB 主要包括以下几部分：绝缘基板、铜箔、过孔、阻焊层和印字面。

由于 SMT 用的 PCB 与 THT 用的 PCB 在设计、材料等方面都有很大差异，为了区别，通常将专用于 SMT 的 PCB 称为 SMB（Surface Mount Board，表面安装印制板）。

3.1 SMB 的特点与基板材料

3.1.1 SMB 的特点

虽然 SMB 在功能上与 THT 用的 PCB 相同，但用于制造 SMB 的基板的性能要求比 THT 用的 PCB 基板的性能要求高得多。SMB 的设计、制造工艺也比 THT 用的 PCB 的设计、制造工艺复杂得多，许多制造插装 PCB 根本用不到的高新技术，如多层板、金属化孔、盲孔和埋孔等技术，在 SMB 的制造中却几乎全部需要使用。SMB 的主要特点如下。

1. 密度高

由于有些 SMD 的引脚有 100～500 个之多，引脚中心距由 1.27mm 缩小为 0.5mm，甚至 0.3mm，因此 SMB 要求线细、间距窄，线宽从 0.2～0.3mm 缩小到 0.15mm、0.1mm，甚至 0.05mm。2.54mm 网格之间已由过双线发展到过 3 根导线，最新技术已达到过 6 根导线，极大地提高了 SMB 的安装密度。

2. 孔径小

单面 PCB 中的通孔主要用来插装元器件，而在 SMB 中大多数金属化孔不再用来插装元器件，而是用来实现层与层导线之间的互连。目前 SMB 上的金属化孔的孔径为 0.46～0.3mm，并向 0.2～0.1mm 方向发展，与此同时，出现了以盲孔和埋孔为特征的内层中继孔。

3．CTE 低

由于 SMD 引脚多且短，器件本体与 SMB 之间的 CTE 不一致。热应力造成器件损坏的事情经常会发生，因此要求 SMB 基板的 CTE 尽可能低，以与器件有更高的匹配性。如今，CSP、FC 等芯片级的器件已用来直接贴装在 SMB 上，这对 SMB 的 CTE 提出了更高的要求。

4．耐高温性能好

在 SMT 焊接过程中，经常需要双面贴装元器件，因此要求 SMB 耐受两次再流焊温度，并要求 SMB 变形小、不起泡，首次再流焊之后焊盘仍有优良的可焊性，SMB 表面仍有较高的光洁度。

5．平整度高

SMB 要求的平整度很高，以便 SMD 引脚与 SMB 焊盘密切贴合，SMB 焊盘表面涂覆层不再使用锡铅合金热风整平工艺，而是采用镀金工艺或预热助焊剂涂敷工艺。

3.1.2 基板材料

用于 PCB 的基板材料有很多品种，但大体上分为两大类，即无机类基板材料和有机类基板材料。

1．无机类基板材料

无机类基板主要是陶瓷基板。陶瓷基板材料是纯度为 96%的氧化铝，在要求基板强度很高的情况下，可采用纯度为 99%的氧化铝。由于高纯度的氧化铝制成的基板加工困难，成品率低，所以使用高纯度的氧化铝的基板价格高。氧化铍也是陶瓷基板的材料，它是金属氧化物，具有良好的电绝缘性能和优异的导热性，可用作高功率密度电路的基板。

陶瓷基板主要用于厚膜、薄膜混合集成电路和多芯片微安装电路中，它具有有机材料电路基板无法比拟的优点。例如，陶瓷电路基板的 CTE 可以和 LCCC 外壳的 CTE 相匹配，故安装 LCCC 器件时将获得良好的焊点可靠性。另外，即使在加热的情况下，陶瓷基板也不会因释放出大量吸附的气体造成真空度下降，故适用于芯片制造过程中的真空蒸发工艺。此外，陶瓷基板还具有耐高温、表面光洁度好、化学稳定性高的特点，是厚膜、薄膜混合电路和多芯片微安装电路的优选基板。但它难以制作成大而平的基板，且无法制作成多块组合在一起的邮票板结构来适应自动化生产的需要。另外，由于陶瓷材料的介电常数大，所以陶瓷基板也不适合作为高速电路基板，且价格相对较高。

2．有机类基板材料

有机类基板材料是指用增强材料，如玻璃纤维布、纤维纸、玻璃毡等，先浸以树脂黏合剂，通过烘干成为坯料，再覆上铜箔，经高温高压制成的材料。这类基板称为覆铜箔层压板

（CCL），俗称覆铜板，是制造 PCB 的主要材料。

覆铜板的有很多品种，按采用的增强材料品种来分，可分为纸基、玻璃纤维布基、复合基（CEM）和金属基四大类；按采用的有机树脂黏合剂来分，可分为酚醛树脂（PF）、环氧树脂（EP）、聚酰亚胺树脂（PI）、聚四氟乙烯树脂（PTFE）及聚苯醚树脂（PPO）等；按基板材料的刚挠性来分，可分为刚性覆铜板和挠性覆铜板。

目前广泛用于制作双面 PCB 的是环氧玻璃纤维电路基板，它结合了玻璃纤维强度高和环氧树脂韧性好的优点，具有较高的强度和良好的延展性。

在制作环氧玻璃纤维电路基板时，先使环氧树脂渗透玻璃纤维布，制成层板。同时，加入其他化学品，如固化剂、稳定剂、防燃剂、黏合剂等。然后在层板的单面或双面粘压铜箔制成覆铜的环氧玻璃纤维层板。用它可以制作各种单面 PCB、双面 PCB 和多层 PCB。

3．目前常用的层板类型

（1）G-10 层板和 G-11 层板。它们是环氧玻璃纤维层板，不含阻燃剂，可以用钻床钻孔，但不允许用冲床冲孔。G-10 层板的性能和 FR-4 层板极其相似，G-11 层板可耐更高的工作温度。

（2）FR-2 层板、FR-3 层板、FR-4 层板、FR-5 层板和 FR-6 层板。它们都含有阻燃剂，因而被命名为 FR。

① FR-2 层板。它的性能类似于 XXXPC 层板，是纸基酚醛树脂层板，只能用冲床冲孔，不能用钻床钻孔。

② FR-3 层板。它是纸基环氧树脂层板，可在室温下冲孔。

③ FR-4 层板。它是环氧玻璃纤维层板，与 G-10 层板的性能极其相似，具有良好的电性能和加工特性，并具有合适的性价比，可制作多层板。它被广泛地应用于工业产品中。

④ FR-5 层板。它与 FR-4 层板的性能相似，但可在更高的温度下保持较高的强度和良好的电性能。

⑤ FR-6 层板。它是聚酯树脂玻璃纤维层板。

上述层板中，常用的 G-10 层板和 FR-4 层板适用于制作多层 PCB，价格相对便宜，并可采用钻床钻孔工艺，容易实现自动化生产。

（3）非环氧树脂层板。常用的非环氧树脂层板有以下几种。

① 聚酰亚胺树脂玻璃纤维层板。它可作为刚性或柔性电路基板材料，在高温下它的强度和稳定性都优于 FR-4 层板，常用于高可靠性的军用产品中。

② GX 层板和 GT 层板。它们是聚四氟乙烯玻璃纤维层板，这些材料的介电性能是可以控制的，可用于介电常数要求严格的产品中。其中，GX 层板的介电性能优于 GT 层板，可用于高频电路。

③ XXXP 层板和 XXXPC 层板。它们是酚醛树脂纸基层板，只能用冲床冲孔，不能用钻床钻孔，这些层板仅能作为单面 PCB 和双面 PCB 的原材料，不能作为多层 PCB 的原材料。

因为它们的价格便宜，所以在民用电子产品中被广泛作为电路基板材料。表 3-1 列出了各种电路基板材料的性能。

表 3-1　电路基板材料的性能

基板材料	性能						
	玻璃化温度/℃	X 轴、Y 轴的 CTE/（×10⁻⁶/℃）	Z 轴的 CTE/（×10⁻⁶/℃）	热导率/（W/m·K）在 25℃下	抗挠强度/kpsi 在 25℃下	介电常数在 1MHz、25℃下	表面电阻/Ω
环氧玻璃纤维	125	13～18	48	0.16	45～50	4.8	10^{13}
聚酰亚胺树脂玻璃纤维	250	12～16	57.9	0.35	97	4.4	10^{12}
聚酰亚胺石英	250	6～8	50	0.3	95	4.0	10^{13}
环氧石墨	125	7	～49	0.16	—	—	10^{13}
聚酰亚胺石墨	250	6.5	～50	1.5	—	6.0	10^{12}
聚四氟乙烯玻璃纤维	75	55	—	—	—	2.2	10^{14}
环氧石英	125	6.5	48	～0.16	—	3.4	10^{13}
氧化铝陶瓷	—	6.5	6.5	2.1	44	8	10^{14}
瓷釉覆盖钢板	—	10	13.3	0.001	+	6.3～6.6	10^{13}
聚酰亚胺 CIC 芯板	250	6.5	+	0.35/57	+	—	0.35

注：1. 表中数值仅做比较用，不能做精确的工程计算用。

2. 抗挠强度单位为 kpsi，指千镑/平方英寸，1kpsi=688.94N/cm^2。

3. 表中“+”由芯板和表面层的比例决定。

3.1.3　PCB 基材质量参数

由于 PCB 是电子组件的结构支撑件，因此对 PCB 基板材料的电气、耐热等多种性能都有严格的要求，现对有关的主要参数进行如下介绍。

1. 玻璃化温度

玻璃化温度（Glass Transition Temperature）用 T_g 表示，是指 PCB 材质在一定温度条件下，基板材料结构发生变化的临界温度。在这个温度之下，基板材料是硬且脆的，类似玻璃的形态，因此通常称为玻璃态；在这个温度之上，材料会变软，呈橡胶的形态，称为橡胶态或皮革态，这时它的机械强度将明显变低。

作为结构材料，人们都希望它的玻璃化温度越高越好。除陶瓷基板外，几乎所有层压板都含有聚合物，玻璃化温度是聚合物特有的性能。它是选择基板的一个关键参数，这是因为在 SMT 焊接过程中，焊接温度通常在 220℃左右，远远高于 PCB 基板的玻璃化温度，故 PCB 在高温环境中后会出现明显的变形，而片式元器件是直接焊在 PCB 表面的，当焊接温度降低后，焊点通常在 180℃就先冷却凝固，而此时 PCB 温度仍高于玻璃化温度，PCB 仍处于热变形状态直至完全冷却，在这个过程中必然会产生很大的热应力，该应力作用在元器件引脚上，严重时会使元器件损坏，如图 3-1 所示。

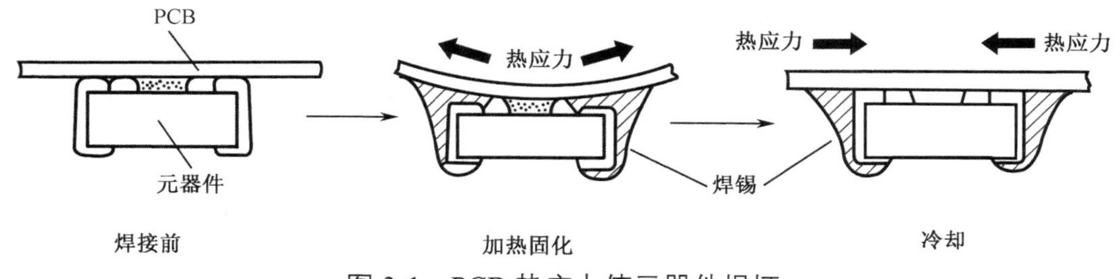

图 3-1 PCB 热应力使元器件损坏

因此，在选择电路基板材料时，其玻璃化温度要尽可能接近工艺中出现的最高温度，以减小或避免 PCB 热变形产生的热应力对元器件造成的损坏。

玻璃化温度高的 SMB 还具有许多优点，如在 SMB 钻孔加工过程中，有利于钻制微小孔，玻璃化温度低的板材在钻孔时会因高速钻孔产生的热量而引起板材中的树脂软化，导致加工困难。玻璃化温度高的 SMB 在较高温度环境中仍具有相对较小的 CTE，与片式元器件的 CTE 接近，故能保证产品可靠地工作。

2. 热膨胀系数

热膨胀系数（Coefficient of Thermal Expansion，CTE）是指单位温度变化引发的材料尺寸的线性变化量。

任何材料受热后都会膨胀，高分子材料的 CTE 通常高于无机材料，当膨胀应力超过材料承受限度时，就会损坏材料。用于 SMB 的多层板是由几片单层半固化树脂片热压制成的，冷却后在需要的位置钻孔并进行电镀处理，生成电镀通孔——金属化孔，制成金属化孔后，就实现了 SMB 层与层之间的互连。一般金属化孔的孔壁厚度仅在 25μm 左右，且铜层致密性不会很高。

对于多层板结构的 SMB 来说，其长、宽方向的 CTE 与厚度方向的 CTE 存在差异。因此当多层板焊接受热时，层压材料、玻璃纤维和铜层之间在厚度方向的 CTE 不一致，热应力就会作用在金属化孔的孔壁上，从而引发金属化孔中的铜层开裂，发生故障，如图 3-2 所示。

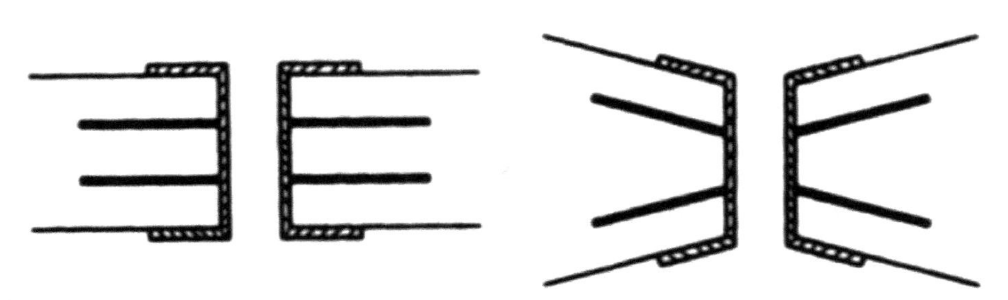

（a）多层板室温下无应力，金属化孔完好　（b）高温下热应力作用在金属化孔的孔壁上

图 3-2 热应力对金属化孔的孔壁的作用

铜层开裂故障是一个相当复杂的问题，因为它是由许多变量决定的，如 SMB 的层数和厚度、层压材料、铜层布局和金属化孔的几何形状（如孔径比）等。尤其是 CTE 大的基板材料在受到热冲击时，厚度方向的膨胀量与铜的膨胀量差异较大，因而极易造成金属化孔断裂，

通常玻璃化温度低的材料的 CTE 较大。

在 SMT 产品中，SMB 布线密度在不断增高，金属化孔数量在不断增多且孔径在不断变小，多层板的层数也在不断增加。为了克服或消除上述隐患，通常采取以下措施。

① 凹蚀工艺，以增强金属化孔的孔壁与多层板的结合力。

② 适当控制多层板的层数，目前主张使用 8～10 层，金属化孔的径深比控制在 1∶3 左右，这是最保险的径深比，目前最常见的径深比是 1∶6 左右。

③ 使用 CTE 相对小的材料或将 CTE 性能相反的材料叠加使用，以使 SMB 整体的 CTE 减小。

④ 在 SMB 制造工艺中，采用盲孔和埋孔，如图 3-3 所示，以达到减小径深比的目的。盲孔的表层和内部某些分层互连，无须贯穿整个基板，减小了孔的深度；埋孔仅是内部分层之间的互连，可使孔的深度进一步减小。虽然盲孔和埋孔在制作时难度大，但采用盲孔和埋孔大大提高了 SMB 的可靠性。

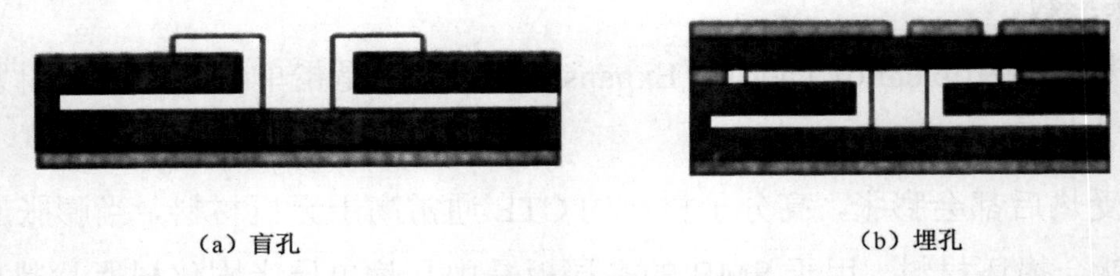

（a）盲孔　　（b）埋孔

图 3-3　盲孔和埋孔示意图

采取以上措施，可以大大降低使用过程中因外界不可知因素导致的金属化孔的孔壁开裂的概率。

3．耐热性

在某些工艺过程中 SMB 需经两次再流焊，因而要求经过一次高温后，SMB 仍然保持板间的平整度，以保证二次贴装的可靠性。SMB 焊盘越小，焊盘的黏结强度越小，若 SMB 使用的基板材料耐热性高，则焊盘的抗剥强度也较高，一般要求 SMB 具有 250℃/50s 的耐热性。

4．电气性能

无线通信技术向高频化发展，对 SMB 的高频特性要求提高，评估 SMB 基板材料电气性能的重要参数是介电常数（ε）和介质损耗角正切值（$\tan\delta$）。当电路的工作频率大于 1GHz 时，通常要求 SMB 基板材料的$\varepsilon<3.5$，$\tan\delta<0.02$。此外，评估 SMB 基板材料电气性能指标的参数还有抗电强度、绝缘电阻及抗电弧性能等。

5．平整度

为保证 SMD 的引脚与 SMB 的焊盘密切贴合，SMB 要求的平整度很高。SMB 焊盘表面涂覆层不仅使用锡铅合金热风整平工艺，还大量采用镀金工艺或预热助焊剂涂覆工艺。

6. 特性阻抗

当脉动电流通过导体时，除了受到电阻的阻碍，还受到感抗（X_L）和容抗（X_C）的阻碍，电路或元器件对通过其中的交流电流产生的阻碍称为阻抗，记作 Z_0。

早期 PCB 的印制导线，仅起到 PCB 层间的元器件和部件间互连的作用，随着数字电子产品的高速化发展，作为电子元器件支撑的 PCB 已不再是一个简单的电气互连装置，PCB 印制导线应作为一种传输线路，需要有理想的传输特性。

根据电磁波的传送原理，PCB 的印制导线的特性阻抗与搭载其上的集成电路的 I/O 引脚阻抗必须互相匹配，即传输线的负载阻抗等于传输线的特性阻抗，此时信号在传输途中产生的能量反射和损失最小，换言之，信号得到了完整的传输。

因此，在高频或高速数字信号传输技术不断发展的今天，PCB 传输线的特性阻抗应保持恒定和稳定，即 PCB 的特性阻抗应控制在某一精度范围内。

3.1.4 铜箔种类与厚度

铜箔对产品的电气性能有一定的影响。按制造方法铜箔一般分为压延铜箔和电解铜箔两大类。压延铜箔的铜纯度高（一般≥99.9%）、弹性好，适用于挠性板、高频信号板等高性能 PCB，在产品说明书中用字母“W”表示。电解铜箔铜纯度稍低于压延铜箔（一般为 99.8%），适用于普通 PCB 的制造，在产品说明书中用字母“E”表示。

常用的铜箔厚度有 9μm、12μm、18μm、35μm、70μm 等，其中厚度为 35μm 的铜箔使用较多。铜箔越薄，耐高温性能越差，且浸析会穿透铜箔；若铜箔太厚，则容易脱落。

3.2 SMB的设计

SMT 产品质量的保证，除有赖于生产管理、生产设备、生产工艺外，SMB 的设计也是一个十分重要的问题。

3.2.1 设计的基本原则

1. 元器件布局

布局即按照原理图的要求和元器件的外形尺寸，将元器件均匀整齐地放置在 PCB 上，并能满足整机的机械和电气性能要求。布局合理与否不仅影响 PCB 安装件和整机的性能及可靠性，还影响 PCB 及其安装件加工和维修的难易程度，所以在布局时应尽量做到以下几点。

① 元器件分布均匀，同一单元电路的元器件应相对集中排列，以便调试和维修。

② 有相互连线的元器件应相对靠近排列，以提高布线密度，保证走线距离最短。

③ 对热敏感的元器件，在布局时应远离发热量大的元器件。

④ 相互可能有 EMI 的元器件，应采取屏蔽或隔离措施。

2．布线规则

布线即按照原理图、印制导线表及需要的印制导线宽度与间距布设印制导线，布线一般应遵守如下规则。

① 在满足使用要求的前提下，布线可简时不繁。选择布线方式的顺序为单层→双层→多层。

② 两个连接盘之间的导线布设应尽量短，敏感的信号、小信号先走，以减少小信号的延迟与干扰。模拟电路的输入线旁应布设接地线屏蔽；同一层导线的布设应分布均匀；各层上导电区的面积要相对均衡，以防 PCB 翘曲。

③ 信号线改变方向应走斜线或圆滑过渡，尽量使曲率半径大一些，从而避免电场集中、信号反射及产生额外的阻抗。

④ 数字电路与模拟电路在布线上应分隔开，以免互相干扰，若在同一层则将两种电路的接地线系统和电源系统的导线分开布设，不同频率的信号线中间应布设接地线，以免发生串扰。为了测试方便，设计上应设定必要的断点和测试点。

⑤ 电路元器件在接地、接电源时走线要尽量短、尽量近，以减少内阻。

⑥ 上、下层走线应互相垂直，以减少耦合，切忌上、下层走线对齐或平行。

⑦ 高速电路的多根 I/O 线及差分放大器、平衡放大器等电路的 I/O 线长度应相等，以免产生不必要的延迟或相移。

⑧ 焊盘与较大面积导电区相连接时，应采用长度不小于 0.5mm 的细导线进行热隔离，细导线宽度不小于 0.13mm。

⑨ 最靠近板边缘的导线，距离板边缘的距离应大于 5mm，在需要接地线时可以靠近板的边缘。若在 PCB 加工过程中要插入导轨，则导线距板边缘的距离至少要大于导轨槽的深度。

⑩ 双面 PCB 上的公共电源线和接地线，尽量布设在靠近板的边缘，并且分布在板的两面。多层 PCB 可在内层设置电源层和接地层，通过连接金属化孔与各层的电源线和接地线，将内层大面积的导线和电源线、接地线设计成网状，以提高多层板层间的结合力。

3．印制导线宽度

印制导线的宽度由印制导线的负载电流、允许的温升和铜箔的附着力决定。一般 PCB 的印制导线宽度不小于 0.2mm，厚度不小于 18μm。印制导线越细，其加工难度越大，所以在布线空间允许的条件下，应适当选择宽印制导线，通常的设计原则如下。

① 信号线应粗细一致，这样有利于阻抗匹配，一般推荐线宽为 0.2～0.3mm（8～12mil）。对于电源线及接地线而言，走线面积越大越好，这样可以减少干扰。对于高频信号而言，最好用接地线屏蔽，这样可以提高传输效果。

② 在高速电路与微波电路中，规定了传输线的特性阻抗，此时印制导线的宽度和厚度应满足特性阻抗的要求。

③ 在大功率电路设计中，还应考虑电源密度，此时应考虑线宽、厚度及线间的绝缘性能。内层导体允许的电流密度约为外层导体的一半。

4．印制导线间距

PCB 表层印制导线间的绝缘电阻是由印制导线间距、相邻印制导线平行段的长度、绝缘介质（包括基板材料和空气）决定的，在布线空间允许的条件下，应适当加大印制导线间距。

5．元器件的选择

元器件的选择应充分考虑 PCB 实际面积的需要，尽可能选用常规元器件。不可盲目地追求小尺寸的元器件，以免增加成本，集成电路器件应注意引脚形状与间距，对于引脚间距小于 0.5mm 的 QFP 器件应慎重考虑，不如直接选用 BGA 器件。此外，对元器件的包装形式、端电极尺寸、可焊性、器件的可靠性、温度的承受能力（如能否适应无铅焊接的需要）都应考虑。

在选择好元器件后，必须建立元器件数据库，元器件数据库包括安装尺寸、引脚尺寸和生产厂家等有关资料。

6．PCB 基材的选用

基材应根据 PCB 的使用条件和机械、电气性能要求来选择；根据 PCB 结构确定基材的覆铜箔面数（单面、双面或多层板）；根据 PCB 的尺寸、单位面积承载元器件质量确定基板的厚度。不同类型材料的成本相差很大，在选择 PCB 基板材料时应考虑下列因素。

① 电气性能的要求。

② 玻璃化温度、CTE、平整度及孔金属化的能力等因素。

③ 价格因素。

7．PCB 的抗 EMI 设计

对于外部的 EMI，可通过整机的屏蔽措施和改进电路的抗干扰设计来解决。对于 PCB 安装件本身的 EMI，在进行 PCB 布局、布线设计时，应做以下考虑。

① 可能相互产生影响或干扰的元器件，在布局时应尽量远离或采取屏蔽措施。

② 不同频率的信号线不要相互靠近或平行布线；对于高频信号线，应在其一侧或两侧布设接地线。

③ 对于高频、高速电路，应尽量设计成双面 PCB 或多层 PCB。双面 PCB 的一面布设信号线，另一面可以设计成接地面；多层 PCB 可把易受干扰的信号线布置在接地层或电源层之间；对于微波电路用的带状线，传输信号线必须布设在两个接地层之间，其间的介质层应按

需要计算厚度后再布设。

④ 晶体管的基极印制导线和高频信号线应设计得尽量短，以减少信号传输时的 EMI 或辐射。

⑤ 不同频率的元器件不共用一条接地线，不同频率的接地线和电源线应分开布设。

⑥ 数字电路与模拟电路不共用一条接地线，在与 PCB 对外接地线连接处可以有一个公共接点。

⑦ 在工作时电位差比较大的元器件或印制导线，应加大相互之间的距离。

8．PCB 的散热设计

随着 PCB 上元器件安装密度的提高，若不能及时有效地散热，则会影响电路的工作参数，热量过大甚至会使元器件失效，所以对于 PCB 的散热问题，在设计时必须认真考虑，一般采取以下措施。

① 加大 PCB 上与大功率元器件接地面的铜箔面积。

② 发热量大的元器件不贴板安装或外加散热器。

③ 多层板的内层接地线应设计成网状并靠近板的边缘。

④ 选择阻燃或耐热型的板材。

9．PCB 应做成圆弧角

直角的 PCB 在传送时容易产生卡板现象，因此在设计 PCB 时，要对板框做圆弧角处理，根据 PCB 的大小确定圆弧角的半径。拼板和加有辅助边的 PCB 应在辅助边上做圆弧角。

3.2.2 常见的 PCB 设计错误及原因

① PCB 没有工艺边、工艺孔，不能满足 SMT 设备的装夹要求，这意味着不能满足 SMT 生产线的要求。

② PCB 外形异形或尺寸过大、过小，不能满足 SMT 设备的装夹要求。

③ PCB、细间距 QFP（FQFP）器件焊盘四周没有光学识别标志（Mark）或 Mark 点不标准，如 Mark 点周围有阻焊膜，或 Mark 点过大、过小，造成 Mark 点图像反差过小，机器频繁报警不能正常工作。

④ 焊盘结构尺寸不正确，如片式元器件的焊盘间距过大、过小，焊盘不对称，以致片式元器件焊接后，出现歪斜、立碑等缺陷。

⑤ 焊盘上有过孔会造成焊接时焊料熔化后通过过孔漏到底层，引起焊点焊料过少。

⑥ 片式元器件焊盘大小不对称，特别是用接地线、过线的一部分作为焊盘使用，以致再流焊时片式元器件两端焊盘受热不均匀，焊锡膏先后熔化而造成立碑缺陷。

⑦ 集成电路焊盘设计不正确，如 FQFP 的焊盘过宽引起焊接后桥接，或焊盘后沿过短引起焊后强度不足。

⑧ 集成电路焊盘之间的互连导线放在中央，不利于 SMA 焊后的检查。

⑨ 波峰焊时集成电路没有设计辅助焊盘，引起焊接后桥接。

⑩ PCB 厚度或 PCB 中集成电路分布不合理，出现焊后 PCB 变形。

⑪ 测试点设计不规范，以致 ICT 不能工作。

⑫ SMD 之间的间距不合适，后期修理出现困难。

⑬ 阻焊层和字符图不规范，以及阻焊层和字符图落在焊盘上造成虚焊或电气断路。

⑭ 拼板设计不合理，如 V 形槽加工不好，造成 PCB 再流焊后变形。

上述错误在不良设计的产品中会出现一个或多个，导致不同程度地影响焊接质量。

设计人员对 SMT 工艺不够了解，尤其是对元器件在再流焊时有一个“动态”的过程不了解是产生不良设计的原因之一。另外，设计早期忽视让工艺人员参加，缺乏该企业的可制造性设计规范，也是造成不良设计的原因。

3.3　SMB 的具体设计要求

3.3.1　整体设计

1. PCB 幅面

PCB 的外形一般为长宽比不太大的长方形。长宽比较大或面积较大的板，容易产生翘曲变形，当幅面过小时应考虑拼板。应根据对板机械强度的要求及 PCB 上单位面积承受的元器件质量选取合适厚度的基板。

考虑焊接工艺过程中的热变形及结构强度，如抗张、抗弯、机械脆性、热膨胀等因素，PCB 厚度、最大宽度与最大长宽比如表 3-2 所示。

表 3-2　PCB 厚度、最大宽度与最大长宽比

厚度/mm	最大宽度/mm	最大长宽比
0.8	50	2.0
1.0	100	2.4
1.6	150	3.0
2.4	300	4.0

2. 电路块的划分

较复杂的电路常常需要划分为多块电路板，或将单块电路板划分为不同的区域。划分可按如下原则进行。

① 按照电路各部分的功能划分。把电路的 I/O 端子尽量集中靠近电路板的边缘，以便和连接器相连，并设置相应的测试点供功能调校用。

② 模拟电路和数字电路分开。

③ 高频电路和中、低频电路分开，高频电路部分单独屏蔽起来，防止外界电磁场的干扰。

④ 大功率电路和其他电路隔开，以便采用散热措施等。

⑤ 减小电路中噪声干扰和串扰现象。易产生噪声的电路需和某些电路隔开。例如，为降低射极耦合逻辑（ECL）器件的高速开关噪声干扰，必须把低电平、高增益的放大电路和它们隔开。

3．PCB 的尺寸与拼板工艺

要根据整机的总体结构来确定单块 PCB 的尺寸。PCB 的大小、形状应适合 SMT 生产线生产，符合印刷机、贴片机适用的基板尺寸范围和再流焊炉的工作宽度。

由于 SMB 的尺寸较小，为了更适应自动化生产，往往将多块板组合成一块板。有意识地将若干个相同或不相同单元的 SMB 进行有规则的拼合，以拼合成长方形或正方形，称为拼板。尺寸小的 PCB 采用拼板可以提高生产效率，提高生产线的适用性，减少工装准备费用。

拼板之间可以采用 V 形槽直线分割，用邮票孔、冲槽等工艺手段进行组合，要求刻槽精确，深度均匀，有较好的机械支撑强度，同时易于分割机分断或用手掰开。

对于不同印制电路的 PCB 拼合也可按此原则进行，但应注意元器件位号的编写方法。拼合的 PCB 俗称邮票板，其结构示意图如图 3-4 所示。

① 邮票板可由多块相同的 PCB 组成或由多块不同的 PCB 组成。

② 根据 SMT 设备的情况决定邮票板的最大外形尺寸，如贴片机的贴片面积、印刷机的最大印刷面积和再流焊炉传送带的工作宽度等。

③ 邮票板上各电路板间的连接筋起机械支撑作用，因此它既要有一定的强度，又要便于折断。连接筋的尺寸一般为 1.8mm×2.4mm，如图 3-4（a）所示。

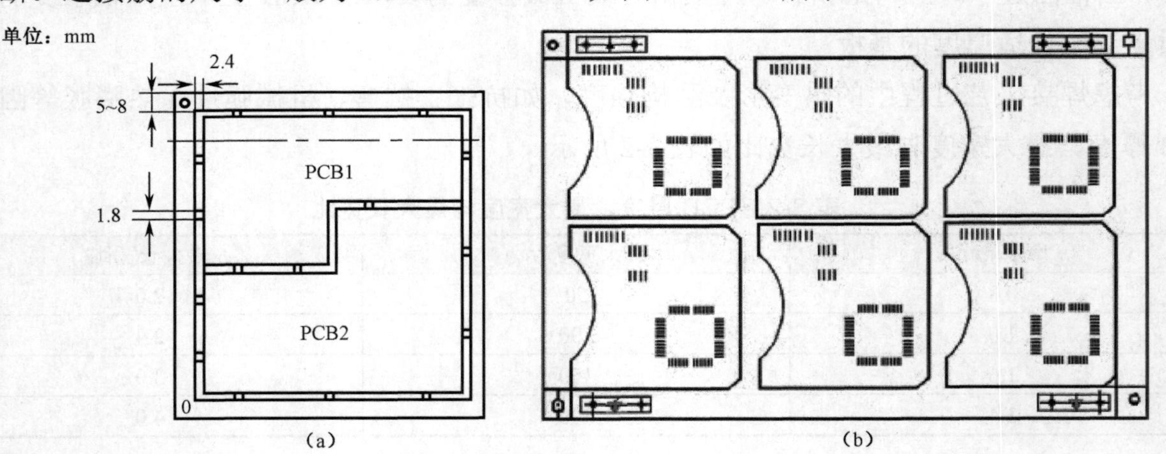

图 3-4　邮票板结构示意图

4．过孔的设计

过孔是多层 PCB 的重要组成部分之一，钻孔的费用通常占 PCB 制板费用的 30%～40%。PCB 上的每一个孔都可以称为过孔。从作用上看，过孔可以分成两类：一是用于各层间的电气连接；二是用于元器件的固定或定位。

从设计的角度来看，一个过孔主要由两部分组成，一是中间的钻孔，二是钻孔周围的焊盘区。这两部分的尺寸大小决定了过孔的大小。在设计高速、高密度的 PCB 时，总是希望过孔越小越好，这样板上就可以留有更多的布线空间。此外，过孔越小，其自身的寄生电容越小，更适合用于高速电路。但过孔的尺寸不可能无限制地减小，它受到钻孔和电镀等工艺技术的限制：过孔越小，钻孔需花费的时间越长，越容易偏离中心位置；当过孔的深度超过钻孔直径的 6 倍时，就无法保证孔壁能均匀镀铜。目前的一块六层 PCB 的厚度（通孔深度）为 50mil 左右，因此 PCB 的钻孔直径最小只能达到 8mil。

5．定位孔、工艺边及 Mark

定位孔、工艺边及 Mark 是保证 PCB 适应 SMT 生产线不可缺少的标志。

（1）定位孔。有些 SMT 设备（如贴片机）采用孔定位的方式。为保证 PCB 能精准地固定在设备夹具上，就要求 PCB 预留出定位孔。不同的设备对定位孔的要求不同，一般需要在 PCB 四个角上设定位孔或至少在一个长边的两个角上设一对定位孔，孔径为 4mm 或 3.2mm，孔壁不允许金属化，其中一个定位孔可以设计成椭圆孔，以便迅速定位。一般要求主定位孔与 PCB 两边的距离为 5mm×5mm。定位孔周围 5mm 范围内不允许有片式元器件。

定位孔的尺寸及位置如图 3-5 所示，孔壁要求光滑，粗糙度应小于 3.2μm，周围 2mm 范围内应无铜箔。

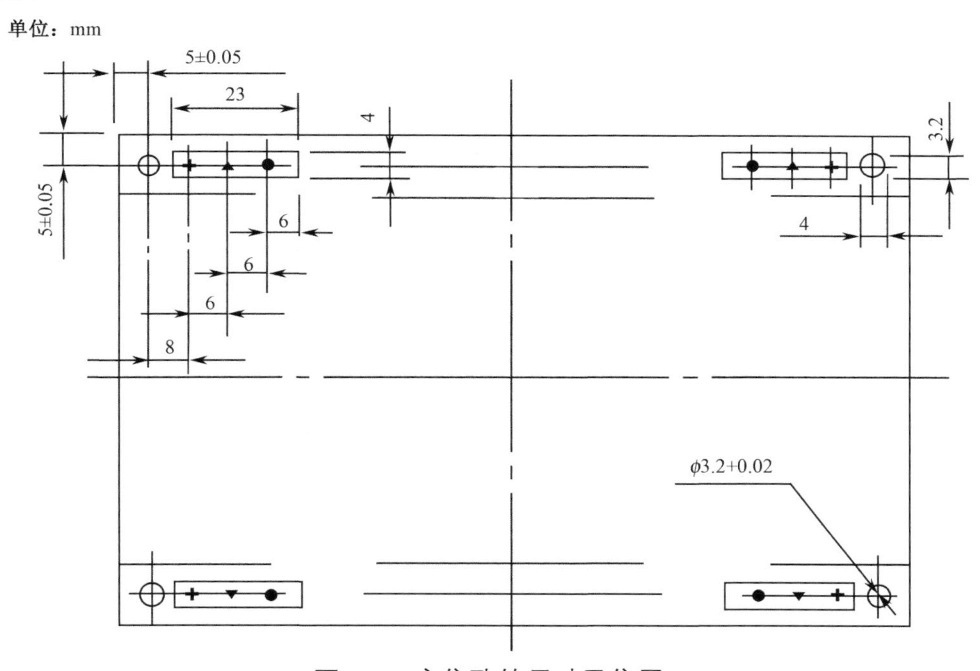

图 3-5　定位孔的尺寸及位置

（2）工艺边。PCB 上至少要有一对边留有足够的传送带位置空间，即工艺夹持边，简称工艺边。在加工 PCB 时，通常用较长的一对边作为工艺边，留给设备的传送带用，在传送带的范围内不能有元器件和引脚干涉，即工艺夹持边内不应有焊盘图形，否则会影响 PCB 的正常传送。工艺边的宽度不小于 5mm。如果 PCB 的布局无法满足该要求，可以采用增加辅助边或拼板的方法。待加工工序结束后可以去掉工艺边。

（3）Mark。在细间距、高密度、高精度贴装的情况下，定位孔不能作为 PCB 和元器件的精确定位依据，PCB 内的精确定位定向应由 Mark 确定。

在 PCB 的贴装面（单面或双面）要设置板级基准和校正 Mark 点，对于 FQFP 器件和 44 个引脚以上的 PLCC 器件，还应设置两个器件校正标志。

板级标志是在 PCB 贴装面的三个角（距边缘 5mm）上设置的光学基准校正点，或最少在 PCB 对角两侧设立两个圆点，两个圆点的坐标值不应相等，以确保贴片时 PCB 进机方向的唯一性。

常用的 Mark 符号有ϕ1～2mm 的实心圆点“●”、边长为 2.0mm 的实心正方形“■”、边长为 2.0mm 的实心菱形“◆”、2.0mm 高的单十字线“+”、2.0mm 高的双十字线“#”，部分符号示例如图 3-6（a）所示。推荐（优选）的 Mark 符号为ϕ1～2mm 的实心圆，Mark 符号的外围有等于其直径 1～2 倍的无阻焊区，如图 3-6（b）所示。

器件基准校正标志设在该器件附近的两个对角上，如图 3-6（c）所示。

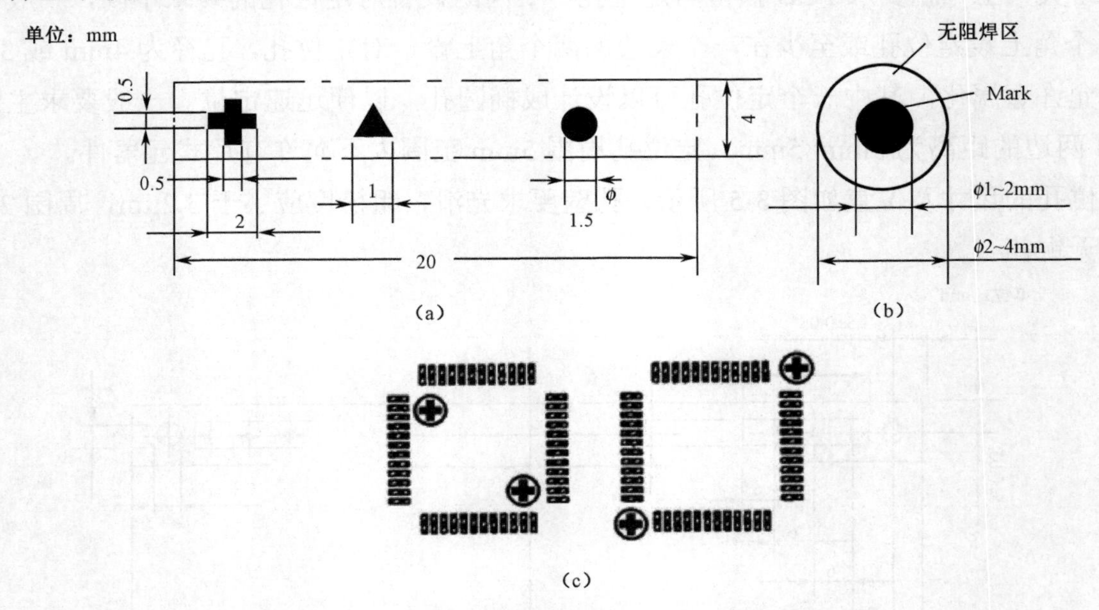

图 3-6　Mark 符号与 FQFP 器件的基准校正标志

6．测试点与测试孔的设计

在 SMT 的生产线中，为了保证品质和降低成本，需要进行在线测试。为了保证测试工作顺利进行，在设计 PCB 时应考虑测试点与测试孔（用于 PCB 及 PCB 组件电气性能测试的电气连接孔）的设计。

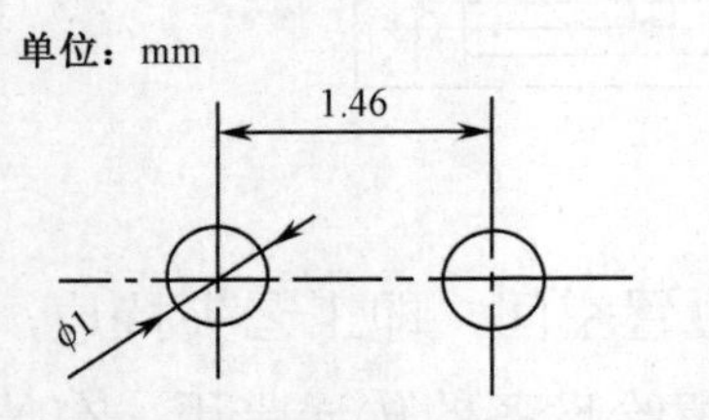

图 3-7　相邻测试点之间的中心距

（1）接触可靠性测试设计。原则上测试点应设在同一面，并注意分散均匀。测试点的焊盘直径为 0.9～1.0mm，并与相关测针配套，测试点的中心应落在网格之上，并注意不应设计在距板边缘 5mm 范围内，相邻的测试点之间的中心距不小于 1.46mm，如图 3-7 所示。

测试点之间不应布设其他元器件，测试点与元器件焊盘之间的距离应≥1mm，以防元器件或测试点之间短路，并注意测试点不能涂覆任何绝缘层，如图 3-8 所示。

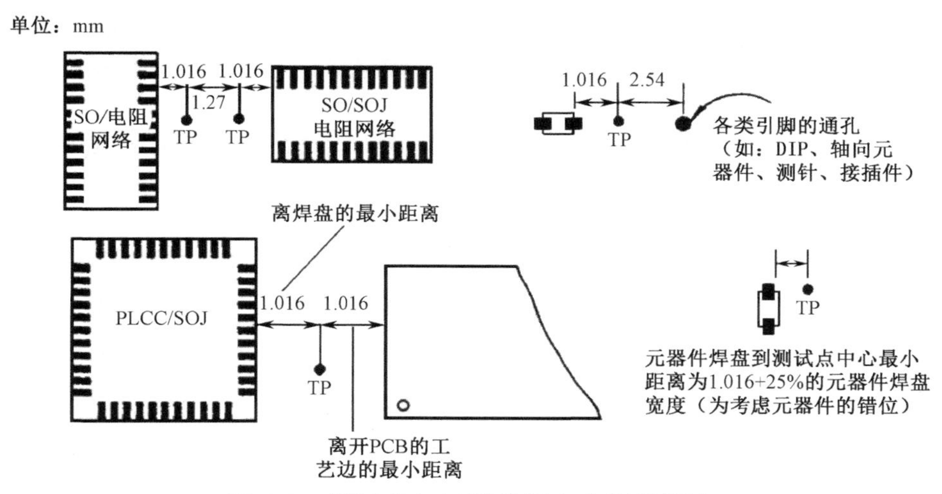

图 3-8　测试点与元器件焊盘之间的距离

测试孔原则上可用工艺孔代替，但对于拼板的单板测试，仍应在子板上设计测试孔。

（2）电气可靠性测试设计。所有电气节点都应提供测试点，即测试点应能覆盖所有 I/O 端、电源、地和返回信号。每一块集成电路都应有电源和地的测试点，如果器件的电源和地的引脚不止一个，应分别加上测试点，一个集成块的电源和地的测试点应放在 2.54mm 之内。不能将集成电路的控制线直接连接到电源、地或公用电阻上。对带有边界扫描器件的 VLSI 和 ASIC 器件，为实现边界扫描功能应增设辅助测试点，如时钟、模式、数据串行 I/O 端、复位端，以达到能测试器件本身的内部功能逻辑的要求。

7．通孔插装元器件（THC/THD）与 SMC/SMD 之间的间距

当同一块 PCB 上既有 THC/THD 又有 SMC/SMD 时，THC/THD 与 SMC/SMD 之间的间距应不小于如图 3-9 所示的规定。

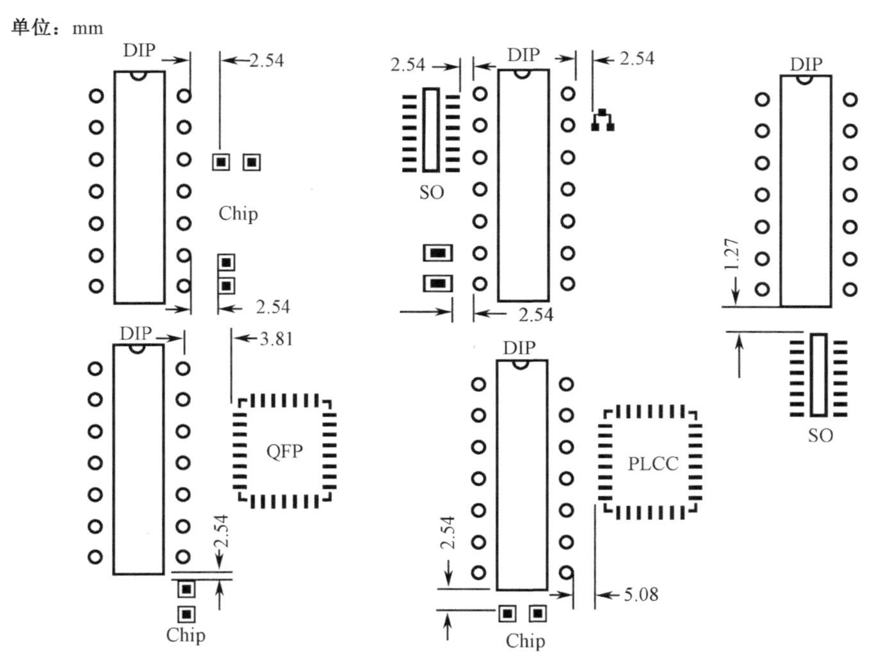

图 3-9　THC/THD 与 SMC/SMD 之间的间距

3.3.2 SMC/SMD 焊盘设计

SMC/SMD 的焊盘设计要求严格，它不仅决定焊点的强度，还决定元器件连接的可靠性及焊接时的工艺性。由于国际上尚无统一的 SMC/SMD 的标准规范，新器件推出又快，以及公/英制单位存在换算误差，各供应厂商提供的 SMC/SMD 外形结构和安装尺寸也不尽相同，这给 SMC/SMD 焊盘的设计带来一定的困难。目前在有关 PCB 软件数据库中有不同标准的 SMC/SMD 焊盘图形可供选用。为了用好这些资料，现提供部分有关 SMC/SMD 焊盘设计的相关原则。

1. 片式元器件的焊盘设计

片式元器件焊接后理想的焊接形态如图 3-10 所示。从图 3-10 中可以看出它有两个焊点，分别在电极的外侧和电极的内侧。外侧焊点又称主焊点，主焊点呈弯月面状，维持焊接强度；内侧焊点起到补强和焊接时自对中作用。由图 3-10 可知，理想的焊盘长度 $B=b_1+T+b_2$，式中，b_1 的取值范围为 0.05～0.3mm，b_2 的取值范围为 0.25～1.3mm。

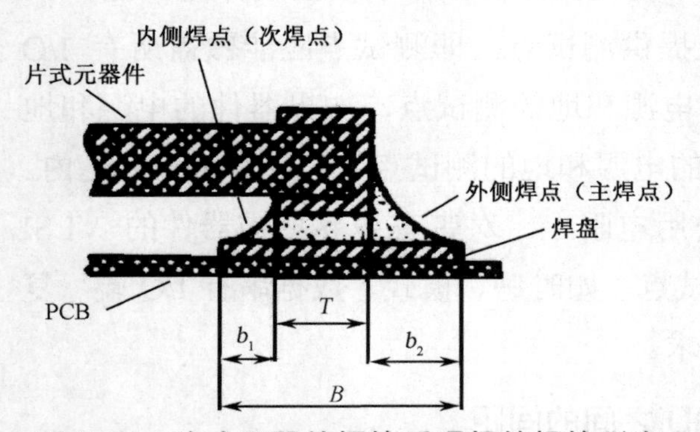

图 3-10 片式元器件焊接后理想的焊接形态

通常焊盘长度 B 的设计有下列三种情况：在用于高可靠性场合时，焊盘尺寸偏大，焊接强度高；在用于工业级产品时，焊盘尺寸适中，焊接强度高；在用于消费类产品时，焊盘尺寸偏小，焊盘长度等于元器件的长度，但在良好的工艺条件下仍有足够的焊接强度，并且有利于整机外形的小型化。

相应地，对于焊盘宽度 A 的设计也有下列三种情况：在用于高可靠性场合时，焊盘宽度 A=1.1×元器件宽度；在用于工业级产品时，焊盘宽度 A=1.0×元器件宽度；在用于消费类产品时，焊盘宽度 A=（0.9～1.0）×元器件宽度。焊盘间距 G 应适当小于元器件两端焊头之间的距离，焊盘外侧距离 $D=L+2b_2$，如图 3-11 所示。

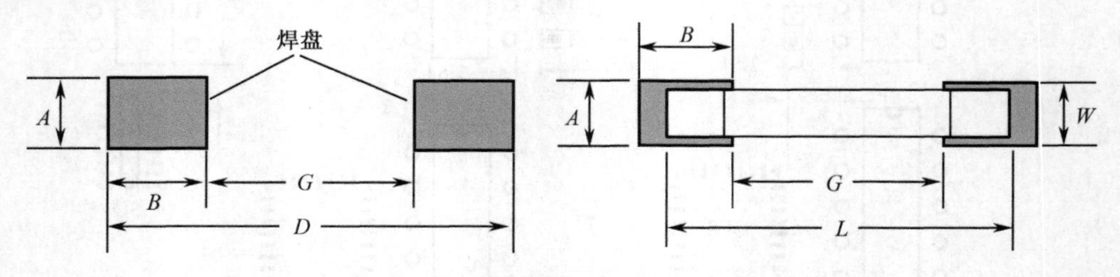

图 3-11 焊盘的内、外侧距离

在 SMT 中，圆柱形元器件（MELF）的焊盘图形设计应根据采用的焊接工艺确定。当采用贴片胶-波峰焊时，焊盘图形可参照片式元器件的焊盘设计原则来设计；当采用再流焊时，为了防止圆柱形元器件滚动，焊盘上必须开一个缺口，以便定位元器件，如图 3-12 所示。

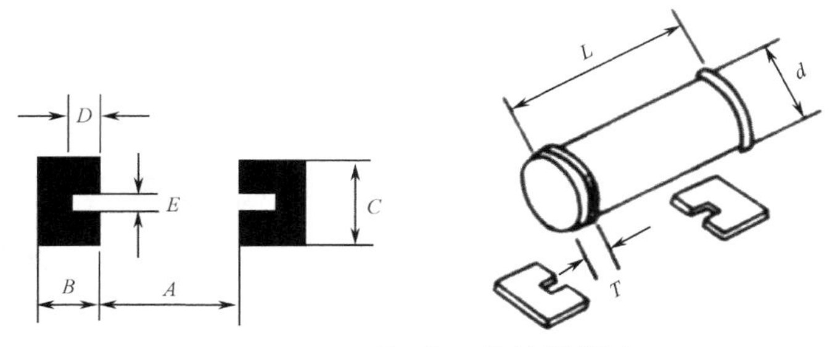

图 3-12 圆柱形元器件的焊盘

焊盘尺寸计算公式如下：

$$A=L_{max}-2T_{max}-0.254$$

$$B=d_{max}+T_{min}+0.254$$

$$C=d_{max}-0.254$$

$$D=B-(2B+A-L_{max})/2$$

$$E=0.2mm$$

2. SOT焊盘的设计

在SMT中，SOT的焊盘设计一般应遵循下述原则。

① 焊盘间的中心距与器件引脚间的中心距相等。

② 焊盘的图形与器件引脚的焊接面相似，但在长度方向上应扩展0.3mm，在宽度方向上应减少0.2mm；若用波峰焊工艺，则长度方向及宽度方向均应扩展0.3mm。

使用中应注意SOT的型号，如SOT-23、SOT-89、SOT-143和DPAK等。SOT焊盘图形如图3-13所示。

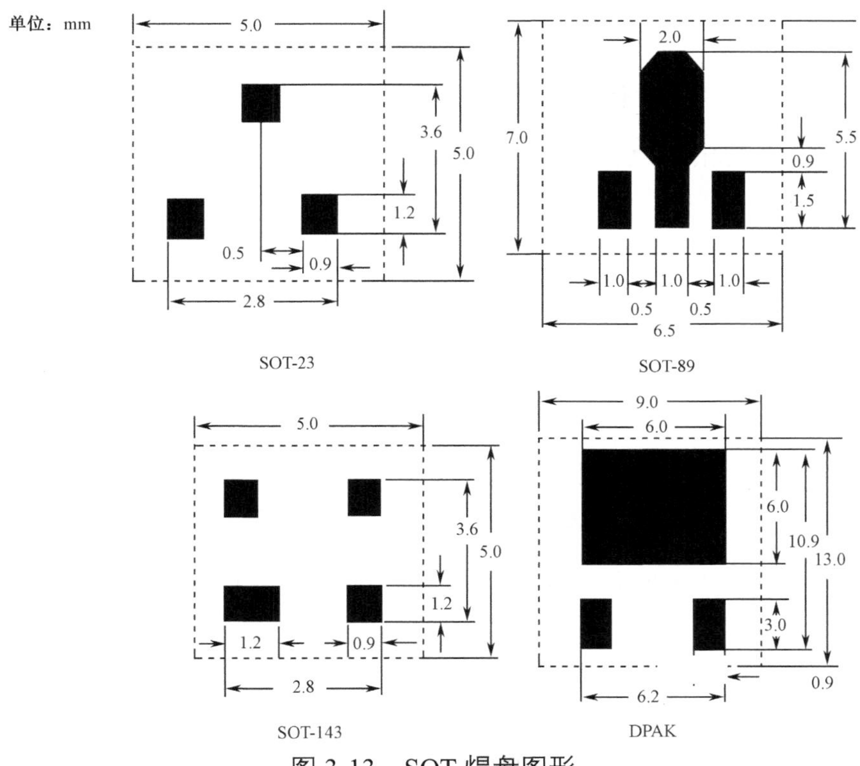

图 3-13 SOT焊盘图形

3. PLCC 焊盘设计

PLCC 封装器件的焊盘图形如图 3-14 所示。

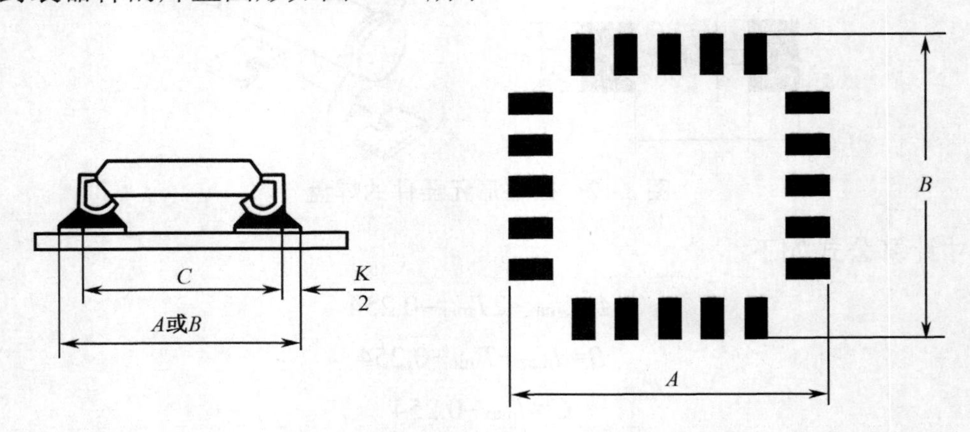

图 3-14 PLCC 封装器件的焊盘图形

对于引脚中心距为 1.27mm 的 PLCC 封装器件，焊盘宽度与焊盘间距的比例有 7∶3、6∶4 和 5∶5 三种。第一种焊盘间距最小，中间不能走线；第三种焊盘宽度最小，容易造成移位，影响焊点质量；第二种最合适。第二种焊盘宽度为 0.76mm，焊盘间距为 0.51mm，焊盘间可以走一根 0.15mm 连线的设计已广泛应用于高性能产品中。焊盘长度标准为 1.9mm。

通常 PLCC 封装器件的引脚在焊接后也有两个焊接点，外侧焊点为主焊点，内侧焊点为次焊点。PLCC 封装器件的引脚在焊盘上的位置有两种类型。

（1）引脚居中型。这种设计在计算时较为方便和简单，若焊盘的宽度为 0.63mm（25mil），长度为 2.03mm（80mil），只要计算出器件引脚落地中央尺寸，就可以设计出焊盘内、外侧的尺寸，如图 3-15（a）所示。

（2）引脚不居中型。这种设计有利于形成主焊点，外侧有足够的锡量供给主焊缝，PLCC 封装器件的引脚与焊盘的相切点在焊盘内 $\frac{1}{3}$ 处，如图 3-15（b）所示。

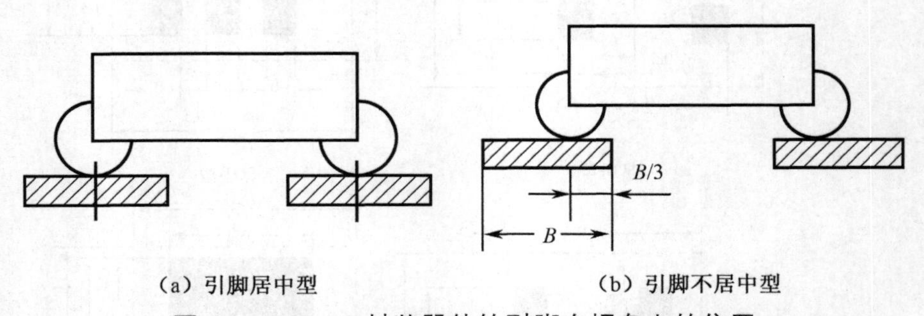

（a）引脚居中型　（b）引脚不居中型

图 3-15 PLCC 封装器件的引脚在焊盘上的位置

LCCC 封装器件的焊盘图形和 PLCC 封装器件的焊盘图形相似，设计时可参考图 3-14。

4. QFP 焊盘设计

这种焊盘的焊盘长度和引脚长度的最佳比 L_2∶L_1=（2.5～3）∶1 或者 $L_2=F+L_1+A$（F 为端部长，取 0.4mm；A 为趾部长，取 0.6mm；L_1 为器件引脚长度；L_2 为焊盘长度）。焊盘宽度

通常取 $0.49P \leqslant b_2 \leqslant 0.54P$（$P$ 为引脚公称尺寸；b_2 为焊盘宽度）。

QFP 焊盘的设计尺寸如图 3-16 所示。

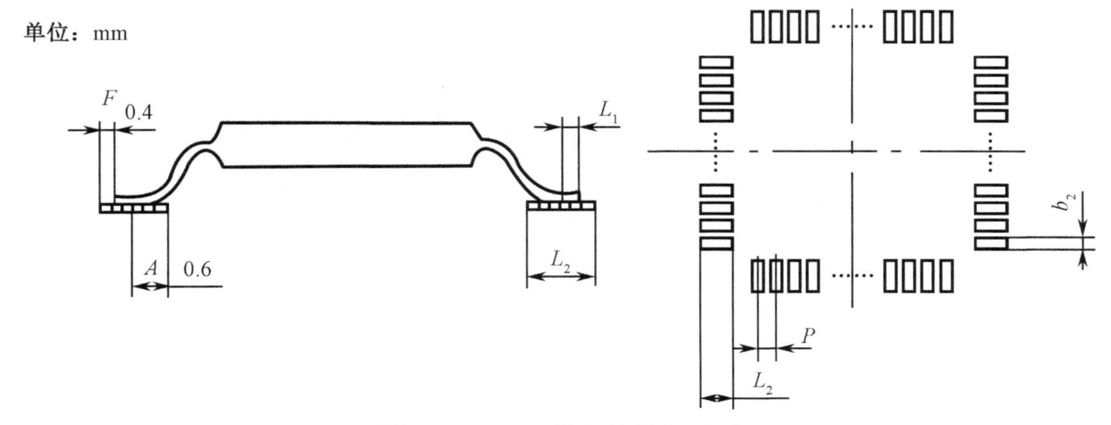

图 3-16 QFP 焊盘的设计尺寸

5. BGA 焊盘设计

BGA 焊点的形态如图 3-17 所示，图中 D_c、D_o 为器件基板的焊盘尺寸，D_b 为焊球的尺寸，D_p 为 PCB 焊盘尺寸，H 为焊球的高度。

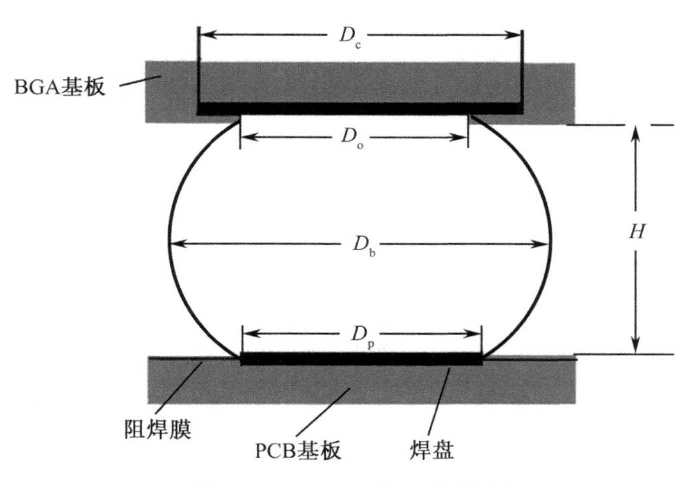

图 3-17 BGA 焊点的形态

通常 BGA 焊盘结构有三种形式，分别是哑铃式焊盘、过孔分布在 BGA 外部式焊盘和混合式焊盘。

（1）哑铃式焊盘。哑铃式焊盘结构如图 3-18（a）所示。BGA 焊盘通过过孔把线路引到其他层，实现同外围电路的连接，过孔通常用阻焊层全面覆盖。该方法简单实用，较为常见，且占用 PCB 面积较小，但由于过孔位于焊盘之间，如果过孔处的阻焊层脱落，在焊接时就可能造成桥接故障。

（2）过孔分布在 BGA 外部式焊盘。过孔分布在 BGA 外部式的焊盘特别适用于 I/O 端子数量较少的 BGA 焊盘设计，焊接时的一些不确定性因素有所减少，有利于焊接质量的保证。但采用这样的设计形式对于多 I/O 端子的 BGA 是比较困难的，此外，该焊盘结构占用 PCB

的面积相对较大。过孔分布在 BGA 外部式焊盘如图 3-18（b）所示。

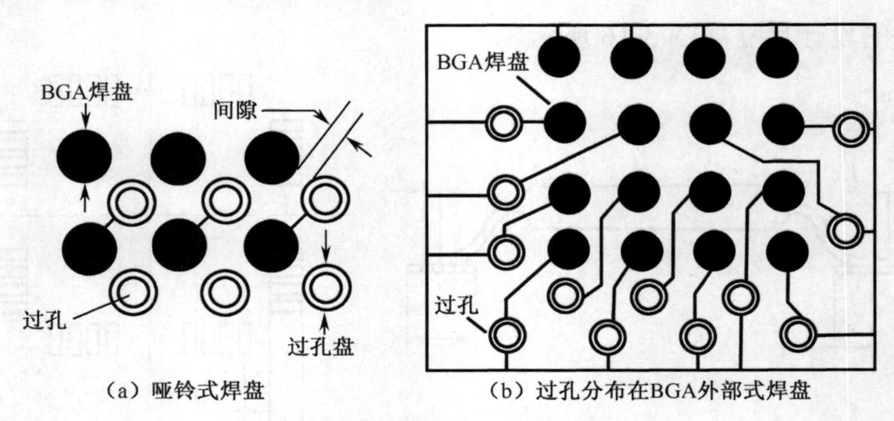

图 3-18　BGA 焊盘结构

（3）混合式焊盘。对于 I/O 端子较多的 BGA，其焊盘设计可以将上述两种焊盘结构设计混合在一起使用，即内部采用过孔结构，外围采用过孔分布在 BGA 外部式的焊盘。

随着 PCB 制造技术的提高，特别是积层式 PCB 制造技术的出现，其过孔可以直接做在焊盘上，这一设计方式使 PCB 的结构变得简单，焊接缺陷大大减少。

3.3.3　元器件排列方向的设计

1．供热均匀原则

对于吸热大的器件和 FQFP 器件，在整板布局时要考虑焊接时的供热均衡，不要把吸热多的器件集中放在一处，避免造成局部供热不足而另一处过热的现象，如图 3-19 所示。

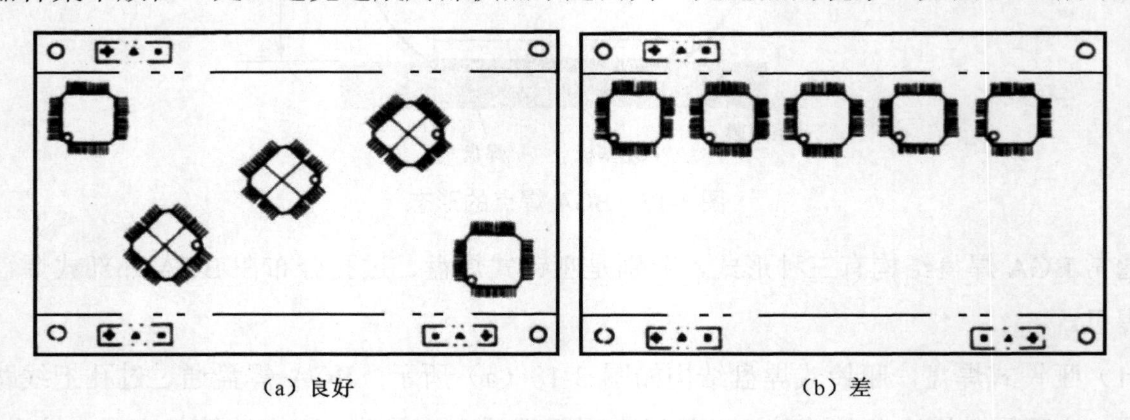

图 3-19　器件排列应均匀

2．元器件排列方向及其辅助焊盘的设计

在采用贴片胶-波峰焊工艺时，SMC 和 SOIC 的引脚焊盘应垂直于波峰焊时的 PCB 运行方向，QFP 器件（引脚中心距大于 0.8mm）应旋转 45°，如图 3-20 所示。

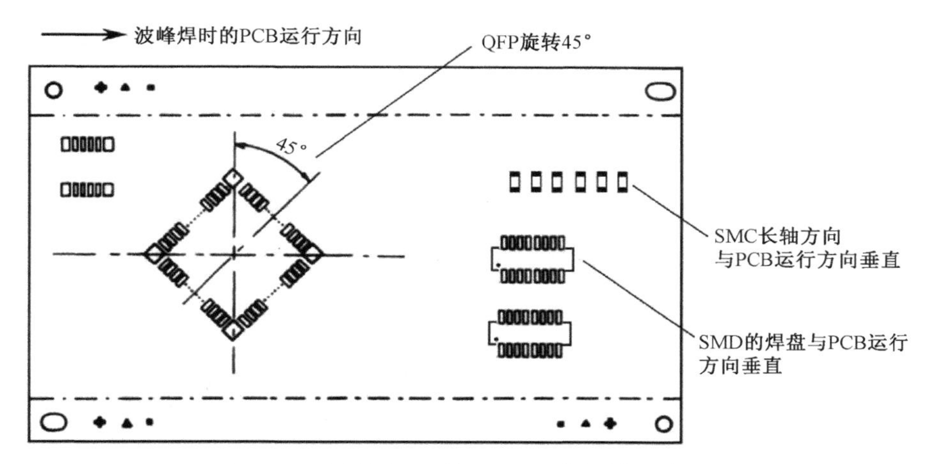

图 3-20　波峰焊工艺中元器件的排列方向

在采用贴片胶-波峰焊工艺时，SOIC 和 QFP 器件除了注意方向，还应在焊盘间放一个辅助焊盘。辅助焊盘也称工艺焊盘，是 PCB 涂胶位置上有阻焊膜的空焊盘。在焊盘过高或 SMD 下面的间隙过大时，将贴片胶点在辅助焊盘上面，其作用是为了减小 SMC/SMD 贴装后的架空高度。

3.3.4　焊盘与导线连接的设计

1．SMC 的焊盘与线路连接

SMC 的焊盘与线路连接可以有多种方式，原则上连线可以在焊盘的任意点引出，如图 3-21 所示。但一般不得在两焊盘相对的间隙之间进行连接，最好从焊盘长边的中心引出，并避免成一定的角度。

图 3-21　线路与焊盘的连接方式

2．SMD 的焊盘与线路连接

SMD 的焊盘与线路的连接图形将影响再流焊中元器件泳动的发生、焊接热量的控制及焊锡沿布线的迁移。

① 在再流焊时若元器件出现泳动现象，则元器件泳动的方向与元器件两端焊盘和连线的浸润面积有关。原则上集成电路焊盘的连线可以从焊盘任意一端引出，但不应使焊锡的表面张力过分聚集在一根轴上。只要使元器件各轴所受焊锡张力保持均衡，器件就不会相对焊盘发生偏转。

② 由于 SMD 的排列方位不合理、焊盘上的焊膏量不等及焊盘的导热路径不同，在再流

焊时很可能使不同焊盘再流焊的开始时间不同，因而产生立碑现象或元器件在焊盘上偏转的现象。

为了使每个焊盘再流焊的时间一致，必须控制焊盘和连线间的热耦合，以确保与线路连接的焊盘保持足够的热量。一般规定不允许把宽度大于 0.25mm 的布线和再流焊焊盘连接。若电源线或接地线要和焊盘连接，则在连接前需要先将宽布线的宽度减小至 0.25mm，且长度不小于 0.635mm，再和焊盘相连，如图 3-22 所示。

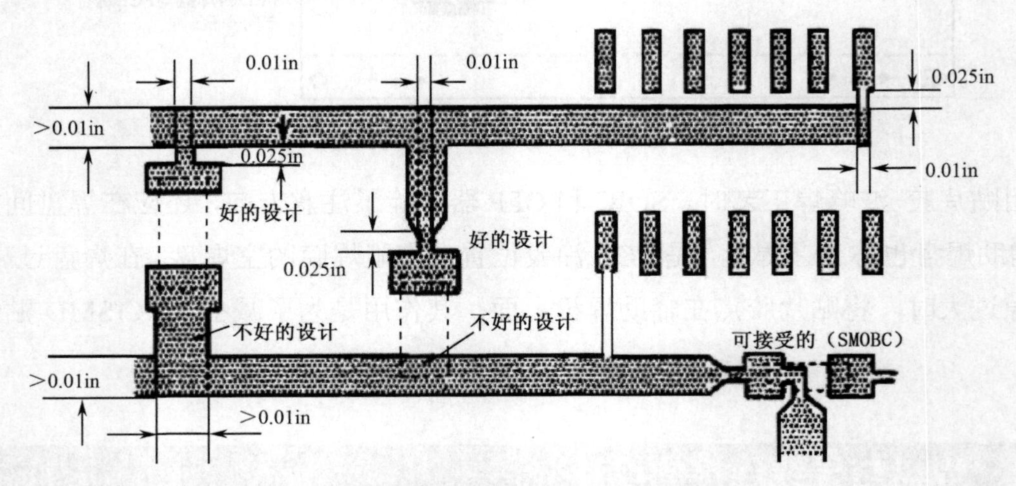

图 3-22　宽布线变窄后再和焊盘相连

3. 导通孔与焊盘的连接

SMB 的导通孔设计应遵循以下要求。

① 一般导通孔的直径不小于 0.75mm。

② 除 SOIC 或 PLCC 等器件外，不能在其他元器件下面打导通孔。如果在芯片元器件底部打导通孔，必须做成埋（盲）孔并加阻焊膜。

③ 通常不将导通孔设置在焊盘上或焊盘的延长部分及焊盘角上。应尽量避免在距焊盘 0.635mm 以内设置导通孔或盲孔。

④ 导通孔和焊盘之间应由一段涂有阻焊膜的细线相连，细线的长度应不小于 0.635mm，宽度不大于 0.4mm。

图 3-23 所示为焊盘与导通孔连接之间的设计比较示意图。

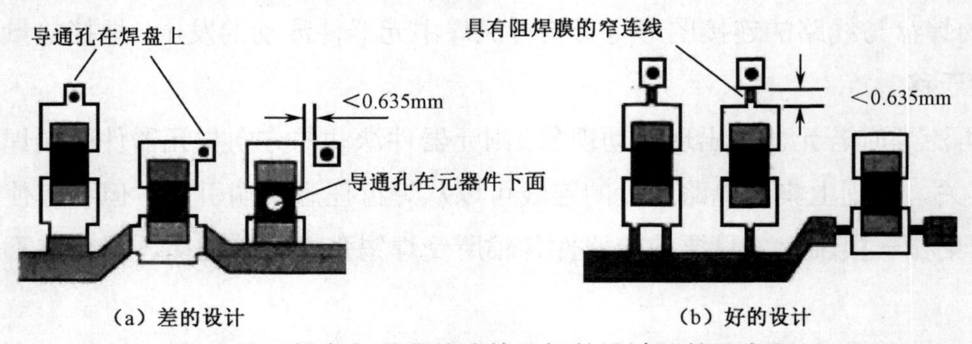

图 3-23　焊盘与导通孔连接之间的设计比较示意图

3.4 PCB的制造

PCB有刚性、挠性和刚挠性结合的单面PCB、双面PCB及多层PCB等类型。其生产过程复杂，涉及工艺范围较广，从CAD/CAM到简单或复杂的机械加工，生产过程不仅涉及普通的化学反应，还涉及光化学、电化学、热化学等工艺，且在生产过程中发生的工艺问题常常有很大的随机性。由于PCB的生产过程是一种非连续的流水线形式，任何一个环节出现问题都会造成全线停产或大量报废的后果。PCB报废后是无法再回收利用的，因此在SMT中，SMB的质量对整个SMT产品的质量和成本起到关键的作用。

3.4.1 单面PCB的制造

单面PCB是指仅一面印有导电图形的PCB，一般用酚醛树脂纸基覆铜板制作。其典型制造工艺流程如下。

单面覆铜板→下料（刷洗、干燥）→钻孔或冲孔→网印抗蚀刻线路图形或使用干膜→固化、检查修板→蚀刻铜→去抗蚀印料、干燥→刷洗、干燥→网印阻焊图形（常用绿油）、UV固化→网印字符标记图形、UV固化→预热、冲孔及加工外形→电气开路、短路测试→刷洗、干燥→预涂助焊防氧化剂（干燥）或喷锡热风整平→检验包装→成品出厂。

单面PCB制造的关键工艺简述如下。

1. 制备照相底版

制备照相底版是PCB生产的关键步骤，其质量直接影响最终产品的质量。现在一般都用CAD直接在光绘仪上绘制出照相底版。

一块单面PCB一般要有三种照相底图。

① 导电图形底图。

② 阻焊图形底图。

③ 字符标记底图。

制备照相底版首先由光绘仪完成对银盐底片的曝光，然后在暗室中冲洗加工，最后得到照相底版。制备照相底版的另一种工艺是使用金属膜胶片直接成像，由于这种胶片对日光不敏感，无须暗室冲洗，因此尺寸稳定性很高，最小线宽可达0.05mm，精度误差小于2μm。

2. 丝网印刷

丝网印刷是制作单面PCB的关键工艺。丝网印刷利用专用的印料，在覆铜板上分别网印出线路图形、阻焊图形及字符标记图形，所使用的丝网印刷设备从最简单的手工操作的网印框架到高精度、上下料全自动的网印生产线，有不同的档次、不同的规格，一般根据工厂的自动化程度和生产量进行选择。

3．蚀刻

蚀刻是用化学或电化学方法去除基材上无用的导电材料形成印制图形的工艺。用于单面 PCB 蚀刻的蚀刻液必须能蚀刻铜箔且不损伤和破坏网印油墨。由于网印油墨通常能溶于碱性溶液，因此在蚀刻时不能使用碱性蚀刻液。早期的蚀刻液大多使用三氯化铁溶液，因为三氯化铁溶液价格低，蚀刻速率快，工艺稳定，操作简单。但由于三氯化铁溶液再生和回收困难，且冲洗稀释后易产生黄褐色沉淀，污染严重，因此已被酸性氯化铜蚀刻液替代。

在自动化生产条件下，蚀刻操作广泛使用传送带式自动喷淋蚀刻机。它可实现上下两面同时蚀刻，并有自动分析补加装置，能实现蚀刻液的自动连续再生，保持蚀刻速率的恒定。

4．机械加工

单面 PCB 的机械加工包括覆铜板的下料、孔加工和外形加工。其加工方式有剪、冲、钻和铣。

5．预涂助焊剂

单面 PCB 制造的最后一道主要工序是预涂助焊剂。单面 PCB 在存放时，铜印制导线表面受空气和湿气的影响，容易氧化变色，从而使可焊性变差。为了保护洁净的铜表面不受大气的氧化腐蚀，使 PCB 成品板在规定的储存期内保持优良的可焊性，必须对单面 PCB 的铜表面涂敷保护性的助焊剂。保护性助焊剂除了有助焊性，还有防护性，但要求焊接后易清洗去除。

3.4.2 双面 PCB 的制造

双面 PCB 是指两面都有导电图形的 PCB，它通常采用环氧玻璃布覆铜板制造，主要用于性能要求较高的通信电子设备、高级仪器仪表及电子计算机等设备中。制造双面金属化孔 PCB 的典型工艺是 SMOBC，具体工艺过程如下（在以下工艺过程中，括号中的过程可根据实际生产情况省略，或用其他过程代替）。

双面覆铜板→下料→叠板→数控钻导通孔→检验、去毛刺刷洗→化学镀（导通孔金属化）→（全板电镀薄铜）→检验刷洗→网印电路图形、固化（干膜或湿膜、曝光、显影）→检验、修板→线路图形电镀→电镀锡（抗蚀镍/金）→去印料（感光膜）→蚀刻铜→（退锡）→清洁刷洗→用热固化绿油网印阻焊图形（贴感光干膜或湿膜、曝光、显影、热固化，常用感光热固化绿油）→清洗、干燥→网印标记字符图形、固化→（喷锡或有机保焊膜）→外形加工→清洗、干燥→电气通断检测→检验包装→成品出厂。

双面 PCB 制造的关键工艺简述如下。

1．数控钻孔

随着 SMT 的发展，PCB 上的金属化孔不再插装电子元器件，仅用于导通。为了提高安装密度，孔变得越来越小，故加工时常采用新一代的可以钻微小孔径的数控钻床。这种数控钻床的钻速可达每分钟 11 万～15 万转，可钻 ϕ0.1～0.5mm 的孔，钻头断了会自动停机并报警，可自动更换钻头和测量钻头直径，可自动控制钻头与盖板间恒定的距离和钻孔深度，因此不但可以钻通孔，也可以钻盲孔。

2．金属化孔工艺

金属化孔习惯上也称为 PTH。它将整个孔壁镀覆金属，使双面 PCB 的两面或多层 PCB 的内外层间的导电图形实现电气连通。金属化孔工艺传统上采用化学镀铜，即先在孔壁沉积一薄层铜，再电镀铜加厚到规定的厚度。现在已研究出一些新的金属化孔工艺，如不用化学镀铜的直接电镀工艺。

3．成像

丝网印刷法成像也可用于制作双面 PCB，它成本低，适合大批量生产，但难于制作 0.2mm 以下的精细印制导线和细间距的双面 PCB。除了使用丝网印刷法，在 20 世纪 50 年代至 60 年代广泛使用的是聚乙烯醇/重铬酸盐型液态光致抗蚀剂。1968 年美国杜邦公司推出干膜光致抗蚀剂（简称干膜），20 世纪 70 年代至 80 年代干膜成像工艺成为双面 PCB 成像的主导工艺。近年来，由于新型液态光致抗蚀剂的发展，它比干膜的分辨率高，且液态光致抗蚀剂的涂敷设备能实现连续大规模生产，成本又比干膜便宜，因此液态光致抗蚀剂又有重新大量使用的趋势。

干膜成像的工艺流程如下。

贴膜前处理→贴膜→曝光→显影→修板→蚀刻或电镀→去膜。

前处理用磨料尼龙辊刷板机或浮石粉刷板机进行刷板，经前处理的板材用贴膜机进行双面连续贴膜。贴膜的主要工艺参数为温度、压力和速度。

经电镀或蚀刻后，双面 PCB 上的干膜需除去。去膜一般使用 4%～5%氢氧化钠溶液，在 40～60℃的温度下在喷淋式去膜机中进行。去膜后用水彻底清洗双面 PCB 后，进入下道工序。

4．电镀锡铅合金

目前，PCB 加工的典型工艺是图形电镀蚀刻法，即先在板外层保留铜箔部分，也就是在电路的图形部分上预镀一层铅锡抗蚀层，再用化学方式将其余铜箔腐蚀掉，称为蚀刻。锡或铅锡合金是最常用的抗蚀层，与氨性蚀刻剂不发生任何化学反应。

用图形电镀蚀刻法生产双面 PCB 时，电镀锡铅合金有两个作用：一是作为蚀刻时的抗蚀保护层；二是作为成品板的可焊性镀层。作为可焊性镀层时对镀层中的锡铅比例及合金的组织结构状态都有要求。但在 SMOBC 工艺中，锡铅电镀层仅作为蚀刻保护层。在这种情况下，对锡铅比例的要求不高，锡含量在 58%～68%都可以满足要求。电镀锡铅合金必须严格控制镀液和工艺条件，锡铅合金镀层厚度在板面上应不小于 8μm，孔壁不小于 2.5μm。

5．蚀刻

在用锡铅合金作为抗蚀层的图形电镀蚀刻法制造双面 PCB 时，既不能使用酸性氯化铜蚀刻液，又不能使用三氯化铁蚀刻液，因为它们都会腐蚀锡铅合金。可以使用的蚀刻液有碱性氯化铜蚀刻液、硫酸过氧化氢蚀刻液、过硫酸铵蚀刻液等。其中使用最多的是碱性氯化铜蚀刻液。在使用以硫酸盐为基底的蚀刻液后，其中的铜可以用电解的方法分离出来，因此能够重复使用，但它的腐蚀速率较低，在实际生产中不多见。

在蚀刻工艺中，影响蚀刻质量的是侧蚀和镀层增宽现象。

（1）侧蚀。侧蚀是蚀刻产生的印制导线边缘凹进或挖空现象。侧蚀程度与蚀刻液、设备及工艺条件有关，侧蚀越小越好。采用薄铜箔可减小侧蚀程度，有利于制造精细印制导线图形。

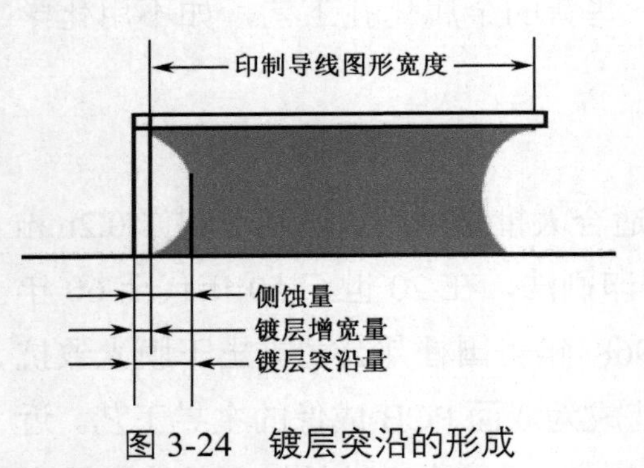

图 3-24　镀层突沿的形成

（2）镀层增宽。镀层增宽是电镀加厚使印制导线一侧宽度超过生产底板宽度的值。由于侧蚀和镀层增宽，印制导线图形产生镀层突沿，如图 3-24 所示。镀层突沿量是镀层增宽量和侧蚀量之和，它不仅影响图形精度，还极易断裂和掉落，造成电路短路。镀层突沿可以经热熔消除。

蚀刻系数是蚀刻深度（印制导线厚度）与侧蚀量的比值。在制造细印制导线时，采用垂直喷射蚀刻方式或添加侧向保护剂，可提高蚀刻系数。

6．热熔和热风整平

（1）热熔。把镀覆锡铅合金的 PCB 加热到锡铅合金熔点温度以上，使锡、铅和基体金属铜形成金属化合物，同时使锡铅镀层变得致密、光亮、无针孔，以提高镀层的抗腐蚀性和可焊性。这就是 PCB 的热熔过程，常用的工艺是甘油热熔和红外热熔。

（2）热风整平。热风整平焊料涂敷（俗称喷锡）是近几年线路板厂使用较为广泛的一种后工序处理工艺，它实际上是把浸焊和热风整平二者结合起来在 PCB 的金属化孔和印制导线上涂敷共晶焊料的工艺。其过程是先把 PCB 上浸上助焊剂，随后在熔融焊料里浸涂，再从两片风刀之间通过，用风刀中的热压缩空气把 PCB 上多余的焊料吹掉，同时排除金属化孔内多余的焊料，从而得到一个光亮、均匀、平滑的焊料涂层。

锡铅合金热风整平工艺是传统的焊盘保护方法，其典型工艺流程如下。

裸铜板→镀金插头贴保护胶带→前处理→涂敷助熔剂→热风整平→清洗→去胶带→检验。

前处理包括去油、清洗、弱蚀、水洗和干燥等步骤。经前处理可得到一个无油污、无氧化层、洁净而微粗化的表面。

热风整平的主要工艺参数有预热时间和温度、焊料温度和浸焊时间、风刀和 PCB 的夹角、风刀的间隙、热空气的温度、压力和流速、PCB 提升速度等。

预热的目的是提高助焊剂的活性，减小热冲击。一般预热温度为 343℃。当预热 15s 时，PCB 表面温度为 80℃左右，有些热风整平工艺没有预热工序；焊料槽温度一般控制在 230～250℃；风刀温度控制在 176℃以上，为了取得良好的锡铅镀层平整度，风刀温度通常控制在 300～400℃；风刀压力控制在 0.3～0.5MPa；浸焊时间控制在 5～8s；涂覆层厚度控制在 6～10μm。

7．镀金

金镀层有优良的导电性和优良的耐磨性，接触电阻小且稳定，是 PCB 插头的最佳镀层材料。由于金镀层还有优良的化学稳定性和可焊性，因此可在 SMB 上用作抗蚀、可焊和保护镀层。由于金价格高，一般为节约成本，尽量镀得薄些，特别是全板镀金的 PCB，其厚度不到 0.1μm，只有 0.05μm 左右。但插头部分的金镀层需较厚，按照不同的要求，厚度规定为 0.5～2.5μm。若在铜上直接镀金，由于金镀层薄，镀层会有较多的针孔，在长期使用或存放过程中，铜通过针孔与空气接触会生锈。此外，铜和金之间扩散生成金属化合物后容易使焊点变脆，造成焊接不可靠。因此，镀金前均需用镀镍层打底。镀镍层厚度一般控制在 5～7μm。插头镀镍、镀金的工艺过程如下。

贴保护胶带→退锡铅→水洗→微蚀或刷洗→水洗→活化→水洗→镀镍→水洗→活化→水洗→镀金→水洗→干燥→去胶带→检验。

贴压敏性保护胶带是为了保护 PCB 不需要镀镍、镀金部分的导体不被退除锡铅及镀上镍和金。

镀金溶液有碱性氰化物镀液、无氰亚硫酸盐镀液、柠檬酸盐微氰镀液等。PCB 插头镀金普遍使用的是柠檬酸盐微氰镀液。

化学镀金一般用于焊盘、通孔等局部镀金，即在 SMB 制造好后涂敷阻焊层，仅裸露需要镀金的部位，通过氧化还原反应先在焊盘孔壁上沉积一层镍，再沉积一层金，因此用金量低，价格相对较低，但有时会出现阻焊层的性能不能适应化学镀金过程中使用的溶剂及药品的问题。

3.4.3　多层 PCB 的制造

多层 PCB 是由交替的导电图形层及绝缘材料层叠压黏合而成的一种 PCB。导电图形的层数在三层以上，层间的电气互连是通过金属化孔实现的。如果用一块双面 PCB 作为内层，两块单面 PCB 作为外层；或者用两块双面 PCB 作为内层，两块单面 PCB 作为外层，那么通过定位系统及绝缘黏结材料叠压在一起，并将导电图形按设计要求进行互连，将形成四层或者六层 PCB，即多层 PCB。目前已有超过 100 层的实用多层 PCB。

多层 PCB 一般用环氧玻璃布覆铜箔层板制造，是 PCB 中的高科技产品，其生产技术是 PCB 工业中最有影响力和最具生命力的技术。

多层 PCB 的制造工艺是在利用金属化孔实现电气互连的双面 PCB 的工艺基础上发展起来的。目前普遍使用的是铜箔层压工艺，铜箔层压是指将铜箔作为外层，通过层压制作成多层 PCB 的制造工艺。该工艺的特点是能大量节约常规多层 PCB 工艺制造时的基材耗量，降低生产成本。它的一般工艺流程是先将内层板的图形蚀刻好，经黑化处理后，按预定的设计加入半固化片进行叠层，再在上、下表面各放一张铜箔（也可用薄覆铜板，但成本较高），送进压机经加热加压后，得到已制备好内层图形的一块“双面覆铜板”，最后按预先设计的定位系统，进行数控钻孔。钻孔后要对孔壁进行去钻污和凹蚀处理，处理后就可按双面 PCB 的工艺进行。

一般多层PCB的生产工艺和双面PCB的生产工艺大部分是相同的，主要的不同是多层PCB增加了几个特有的工艺步骤：内层成像和黑化、层压、凹蚀和去钻污。对于大部分相同的工艺，二者的工艺参数、设备精度和复杂程度也有所不同。例如，多层 PCB 的内层金属化连接是多层 PCB 可靠性的决定性因素，对孔壁的质量要求比双层 PCB 要严，因此对钻孔的要求更高。一般情况下，一只钻头在双面 PCB 上钻 3 000 个孔后才要更换，而多层 PCB 只钻 80～1 000 个孔就要更换。另外，每次钻孔的叠板数、钻孔时钻头的转速和进给量都与双面 PCB 有所不同。多层 PCB 成品和半成品的检验也比双面 PCB 要严格和复杂得多。多层 PCB 由于结构复杂，采用温度均匀的甘油热熔工艺，而不采用可能导致局部温升过高的红外热熔工艺。

由于集成电路的互连布线密度非常高，用单面 PCB、双面 PCB 难以实现，而用多层 PCB 可以把电源线、接地线及部分互连线放置在内层板上，由金属化孔完成各层间的相互连接。内层板的工艺流程如图 3-25 所示。

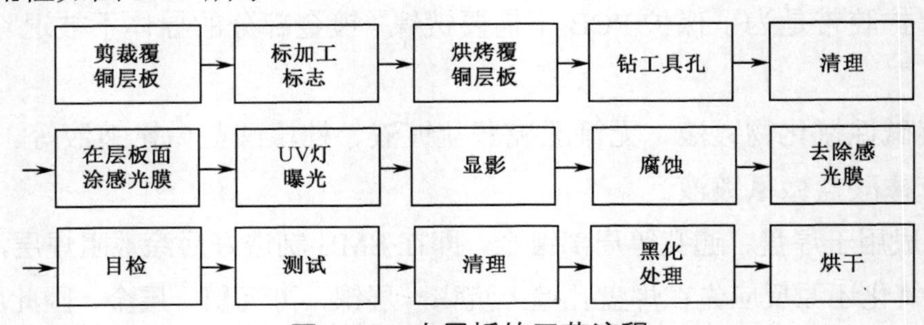

图 3-25　内层板的工艺流程

内层板成像用干膜成像。近年来液体感光胶成像因成本低、效率高逐渐替代干膜成像。

为了使内层板上的铜和半固化片有足够的结合强度，必须对铜进行氧化处理。由于处理后大多生成黑色的氧化铜，所以也称为黑化处理。若氧化后主要生成红棕色的氧化亚铜，则称为棕化处理。棕化处理常用于耐高温的聚酰亚胺多层 PCB 内层板的氧化处理。

常用的氧化处理液为碱性亚氯酸钠溶液，主要成分为亚氯酸钠、氢氧化钠和磷酸三钠。

3.4.4　PCB 质量验收

PCB 质量验收应包括设计、工艺、综合性认可，一般应先做试焊、封样、批量供货，具体包括以下方面。

（1）电气连接性能，通常由 PCB 制造厂家自检，采用的测试仪器如下。

① 光板测试仪（通断仪）。可以测量出连线的通与断，包括金属化孔在内的多层 PCB 的逻辑关系是否正确。

② 图形缺陷自动光学测试仪。可以检查出 PCB 的综合性能，包括线路、字符等。

（2）工艺性，包括外观、光洁度、平整度、字符的清晰度、过孔的电阻率、电气性能、耐热性、可焊性等综合性能。

① PCB 的板面不能残留助焊剂、胶质等污渍；线路无短路、断路现象。

② 非线路导体（残铜）须离线路 2.5mm 以上，面积必须≤0.25mm^2。

③ 钻孔不允许有多钻、漏钻、变形和通孔未透等现象。

④ 不允许线路、焊盘有翘起现象；不允许线路有露铜沾锡等现象。

⑤ PCB 不允许出现断裂现象；拼板如要求 V 形槽直线分割，其深度必须深入板厚度的$\frac{1}{3}$。

⑥ 实际线路宽度不得偏离原始设计宽度的±20%；外形公差为±0.15mm；基板边缘凸齿或凹陷≤0.2mm。

⑦ 阻焊油丝网印刷偏移量不超过±0.15mm；阻焊油表面不允许有指纹、水纹或皱褶等产生。

⑧ 元器件表面的文字不能有损坏、不可辨认等现象；焊盘上的沾漆面积必须≤10%原始面积。

⑨ PCB 变形、弯、翘曲程度≤1%基板斜对角长度。

PCB 质量验收合格后，一般采用热压密著型真空包装机进行产品的真空包装，其目的是防尘防潮，以延长存放期。一般经过 1～2 年存放后，其可焊性仍能保持优良。

3.5　思考与练习题

【思考】PCB 是电子产品整机所有元器件的承载体，其质量的好坏决定着整机性能的优劣。如果 PCB 出现问题，那么再好的元器件也发挥不了作用。失去了基础，事物将无法存在。

我们由此得到启示：相互依存的各方都应密切合作，协调发展，如果离心离德，各行其事，那么各方的发展都会受到影响。

1．什么是 PCB？SMB 与 PCB 有什么区别？

2．SMT 电路基板主要采用什么材料？各有什么特点？各种材料分别用在什么场合？

3．SMT 与 THT 所用的电路板的布线宽度和线距有什么不同？

4．分别阐述 SMC/SMD 的焊盘设计要求。

5．简述 SMB 设计的基本原则。

6．简述 PCB 设计中 SMC 的焊盘与线路连接方式。

7．常见的 PCB 设计错误及原因有哪些？

8．单面 PCB 与双面 PCB 在材料、工艺、使用方面有什么不同？

9．简述双面 PCB 的制造工艺。

10．热风整平的主要工艺参数有哪些？

11．PCB 的质量验收包括哪些方面内容？

第4章 焊锡膏及其印刷技术

4.1 焊锡膏

焊锡膏（Solder Paste）又称焊膏、锡膏，是由合金粉末、糊状焊剂和一些添加剂混合而成的具有一定黏性和良好触变特性的浆料或膏状体。它是SMT工艺中不可缺少的焊接材料，广泛用于再流焊中。在常温下，由于焊锡膏具有一定的黏性，可将电子元器件粘贴在PCB的焊盘上，在倾斜角度不太大，也没有外力碰撞的情况下，一般元器件是不会移动的，当焊锡膏加热到一定温度时，焊锡膏中的合金粉末熔融流动，液体焊料润湿元器件的焊端与PCB焊盘，在焊接温度下，随着溶剂和部分添加剂挥发，冷却后元器件的焊端与焊盘被焊料互连在一起，形成电气与机械相连接的焊点。

4.1.1 焊锡膏的化学组成

焊锡膏主要由合金焊料粉末和助焊剂组成，其组成和功能如表4-1所示。其中合金焊料粉末占总质量的85%～90%，助焊剂占总质量的15%～10%。即焊锡膏中合金粉末与助焊剂的质量之比约为9：1，体积之比约为1：1。

表4-1 焊锡膏组成和功能

组成		使用的主要材料	功能
合金焊料粉末		Sn/Pb、Sn/Pb/Ag等	元器件和电路的机械及电气连接
助焊剂	焊剂	松香、合成树脂	净化金属表面，提高焊料润湿性
	黏结剂	松香、松香脂、聚丁烯	提供贴装元器件所需黏性
	活化剂	硬脂酸、盐酸、联氨、三乙醇胺	净化金属表面
	溶剂	甘油、乙二醇	调节焊锡膏特性
	触变剂	硅酸盐矿物材料	防止分散，防止塌边

1．合金焊料粉末

合金焊料粉末是焊锡膏的主要成分。常用的合金焊料粉末有锡-铅（Sn/Pb）、锡-铅-银（Sn/Pb/Ag）、锡-铅-铋（Sn/Pb/Bi）等，常用的合金成分为63%Sn/37%Pb和62%Sn/36%Pb/2%Ag。不同合金焊料有不同的熔点（见表4-2）。以锡铅合金焊料为例，图4-1

显示出不同比例的锡铅合金状态随温度变化的曲线。图 4-1 中的 *T* 点叫作共晶点，对应合金成分为 61.9%Sn/38.1%Pb，它的熔点只有 182℃。在实际工程应用中，一般把 60%Sn/40%Pb 左右的焊料称为共晶焊锡。

表 4-2　合金焊料熔点

合 金 焊 料	熔点/℃	合 金 焊 料	熔点/℃
Sn/Zn	204～371	Sn/Sb	249
Pb/Ag	310～366	Sn/Pb/In	99～216
Sn/Pb	177～327	Sn/Pb/Bi	38～149

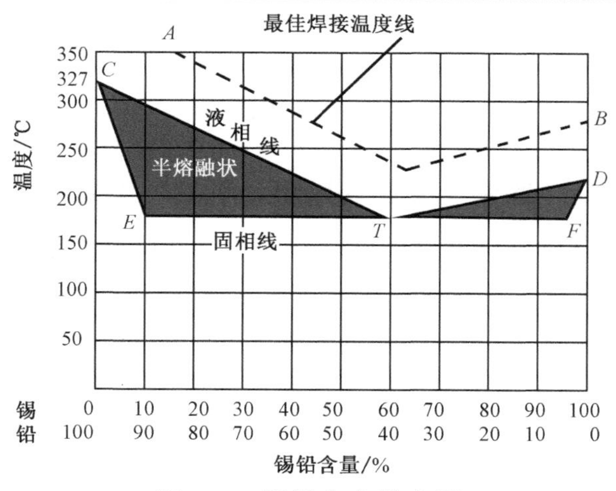

图 4-1　锡铅合金状态图

合金焊料粉末的形状、粒度和表面氧化程度对焊锡膏性能的影响很大。合金焊料粉末按形状分为无定形和球形两种。球形合金焊料粉末的表面积小，氧化程度低，制成的焊锡膏具有良好的印刷性能。合金焊料粉末的粒度一般为 200～400 目，要求锡粉颗粒大小分布均匀。国内的焊料粉或焊锡膏生产厂经常用分布比例衡量锡粉颗粒大小分布均匀度。以 25～45μm 的合金焊料粉末为例，通常要求 35μm 左右的颗粒分布比例为 60%左右，35μm 以下及以上部分各占 20%左右。合金焊料粉末的粒度越小，黏度越大；粒度太大，会使焊锡膏黏性变差；粒度太小，由于表面积增大，会使表面含氧量增高，也不宜使用。

另外，要求合金焊料粉末颗粒形状较为规则，根据中华人民共和国电子行业标准 SJ/T 11186－1998《锡铅膏状焊料通用规范》中的相关规定："合金粉末形状应是球形的，但允许长轴与短轴的最大比为 1.5 的近球形状粉末。"在实际应用中，通常要求颗粒长轴与短轴的比例在 1.2∶1 以下。

2. 助焊剂

在焊锡膏中，糊状助焊剂是合金焊料粉末的载体，其组成与通用助焊剂基本相同。其中活化剂主要起清除被焊材料表面及合金焊料粉末本身氧化膜的作用，同时具有降低锡、铅表面张力的作用，使焊料迅速扩散并附着在被焊金属表面。焊剂与黏结剂起到加大焊锡膏黏附性并保护和防止焊后 PCB 再度氧化的作用，对 SMT 元器件在贴片过程中的固定也起到重要的作用。

为了改善印刷效果和触变性，焊锡膏还需加入触变剂和溶剂。触变剂主要用来调节焊锡膏的黏度及印刷性能，防止在印刷过程中出现拖尾、粘连等现象；溶剂是焊剂组分的溶剂，在焊锡膏的搅拌过程中起均匀调节的作用，对焊锡膏的寿命有一定的影响。

助焊剂的组成对焊锡膏的扩展性、润湿性、塌陷、黏度变化、清洗性质、焊料飞溅及储存寿命均有较大影响。

4.1.2 焊锡膏的分类

焊锡膏根据黏度、流动性及印刷时漏板的种类设计配方，通常可按以下性能分类。

1. 按合金焊料粉末的熔点分

焊锡膏按熔点分为高温焊锡膏（217℃以上）、中温焊锡膏（173～217℃）和低温焊锡膏（138～173℃）。最常用的焊锡膏熔点为 178～183℃，随着所用合金种类和组成的不同，焊锡膏的熔点可超过 250℃，也可低于 150℃，可根据焊接所需温度的不同，选择不同熔点的焊锡膏。

2. 按焊剂的活性分

焊锡膏按焊剂活性分类有 R 级（无活性）、RMA 级（中度活性）、RA 级（完全活性）和 SRA 级（超活性）。一般 R 级焊锡膏用于航空、航天电子产品的焊接，RMA 级焊锡膏用于军事和其他高可靠性电路组件，RA 级焊锡膏用于消费类电子产品。在使用时可以根据 PCB 和元器件的情况及清洗工艺要求选择焊锡膏。

3. 按焊锡膏的黏度分

焊锡膏黏度的变化范围很大，通常为 100～600Pa·s，最高超过 1 000Pa·s。在使用时，可依据施膏工艺的不同选择焊锡膏。

4. 按清洗方式分

焊锡膏按清洗方式分类如下。

（1）有机溶剂清洗类：如传统松香焊锡膏（其残留物安全无腐蚀性）、含有卤化物或非卤化物活化剂的焊锡膏。

（2）水清洗类：活性强，可用于难以钎焊的表面，焊后残渣易用水清除，使用此类焊锡膏印刷的 PCB 寿命长。

（3）半水清洗和免清洗类：一般用于半水清洗和免清洗的焊锡膏不含氯离子，有特殊的配方，焊接过程要氮气保护；其非金属固体含量极低，焊后残留物少到可以忽略，因此降低了清洗的要求。从保护环境的角度考虑，水清洗、半水清洗和免清洗是电子产品工艺的发展方向。

4.1.3　SMT 工艺对焊锡膏的要求

SMT 工艺对焊锡膏特性和相关因素的具体要求内容如下。

1．焊锡膏应具有良好的保存稳定性

在制备焊锡膏后，印刷前应能在常温或冷藏条件下保存 3～6 个月而性能不变。

2．印刷时和再流焊加热前应具有的性能

① 印刷时应具有优良的脱模性。

② 印刷时和印刷后焊锡膏不易坍塌。

③ 焊锡膏应具有合适的黏度。

3．再流焊加热时应具有的性能

① 应具有良好的润湿性。

② 不形成或形成少量的焊料球（锡珠）。

③ 焊料飞溅要少。

4．再流焊后应具有的性能

① 要求焊剂中固体含量越低越好，焊后易清洗干净。

② 焊接强度高。

4.1.4　焊锡膏的选用原则与使用的注意事项

1．焊锡膏的选用原则

① 焊锡膏的活性可根据 PCB 表面清洁程度来选用，一般采用 RMA 级焊锡膏，必要时采用 RA 级焊锡膏。

② 根据不同的涂敷方法选用不同黏度的焊锡膏，一般焊锡膏分配器用黏度为 100～200Pa·s 的焊锡膏，丝网印刷用黏度为 100～300Pa·s 的焊锡膏，漏印模板印刷用黏度为 200～600Pa·s 的焊锡膏。

③ 精细间距印刷时要选用球形、细粒度的焊锡膏。

④ 双面焊接时，第一面采用高熔点焊锡膏，第二面采用低熔点焊锡膏，保证两者相差 30～40℃，以防第一面已焊元器件脱落。

⑤ 当焊接热敏元器件时，应采用含铋的低熔点焊锡膏。

⑥ 采用免洗工艺时，要用不含氯离子或其他强腐蚀性化合物的焊锡膏。

几种常用焊锡膏及其性能如表 4-3 所示。

表 4-3　几种常用焊锡膏及其性能

牌　　号	合金组成/%	熔点/℃	目数/形状	助焊剂含量/%	氯离子含量/%	黏度/Pa·s	选 用 原 则
SQ-1025SZH-1	63Sn/37Pb	183	250/球形	10.0	0.2	400	0.65mm 片式器件用
SQ-2030SZH-1	62Sn/36Pb/2Ag	179	300/球形	10.2	0.2	450	0.5mm 片式器件用
SQ-1030SZ（Ex-3）	63Sn/37Pb	183	300/球形	10.5	0.2	600	高速贴片用
SQ-1030SOM	63Sn/37Pb	183	300/球形	9.0	0	350	免洗用
2062-506A-40-9.5	62Sn/36Pb/2Ag	178～183	325/球形	9.5	0	330	水清洗用
RHG-70-220	—	220±5	250/无定形	15.0	0.2	320±100	高熔点用
RHG-55-165	—	135～166	325/无定形	15.0	0.2	180±100	低熔点用

2．焊锡膏使用的注意事项

① 焊锡膏通常应该保存在 5～10℃的低温环境下，可以储存在冰箱的冷藏室内。即使正确保存，超过使用期限的焊锡膏也不得再用于生产正式产品。焊锡膏的取用原则是先进先出。

② 一般应该在使用时至少提前 2h 从冰箱中取出焊锡膏，待焊锡膏升至室温后，才能打开焊锡膏容器的盖子，以免焊锡膏在升温过程中凝结水汽。开封后，应使用焊锡膏搅拌机至少搅拌 30s 或手工搅拌 15min 才可投入使用。

③ 观察焊锡膏，如果表面变硬或有助焊剂析出，那么必须进行特殊处理，否则不能使用；如果焊锡膏的表面完好，那么要用不锈钢棒搅拌均匀后再使用；如果焊锡膏的黏度太大以致不能顺利通过印刷模板的网孔或定量滴涂分配器，那么应适当加入所使用的焊锡膏的专用稀释剂，稀释并充分搅拌后再使用。

④ 使用时取出焊锡膏后，应及时盖好容器盖，避免助焊剂挥发。

⑤ 涂敷焊锡膏和贴装元器件时，操作者应该戴手套，避免污染 PCB。

⑥ 把焊锡膏涂敷到 PCB 上的关键是保证焊锡膏能准确地涂敷到元器件的焊盘上。如果涂敷不准确，那么必须擦洗掉焊锡膏重新涂敷。免清洗焊锡膏不得使用酒精擦洗。

⑦ 涂敷好焊锡膏的 PCB 要及时贴装元器件，尽可能在 4h 内完成再流焊。

⑧ 免清洗焊锡膏原则上不允许回收使用，如果印刷涂敷作业的间隔超过 1h，那么必须把焊锡膏从模板上取下来并存放到当天使用的单独容器里，不要将回收的焊锡膏放回原容器。

4.2　焊锡膏印刷的漏印模板

焊锡膏印刷是 SMT 工艺中的第一道工序，它是关系到 SMB 质量优劣的关键因素之一。统计表明，在 SMT 生产中 60%以上的焊接缺陷来源于焊锡膏印刷。焊锡膏的印刷涉及三项基本内容——焊锡膏、模板和印刷机，这三者之间合理的组合对提高 SMT 产品质量是非常重要的。

4.2.1　焊锡膏的印刷方法

SMT 工艺中电路板安装如果采用再流焊技术，那么在焊接前需要将焊料放在焊接部位。将焊料放在焊接部位的主要方法有焊锡膏法、预敷焊料法和预形成焊料法。

焊锡膏法是再流焊工艺中最常用的方法。它是将适量焊锡膏均匀地施加在 PCB 的焊盘上，以保证片式元器件与 PCB 对应的焊盘在再流焊时达到良好的电气连接，并具有足够的机械强度。焊锡膏涂敷法有两种：注射滴涂法和印刷涂敷法。注射滴涂法主要应用在新产品的研制或小批量产品的生产中，可以手工操作，但速度慢、精度低，其优点是灵活性高，省去了制造模板的成本。印刷涂敷法又分直接印刷法（也叫模板漏印法或漏印模板印刷法）和非接触印刷法（也叫丝网印刷法）两种类型。模板漏印法是目前高档设备广泛使用的方法。在印刷涂敷法中，模板漏印法和丝网印刷法的共同之处是两者的原理与油墨印刷类似，主要区别在于印刷焊料的介质，即用不同的介质来加工印刷图形：无刮动间隙的印刷是直接（接触式）印刷，采用刚性材料加工成金属漏印模板；有刮动间隙的印刷是非接触式印刷，采用柔性材料加工成丝网或金属掩膜。丝网材料有尼龙丝、真丝、聚酯丝和不锈钢丝等，可用于 SMT 焊锡膏印刷的是聚酯丝和不锈钢丝。用乳剂涂敷到丝网上，只留出印刷图形的开口网目，就制成了丝网印刷法所用丝网。但由于丝网制作的漏板窗口开口面积始终被丝本身占用一部分，即开口率达不到 100%，不适合用于焊锡膏印刷工艺，故很快被镂空的金属板取代。此外，丝网的使用寿命也远远不及金属模板，所以现在基本上被淘汰。

模板漏印法和丝网印刷法两种方式的对比如图 4-2 所示。

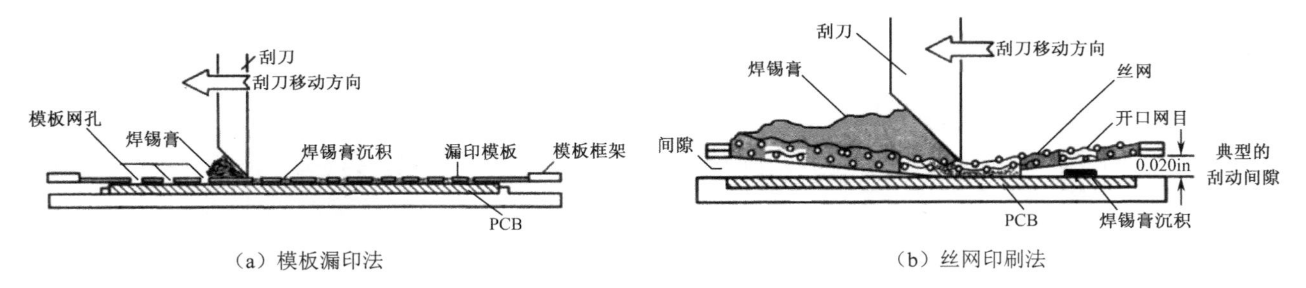

图 4-2　模板漏印法和丝网印刷法两种方式的对比

4.2.2　漏印模板的结构与制造

模板漏印法相比于丝网印刷法虽然较为复杂，加工成本高，但是也有许多优点，如对焊锡膏粒度不敏感，不易堵塞，所用焊锡膏黏度范围宽，印刷均匀，图形清晰且比较稳定，可长期储存等，漏印模板很耐用，寿命约为丝网的 25 倍，故适用于大批量生产和安装高密度、多引脚细间距产品。

1．模板的结构

模板又称漏板、钢板、钢网，用来定量分配焊锡膏，是保证焊锡膏印刷质量的关键治具。模板就是在一块金属片上，用化学方法蚀刻出漏孔或用激光刻板机刻出漏孔，用铝合金外框绷边，做成尺寸合适的金属漏印模板。

根据模板的材料和固定方式，模板可分成三类：网目/乳胶模板、全金属模板和柔性金属模板。

（1）网目/乳胶模板的制作方法与丝网相同，只是开口部分要完全蚀刻透，即开口处的网目也要蚀刻掉，这将使网目/乳胶模板的稳定性变差，另外这种模板的价格也较高。

（2）全金属模板是将金属板直接固定在框架上，它不能承受张力，只能用于接触式印刷，也叫刚性金属模板，这种模板寿命长、价格高。

（3）柔性金属模板即将金属模板四周衬以聚酯丝网，并以30～223N/cm^{2}的张力张在网框上，丝网的宽度为30～40mm，以保证模板在使用中有一定的弹性，如图4-3（a）所示，这种模板目前应用最广泛。与全金属模板相比，柔性金属模板制作工艺比较简单，加工成本较低，整体呈“刚—柔—刚”的结构，这种结构确保柔性金属模板既平整又有弹性，在使用时能紧贴PCB表面。它综合了全金属模板和丝网的优点。

金属模板一般用弹性较好的镍、黄铜或不锈钢薄板制成，其结构如图4-3（b）所示。不锈钢模板在硬度、承受应力、蚀刻质量、印刷效果和使用寿命等方面都优于黄铜模板，镍模板价格最高，因此，不锈钢模板在焊锡膏印刷中被广泛采用。

金属模板的实物照片如图4-3（c）所示，常见模板的外框是铸铝框架或由铝方管焊接而成的框架。

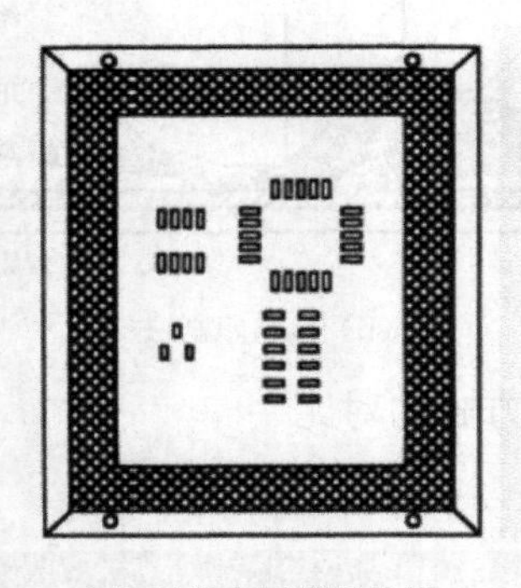

（a）柔性金属模板结构

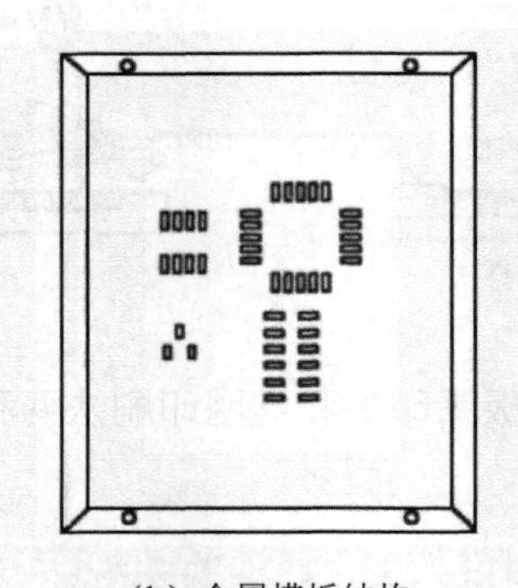

（b）金属模板结构

（c）金属模板的实物照片

图4-3　模板的结构

2．模板的制造方法

模板制造方法常见的有化学腐蚀法、激光切割法和电铸法。

（1）化学腐蚀法。化学腐蚀法制造模板是最早采用的方法，由于价格低，至今仍在普遍使用。制作过程为：首先制作两张感光膜，上面的图形应按一定比例缩小；其次在金属板上下两面贴好感光膜，通过感光膜对其正反面曝光；再次经过双向腐蚀，制得金属模板；最后将金属模板胶合在外框上，经整理后就可以制得模板。

化学腐蚀法由于存在侧蚀，故窗口壁光洁度不够，特别是不锈钢材料的效果较差，因此漏印效果也较差。

（2）激光切割法。激光切割制造模板是 20 世纪 90 年代出现的方法，它利用微机控制 CO_2 或 YAG 激光器，像光绘一样直接在金属模板上切割窗口，这种方法具有精度高、窗口形状好、工序简单、制作周期短等优点。但当窗口密集时，使用激光切割法有时会出现局部温升过高的现象，熔融的金属会跳出小孔，从而影响模板的光洁度。

由于激光切割是只从一面切割，窗口孔壁自然形成一个 3°～5° 的微小倾斜角度，呈上窄下宽的梯形。梯形开孔提供较好的焊锡膏释放效果，具有较好的精度和重复性，孔壁粗糙度 $Ra \leqslant 3\mu m$。激光切割法的特点决定了它具有较高的性价比，是目前不锈钢模板的主要制造方法。用激光切割法制造的金属模板如图 4-4 所示。

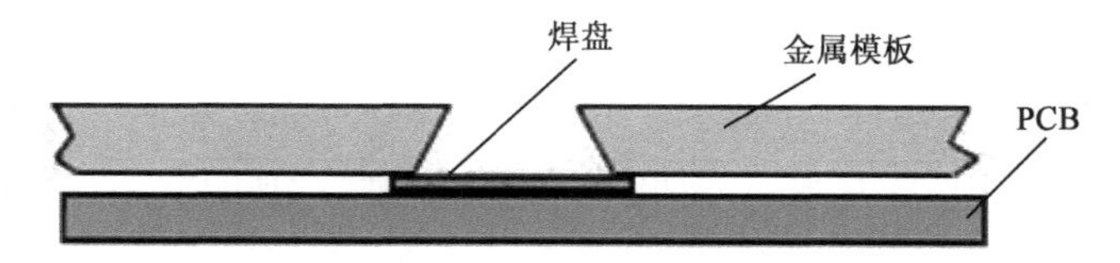

图 4-4　用激光切割法制造的金属模板

激光切割法的改进：表面镀镍及电抛光，使孔壁更加光滑，具有极好的脱模性，在硬度和强度方面胜于不锈钢，耐磨性更好；适合引脚间距为 0.3mm 及以下的器件图形的印刷，但制作费用高。对于高精度的模板，应选用激光切割并电镀的制造方式。

（3）电铸法。随着 FQFP 的大量使用，对模板的质量要求越来越高，无论是化学腐蚀法还是激光切割法制造的漏印模板，在印刷细间距器件图形时，均会出现不同程度的窗口堵塞或者需要经常清洁模板底面，这给生产带来不便，因此又出现电铸法制造金属模板工艺。其具体过程为：先在一块平整的基板上，通过感光的方法制得窗口图形的负像（模板窗口图形为硬化的聚合感光胶），再将基板放入电解质溶液中，基板接电源负极，用镍作为阳极，经数小时后，镍在基板的非焊盘区沉积，达到一定厚度后与基板剥离，形成模板。

电铸法制造模板的优点是模板在厚度方面没有限制，在硬度、强度和耐磨性方面均优于不锈钢模板，窗口内壁光滑且可以收缩，脱模性也好，脱模效果高达 95%，尺寸误差一般可控制在±2.5μm，粗糙度 $Ra \leqslant 0.1\mu m$。其特殊的衬垫结构，可以减少擦网次数和焊锡膏溢流，更适合于 0.3mm 及以下间距的元器件。

电铸法制造模板的缺点是价格昂贵，制作周期长，窗口内壁有时太过光滑，对焊锡膏的滚动不利。在制造过程中需要经过图形转移等易损失精度的工序，从定位精度的角度来说，不如激光切割法。

由于电铸模板制作周期长、费用高，而激光法制造模板的窗口壁光洁度不够好，故国外又采用高分子量的聚合物，即塑料板来制造模板。塑料板由于易切割且光洁度高、价格也不高，因此成为模板制造的新趋势。

4.2.3 模板窗口尺寸和形状设计

模板基材的厚度及窗口尺寸的大小直接关系到焊锡膏的印刷量，从而影响到焊接质量。模板基材厚和窗口尺寸过大会造成焊锡膏印刷量过多，易造成桥接；模板基材薄和窗口尺寸过小，会造成焊锡膏印刷量过少，从而产生虚焊。因此 SMT 生产中应重视模板窗口尺寸和形状的设计。

1. 模板良好漏印性的必要条件

并非所有开了窗口的模板都能漏印焊锡膏，它必须具备一定条件才具有良好的漏印性。

（1）窗口壁光洁度对焊锡膏印刷效果的影响。当焊锡膏与 PCB 焊盘之间的粘合力大于焊锡膏与窗口壁之间的摩擦力时，有良好的印刷效果，显然，模板窗口壁应尽量光滑。

（2）窗口宽厚比、面积比对焊锡膏印刷效果的影响。当焊盘面积大于模板窗口面积时，有良好的印刷效果，但窗口面积不宜过小，否则焊锡膏量不够。显然，窗口壁面积与模板厚度有直接关系。因此模板的厚度、窗口大小直接影响模板的漏印性。

在实际生产中，人们无法测量也没有必要测量焊锡膏与 PCB 焊盘之间的粘合力和焊锡膏与窗口壁之间的摩擦力，而是通过宽厚比及面积比这两个参数来评估模板的漏印性。宽厚比和面积比的定义如下。

宽厚比：

$$窗口的宽度/模板的厚度=W/H$$

式中 W——窗口的宽度；

H——模板的厚度。

面积比：

$$窗口的面积/窗口壁的面积=(L\times W)/[2\times(L+W)\times H]$$

式中 L——窗口的长度。

宽厚比参数适合验证长方形窗口模板的漏印性，面积比参数适合验证方形和圆形窗口模板的漏印性。

在印刷锡铅合金焊锡膏时，当宽厚比≥1.6，面积比≥0.66 时，模板具有良好的漏印性；而在印刷无铅焊锡膏时，只有当宽厚比≥1.7，面积比≥0.7 时，模板才具有良好的漏印性，这是因为无铅焊锡膏的密度比锡铅合金焊锡膏小，以及自润滑性稍差，此时窗口尺寸稍大才有良好的印刷效果。

通常，在评估 QFP 焊盘漏印模板时，适合用宽厚比参数来验证；而评估 BGA、0201 焊盘漏印模板时应用面积比参数来验证；若模板上既有 QFP 又有 BGA，则分别用两个参数来评估。

2. 模板窗口的尺寸与形状

模板窗口尺寸大小直接关系到焊锡膏的印刷量，从而影响焊接质量。为了避免焊接过程中出现焊料球或桥接等焊接缺陷，通常模板窗口的尺寸比焊盘图形尺寸略小。在印刷锡铅合金焊锡膏时，一般模板窗口尺寸等于焊盘尺寸的 92%。在印刷无铅焊锡膏时，由于其密度小于锡铅合金焊锡膏，表面张力大且润湿性差，因此窗口要大些，一般模板窗口尺寸等于焊盘尺寸。

窗口形状会影响焊锡膏的脱模效果。模板窗口通常有矩形、方形和圆形等形状。矩形窗口比方形窗口和圆形窗口具有更高的脱模效率。模板窗口壁有垂直、喇叭口等形状，在垂直开口或喇叭口向下时有利于释放焊锡膏，如图 4-5 所示。

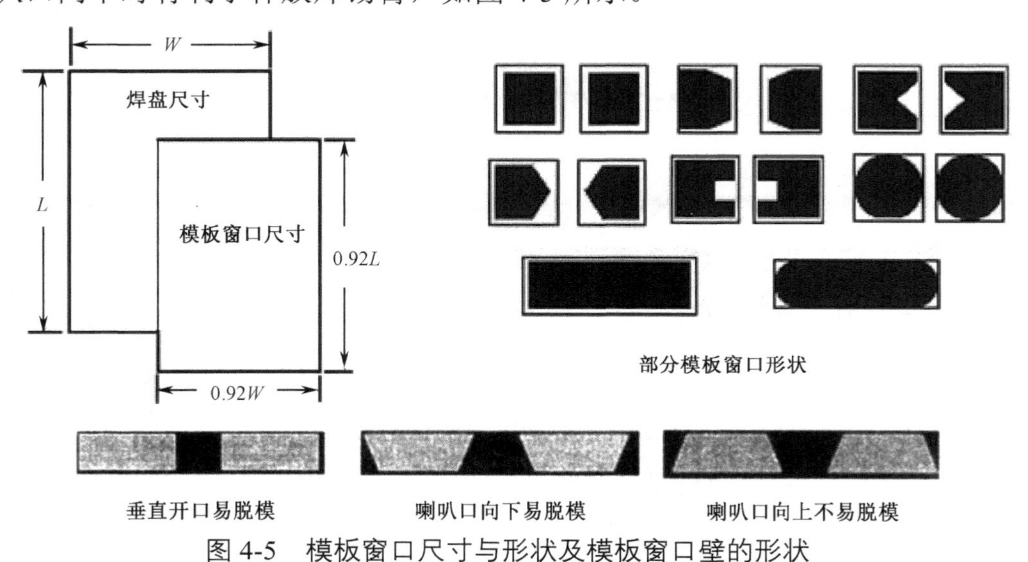

图 4-5　模板窗口尺寸与形状及模板窗口壁的形状

3．模板的厚度

模板的厚度直接关系到焊锡膏的印刷量，对焊接质量影响很大。通常情况下，若没有 FC、CSP 器件，作为一般规律，对于标准元器件、阻容元器件和引脚间距为 1.27mm 的器件，模板厚度一般为 0.2～0.25mm；对于引脚间距为 0.64mm 的器件，模板厚度一般为 0.15～0.2mm；对于引脚间距为 0.5mm 的器件，模板厚度一般为 0.15mm；对于细间距器件，模板厚度一般为 0.1～0.2mm。随着电子产品的小型化，电子产品安装技术越来越复杂，实现 FC、COB、CSP 与大型 PLCC、QFP 器件共同安装的产品越来越多，有时还带有通孔插装元器件（THC/THD）。目前无论是贴装还是焊接都是成熟工艺，如何将焊锡膏精确地分配到所需焊盘上，是保证焊接质量的关键。

由于 FC、CSP 器件焊接所需焊锡膏量少，故所用模板的厚度应该薄，窗口尺寸也较小，而 PLCC、QFP 器件焊接所需焊锡膏量较多，故所用模板较厚，窗口尺寸也较大，显然用同一厚度的模板难以兼容上述两种要求。为了成功实现上述多种器件的混合安装，现已采用不同结构的模板来完成焊锡膏的印刷，常用的模板有以下两种。

（1）局部减薄（Step-Down）模板。局部减薄模板大部分面积的厚度仍取决于一般元器件所需要的厚度，即 0.15～0.2mm；但在 FC、CSP 器件处可将模板用化学的方法减至 0.075～0.1mm，这样使用同一块模板就能满足不同元器件的需要。

（2）局部增厚（Step-Up）模板。局部增厚模版适用于 COB 器件已贴装在 PCB 上，再进行印刷焊锡膏贴装其他片式元器件的情况，为了覆盖 COB 器件，局部增厚的位置就在 COB 器件上方；为了保证印刷时刮刀能流畅地通过，凸起部分与模板呈圆弧过渡。

无论是局部减薄模板还是局部增厚模板，在使用时均应配合橡胶刮刀才能取得良好的印刷效果。

4.3 焊锡膏印刷机

4.3.1 焊锡膏印刷机的种类

当前，用于印刷焊锡膏的印刷机品种繁多，按自动化程度来分类，可以分为手工印刷机、半自动印刷机和全自动印刷机。PCB 放进和取出的方式有两种，一种是将整个刮刀机构连同模板抬起，将 PCB 放进和取出，PCB 定位精度取决于转动轴的精度，一般不太高，多见于手动印刷机与半自动印刷机；另一种是刮刀机构与模板不动，PCB 平进与平出，模板与 PCB 垂直分离，故定位精度高，多见于全自动印刷机。

1. 手动印刷机

手动印刷机的各种参数与动作均需人工调节控制，通常用于生产小批量或难度不高的产品。图 4-6 所示为手动焊锡膏印刷机，其功能部件的作用如表 4-4 所示。

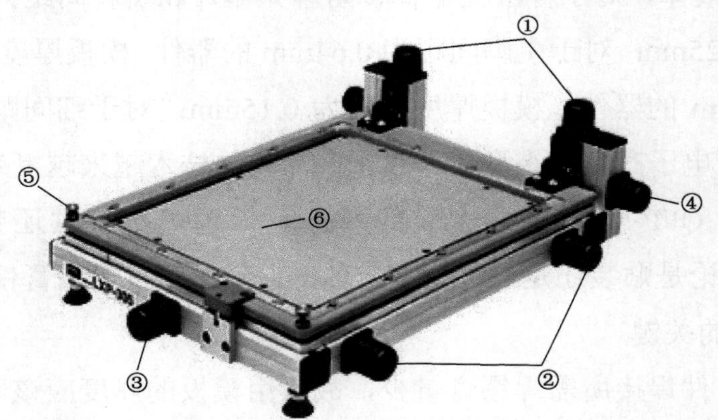

图 4-6　手动焊锡膏印刷机

表 4-4　图 4-6 所示的手动焊锡膏印刷机功能部件的作用

部　件	作　用	说　明
①	调整 Z 轴（框架高度）	调整金属模板的高度，左右两个旋钮可独立调整
②	调整 X 轴及旋转角度	调整金属模板左右移动或旋转，前后两个旋钮可独立调整
③	调整 Y 轴	PCB 前后移动调整
④	锁定 Z 轴	完成 Z 轴调整后锁定
⑤	调节框架高度旋钮	与①共同调节金属模板高度
⑥	PCB 放置板架	PCB 置于该放置板架上

2．半自动印刷机

半自动印刷机除PCB装夹过程是人工放置外，其余动作机器可连续完成，但第一块PCB与模板的窗口位置是通过人工来对中的。通常PCB通过印刷机台面下的定位销来实现定位对中，因此PCB的板面上应设有高精度的工艺孔，以供装夹用。

3．全自动印刷机

全自动印刷机通常装有光学对中系统，通过对PCB和模板上的校正标志（Mark/Fiducial）的识别，可以自动实现模板窗口与PCB焊盘的自动对中，印刷机重复精度达±0.01mm。配置PCB自动装载系统后，全自动印刷机能实现全自动运行。但全自动印刷机的多种工艺参数，如刮刀速度、刮刀压力、模板与PCB之间的间隙仍需人工设定。图4-7所示为全自动焊锡膏印刷机。

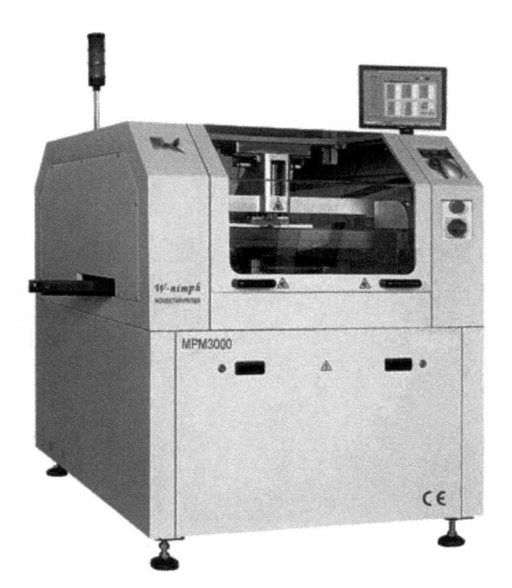

图4-7　全自动焊锡膏印刷机

全自动印刷机的主要技术指标如下。

① 最大印刷面积：根据PCB的最大尺寸确定。

② 印刷精度：根据PCB安装密度和元器件引脚间距的最小尺寸确定，一般要求达到±0.025mm。

③ 重复精度：一般为±10μm。

④ 印刷速度：根据产量要求确定。

4.3.2　焊锡膏印刷机的基本结构

国内外有多种不同品牌型号的焊锡膏印刷机，无论是哪一种印刷机，都由以下几部分组成。

（1）印刷工作台：包括工作台面、基板夹紧装置、工作台传输控制系统。

（2）印刷头系统：包括刮刀、刮刀固定机构、印刷头的传输控制系统等。

（3）丝网或模板及其固定机构（丝网或模板在本节以下内容中均称为“钢网”）。

（4）为保证印刷精度而配置的其他系统：包括视觉对中系统，干、湿和真空吸擦板系统，以及二维、三维测量系统等。

印刷工作台及刮刀头示意图如图4-8所示。

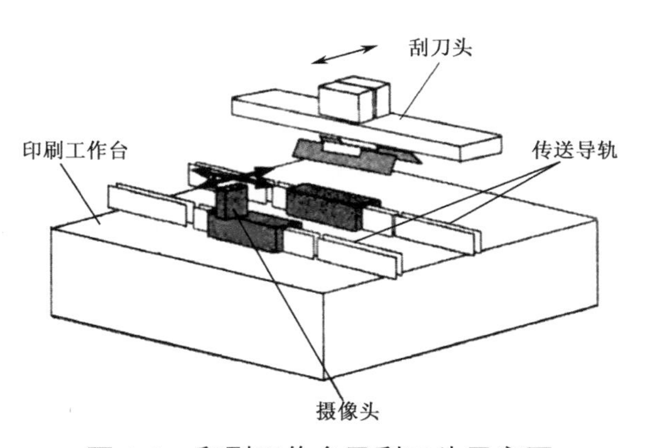

图4-8　印刷工作台及刮刀头示意图

1．机架

稳定的机架是印刷机保持长期稳定性和长久印刷精度的基本保证。

2．印刷工作台

印刷工作台包括工作台面、基板夹紧装置、工作台传输控制系统。

印刷工作台上的基板夹紧装置如图 4-9 所示。适当调整压力控制阀，使边夹能够固定基板。通过基板支撑可以防止基板摆动，使基板稳定。在一般情况下，边夹装置压力为 0.08～0.1MPa。压力过大易造成基板弯曲，目前很多印刷机使用真空夹持。

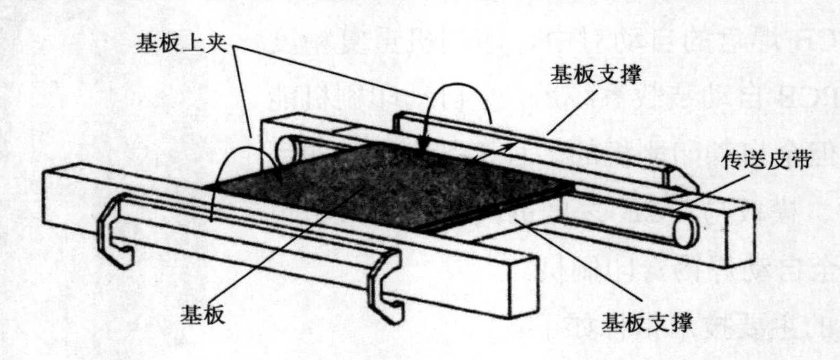

图 4-9　印刷工作台上的基板夹紧装置

3．钢网的固定机构

钢网的固定机构可采用滑动式钢网固定装置，如图 4-10 所示。松开锁紧杆，调整钢网安装框，安装或取出不同尺寸的钢网。安装钢网时，先将钢网放入安装框，抬起一点，轻轻向前滑动，然后锁紧。钢网允许的最大尺寸是 750mm×750mm。

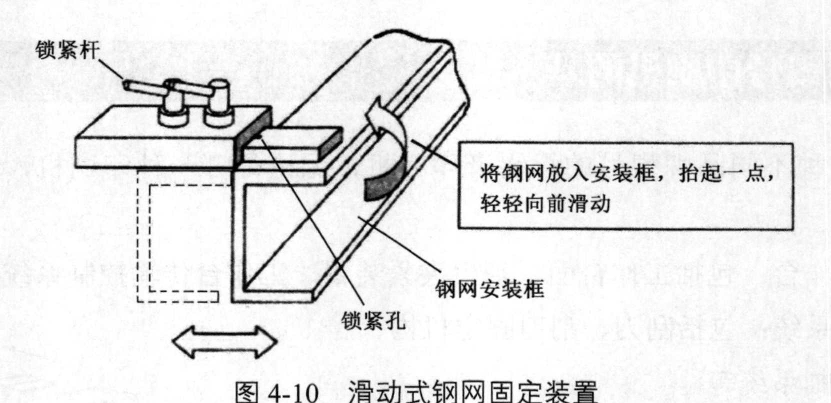

图 4-10　滑动式钢网固定装置

4．印刷头系统

印刷头系统由刮刀、刮刀固定机构（浮动机构）、印刷头的传输控制系统等组成。标准的刮刀固定架长为 480mm，可视情况使用 340mm、380mm 或 430mm 的刮刀固定架。

用于焊锡膏印刷的刮刀，按形状分类有平形刮刀、菱形刮刀和剑形刮刀，目前最常用的是平形刮刀，刮刀的结构和形状如图 4-11 所示；从制作材料上可分为聚氨酯橡胶刮刀和金属刮刀两类。

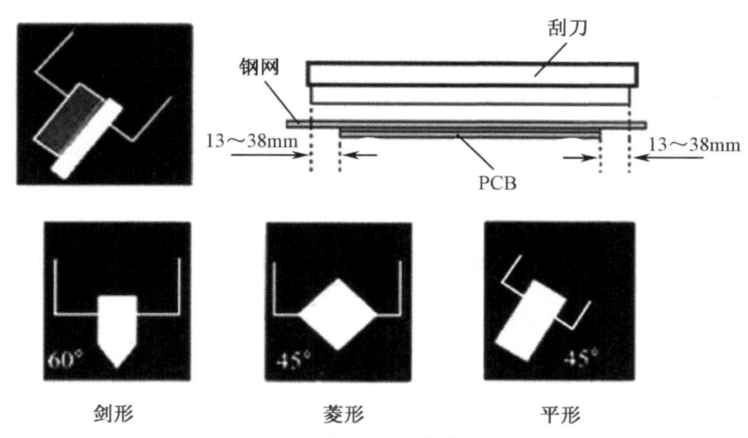

图 4-11 刮刀的结构和形状

金属刮刀的使用次数一般为60 000次左右，聚氨酯橡胶刮刀的使用次数为20 000次左右。刮刀长度要比加工的 PCB 边长长 13～38mm，以保证完整的印刷。

（1）菱形刮刀。它由一块方形聚氨酯橡胶及支架组成，方形聚氨酯橡胶夹在支架中间，前后成 45° 角。这类刮刀可双向刮印焊锡膏，在每个行程末端刮刀可跳过焊锡膏边缘，因此只需一把刮刀就可以完成双向刮印。但是这种结构的刮刀头刮印焊锡膏的量难以控制，并易弄脏刮刀头，给清洗增加工作量。此外，采用菱形刮刀印刷时，应将 PCB 边缘垫平整，防止刮刀将钢网边缘压坏。

（2）金属刮刀。用聚氨酯橡胶制作的刮刀，当刮刀头压力太大或焊锡膏较软时易嵌入金属钢网的孔中（特别是大窗口孔），将孔中的焊锡膏挤出，造成印刷图形凹陷，印刷效果不良。而采用高硬度聚氨酯橡胶刮刀，虽改善了切割性，但填充焊锡膏的效果仍较差。

金属刮刀是将金属刀片固定在带有橡胶夹板的金属刀架上的装置，金属刀片在刀架上凸出 40mm 左右，刀片两端配有导流片，可防止焊锡膏向两端漫流。金属刮刀分为不锈钢刮刀和在刀刃上涂有钽涂层（润滑膜）的合金钢刮刀。带钽涂层的合金钢刮刀耐疲劳，耐弯折，耐磨性强且润滑性好，当刀刃在钢网上运行时，焊锡膏能被轻松地推进窗口中，消除了焊料凹陷和高低起伏现象，大大减少甚至完全消除了焊料的桥接和渗漏现象。

（3）拖尾刮刀。这种类型的刮刀由矩形聚氨酯橡胶与固定支架组成，聚氨酯橡胶固定在支架上，每个行程方向各需一把刮刀，整个工作需要两把刮刀。刮刀由微型汽缸控制上下移动，这样不需要跳过焊锡膏边缘就可以先后推动焊锡膏运行，因此刮刀接触焊锡膏的部位相对较少。

采用聚氨酯橡胶制作刮刀时，有不同硬度的聚氨酯橡胶可供选择。用于钢网印刷时，一般选用硬度为 75 邵氏（shore）的聚氨酯橡胶；用于金属模板印刷时，应选用硬度为 85 邵氏的聚氨酯橡胶。

5．PCB 视觉定位系统

PCB 视觉定位系统用于修正 PCB 加工误差用。为了保证印刷质量的一致性，使每一块 PCB 的焊盘图形都与钢网窗口对应，每一块 PCB 在印刷前都要使用视觉定位系统定位。

6. 滚筒式卷纸清洁装置

滚筒式卷纸清洁装置如图 4-12 所示。该清洁装置可以采用干式（使用卷纸加真空吸附）、湿式（使用溶剂）或干、湿不同组合的 8 种清洗模式。这 8 种清洗模式可以有效地清洁钢网背面和开孔上的焊锡膏微粒和助焊剂。装在机器前方的卷纸容易更换，便于维护。为了保证干净的卷纸清洁钢网，并防止浪费卷纸，上部的滚轴由带刹刀的电动机控制。在清洗时，溶剂的喷洒量可以通过控制旋钮进行调整。

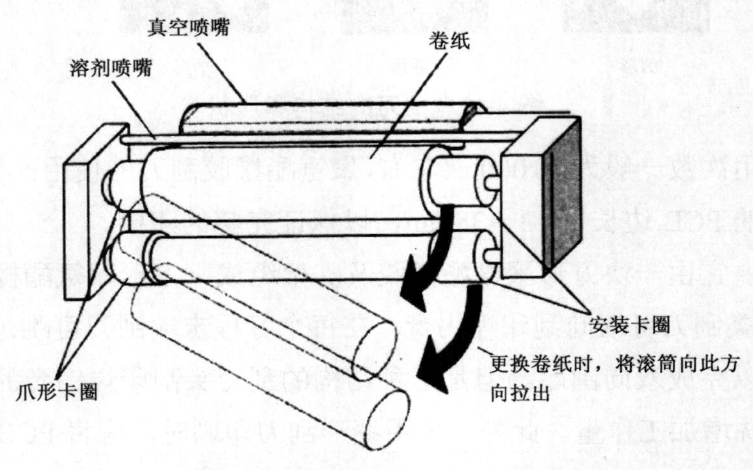

图 4-12　滚筒式卷纸清洁装置

4.3.3　主流印刷机的特征

SMT 规模化生产以全自动印刷机为主，以下是全自动印刷机的主要特征。

① 高精密性、高刚性的印刷工作台通过采用高精密图像处理系统实现 *X-Y* 轴的自动定位，确保基板与钢网的定位精度达到±15μm，高刚性一体化的机架结构保证了印刷机长期稳定的印刷性能。

② 交流伺服电机控制方式与高刚性机械结构的结合，使刮刀运行时更平稳；最优化的离网原理，使印刷性能大大提高，从而保证了高品质的印刷质量。

③ 连续印刷 QFP 或 SOP 等细间距元器件时必须清洗钢网背面的开孔。印刷机具有有效的卷纸清洁功能，免去了人工清洁钢网的不便。

④ 印刷机小型化可节省更多的安装场地，并能实现从左到右或从右到左的传送方式。

⑤ 运转高速化和视觉定位快速化保证了高效生产。

⑥ 具有标准的基板边夹装置、真空夹紧装置。

⑦ 印刷压力、刮刀速度、基板尺寸和清洁频率等印刷工艺参数采用数字化输入。

⑧ 图像处理系统的自动校正功能使钢网定位更简便。

⑨ 采用 Windows 操作系统（根据机器出厂时间，操作系统由 Windows NT 逐步更新换代至目前的 Windows 10 或更高），对机器的操作就像使用个人计算机一样简单方便。

4.4　焊锡膏印刷工艺

4.4.1　模板漏印法的基本原理

模板漏印法的基本原理如图 4-13 所示。

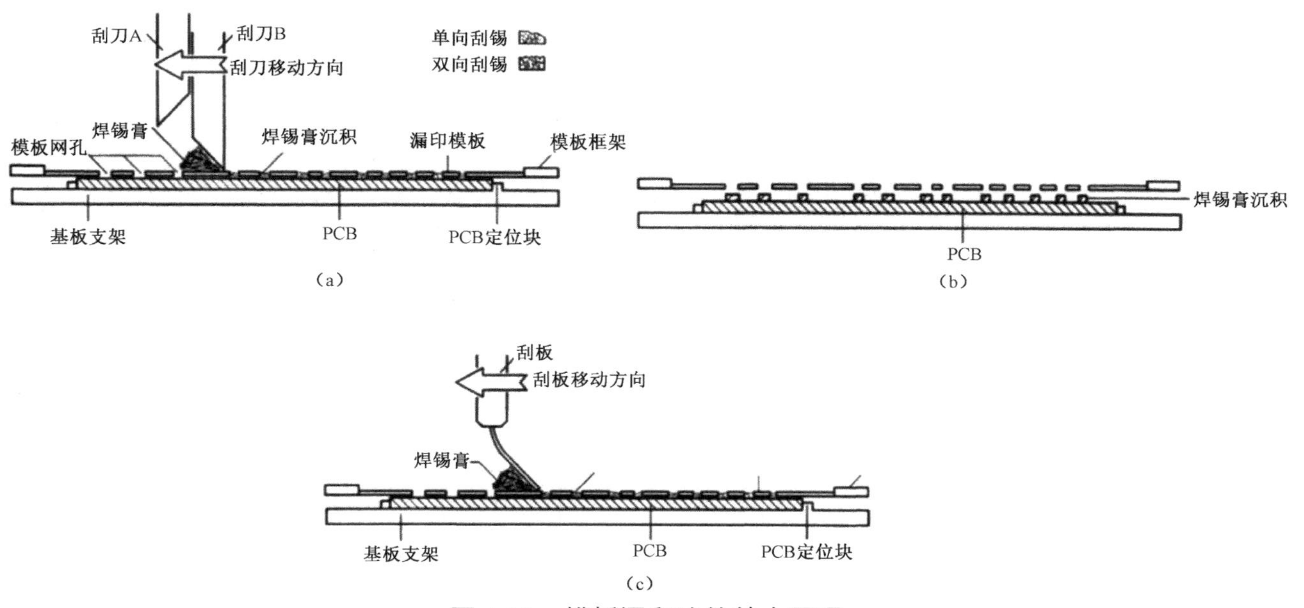

图 4-13　模板漏印法的基本原理

将 PCB 放在基板支架上，由真空泵或机械方式固定，将已加工有印刷图形的漏印模板在金属框架上绷紧，模板与 PCB 表面接触，镂空图形网孔与 PCB 上的焊盘对准，把焊锡膏放在漏印模板上，刮刀从模板的一端向另一端推进，同时压刮焊锡膏，使其通过模板上的镂空图形网孔印刷（沉积）到 PCB 的焊盘上。假如刮刀单向压刮焊锡膏，沉积在焊盘上的焊锡膏可能会不够饱满；刮刀双向压刮焊锡膏，焊锡膏图形就会比较饱满。高档的 SMT 印刷机一般有 A、B 两个刮刀，当刮刀从右向左移动时，刮刀 A 上升，刮刀 B 下降，刮刀 B 压刮焊锡膏；当刮刀从左向右移动时，刮刀 B 上升，刮刀 A 下降，刮刀 A 压刮焊锡膏，如图 4-13（a）所示。两次压刮焊锡膏后，PCB 与模板脱离（PCB 下降或模板上升），如图 4-13（b）所示，完成焊锡膏印刷。图 4-13（c）描述了简易 SMT 印刷机的操作过程。焊锡膏是一种膏状流体，其印刷过程遵循流体动力学的原理。模板漏印法的特征如下。

① 模板和 PCB 表面直接接触。

② 刮刀前方的焊锡膏颗粒沿刮刀前进的方向滚动。

③ 在模板离开 PCB 表面的过程中，焊锡膏从网孔转移到 PCB 表面。

4.4.2 印刷工艺流程

焊锡膏印刷时，需要准备的材料及工具有焊锡膏、模板、刮刀、擦拭纸、无尘纸、清洗剂和搅拌刀等。全自动印刷机印刷焊锡膏的工艺流程如图 4-14 所示。

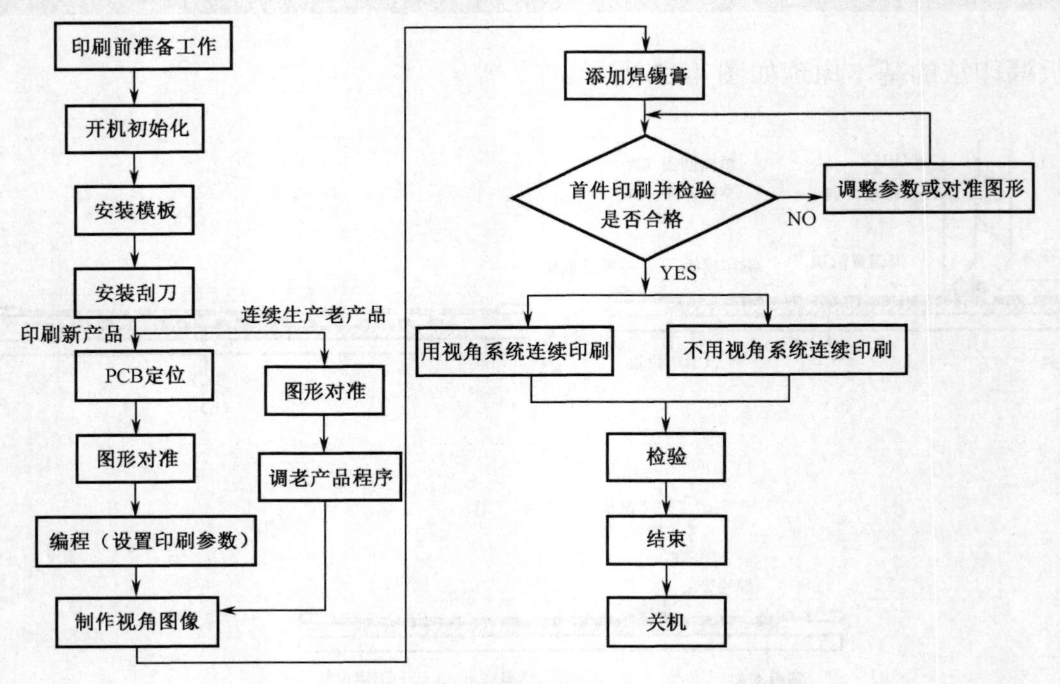

图 4-14 全自动印刷机印刷焊锡膏的工艺流程

1．印刷前准备工作

① 检查印刷机工作电压与气压。

② 熟悉产品的工艺要求。

③ 阅读 PCB 的产品合格证，如 PCB 的制造日期大于 6 个月，应对其进行烘干处理，在 125℃的温度下烘干 4h，此步骤通常在前一天进行。

④ 检查焊锡膏的制造日期是否在 6 个月之内，以及品牌规格是否符合当前生产要求，从冰箱中取出焊锡膏后应在室温下至少放置 2h，并使用焊锡膏搅拌机或搅拌刀充分搅拌均匀待用。新启用的焊锡膏应在罐盖上记下开启日期和使用者姓名。

⑤ 检查模板是否与当前生产的 PCB 一致，窗口是否堵塞，外观是否良好。

2．安装模板、刮刀

安装模板：将模板插入模板轨道并推到最后位置卡紧，拧下气压制动开关，固定。

安装刮刀：根据待安装产品生产工艺的需要选择合适的刮刀，选择比 PCB 宽 13～38mm 的刮刀，并调节好刮刀浮动机构，使刮刀底面略高于模板。

安装刮刀和模板的顺序为先安装模板后安装刮刀。

3．PCB 定位与图形对准

PCB 定位的目的是将 PCB 初步调整到与模板图形相对应的位置上，使模板窗口位置与 PCB 焊盘图形位置保持在一定范围之内（机器能自动识别）。PCB 的定位方式有孔定位、边定位（见图 4-15）及真空定位。

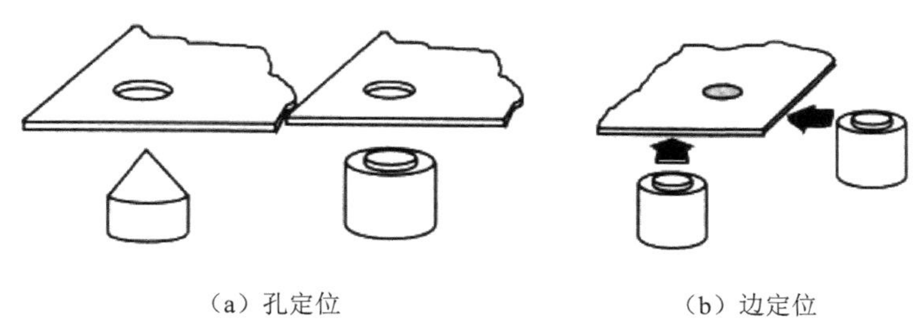

（a）孔定位　　（b）边定位

图 4-15　PCB 的定位方式

双面贴装 PCB 若采用孔定位，则在印刷第二面时要注意各种顶针应避开已贴装好的元器件，不要顶在元器件上，防止元器件损坏。

优良的 PCB 定位应满足以下基本要求：容易入位和离位，没有任何高于印刷面的物件，在整个印刷过程中保持基板稳定，保持或协助提高基板印刷时的平整度，不会影响模板对焊锡膏的释放。

PCB 定位后要进行图形对准，即通过对印刷工作平台或对模板的 X 轴、Y 轴、θ（模板与 PCB 的夹角）的精细调节，使 PCB 的焊盘图形与模板漏印图形完全重合。是调整工作台还是调整模板，要根据印刷机的构造而定。目前多数印刷机的模板是固定的，这种方式的印刷精度比较高。

在进行图形对准时需要注意 PCB 的方向要与模板漏印图形一致；应设置好 PCB 与模板的接触高度，必须确保 PCB 的焊盘图形与模板漏印图形完全重合。在进行图形对准时一般先调 θ，使 PCB 的焊盘图形与模板漏印图形平行，再调 X 轴、Y 轴，最后重复进行粗细的调节，直到 PCB 的焊盘图形与模板漏印图形完全重合为止。

4．设置工艺参数

接通电源、气源后，印刷机进入开机状态（初始化）。若印刷新 PCB，要先输入 PCB 长度、宽度、厚度及 Mark 的相关参数。Mark 可以校正 PCB 加工误差。在制作 Mark 时，图像要清晰，边缘要光滑，对比度要强，同时应输入印刷机各工作参数：印刷行程、刮刀压力、刮刀运行速度、PCB 高度、模板分离速度、模板清洗次数与方法等。相关参数设定好后，即可放入模板，安装刮刀，进行试运行。此时，应调节 PCB 与模板之间的间隙，通常应保持零距离。运行正常后，即可放入足量的焊锡膏进行印刷，并再次调节相关参数，全面调节后即可存盘保留相关参数与 PCB 代号。不同机器的上述安装次序有所不同，自动化程度高的机器安装简便，一次就可以成功印刷。

5．开机印刷

在正式印刷焊锡膏时，应注意以下事项：焊锡膏的初次使用量不宜过多，一般按 PCB 的尺寸来估计，A5 幅面约为 200g，B5 幅面约为 300g，A4 幅面约为 350g；在使用过程中，应注意及时补充新焊锡膏，保证焊锡膏在印刷时能滚动前进；注意印刷焊锡膏时的环境质量（无风、洁净、无腐蚀性气体），一般温度为 17～28℃，最佳温度为（23±3）℃，极限温度为 15～35℃，相对湿度为 45%～70%。

6．印刷质量检验

对于模板印刷质量的检测，目前采用的方法主要有目测法、二维检测/三维检测（AOI）。在检测焊锡膏印刷质量时，应根据元器件的类型采用不同的检测工具和方法。当印刷不含 FQFP 器件或小批量生产的 PCB 时，采用目测法（带放大镜）。该方法操作成本低，但反馈回来的数据可靠性低，易遗漏。当印刷复杂 PCB 时，如计算机主板，最好采用视觉检测，并最好进行在线测试，其可靠性达 100%，它不仅能够监控，还能收集工艺控制所需的真实数据。

检验标准要求：当有 FQFP 器件时（0.5mm），通常应全部检查；当没有 FQFP 器件时，可以抽检。焊锡膏印刷质量检验取样规则如表 4-5 所示。

表 4-5　焊锡膏印刷质量检验取样规则

批量范围/块	取样数/块	不合格品的允许数量/块
1～500	13	0
501～3 200	50	1
3 201～10 000	80	2
10 001～35 000	120	3

检验标准：按照企业制定的企业标准或 SJ/T 10670—1995《表面组装工艺通用技术要求》及 IPC-610-D 标准进行。

不合格品的处理：当发现印刷质量有问题时，应停机检查，分析产生的原因，采取措施加以改进，凡 QFP 焊盘不合格的产品，应用无水乙醇清洗干净后重新印刷。

7．结束

当一个产品完工或一天工作结束时，必须将模板、刮刀全部清洗干净，若窗口堵塞，千万不要用坚硬的金属针划捅，避免破坏窗口形状。焊锡膏放入另一容器中保存，根据情况决定是否重新使用。模板用清洗剂、无尘纸、擦拭纸清洗擦净后用压缩空气吹干，并妥善保存在工具架上，刮刀也应放在规定的地方并保证刮刀头不受损。

最后让机器退回关机状态，并关闭电源与气源，同时填写工作日志表和进行机器保养。

4.4.3　工艺参数的调节

焊锡膏印刷时，刮刀的速度、刮刀的压力、刮刀与模板的夹角、脱模速度及焊锡膏的黏度之间存在一定的制约关系，因此只有正确地设置这些参数，才能保证焊锡膏的印刷质量。

1．印刷行程

印刷前一般需要设置前、后印刷极限，即确定印刷行程。前极限一般在模板图形前 20mm 处，后极限一般在模板图形后 20mm 处，印刷行程太长容易延长整体印刷时间，印刷行程太短易造成焊锡膏图形粘连等缺陷。控制好焊锡膏印刷行程，以防焊锡膏漫流到模板的起始和终止印刷位置处的开口中，造成该处印刷图形粘连等缺陷。

2．刮刀与模板的夹角

刮刀与模板的夹角影响刮刀对焊锡膏垂直方向力的大小，夹角越小，其垂直方向的分力 F_y 越大，通过改变刮刀与模板的夹角可以改变所产生的压力。刮刀与模板的夹角若大于 80°，则焊锡膏只能保持原状前进而不滚动，此时垂直方向的分力 F_y 几乎为零，焊锡膏便不会压入印刷模板窗口。刮刀与模板的夹角的最佳设定范围为 45°～60°，此时焊锡膏有良好的滚动性。

3．刮刀的速度

刮刀速度越快，焊锡膏所受的力越大。但提高刮刀速度，焊锡膏的压入时间将变短。若刮刀速度过快，则焊锡膏仅在模板上滑动而不能滚动。考虑到焊锡膏压入窗口的实际情况，最大的印刷速度应保证 QFP 焊盘焊锡膏纵横方向均匀、饱满，通常当刮刀速度控制在 20～40mm/s 时，印刷效果较好。因为焊锡膏流进窗口需要时间，这一点在印刷 FQFP 图形时尤为明显，当刮刀沿 QFP 焊盘的一侧运行时，垂直于刮刀的焊盘上的焊锡膏图形比另一侧要饱满，故有的印刷机具有刮刀旋转 45° 的功能，用来保证 FQFP 印刷时四面焊锡膏量均匀。

4．刮刀的压力

刮刀的压力即通常所说的印刷压力，印刷压力的改变对印刷质量影响很大。印刷压力不足，会引起焊锡膏刮不干净，进而导致 PCB 上焊锡膏量不足；印刷压力过大，会使刮刀前部产生变形，并对对压力起重要作用的刮刀与模板的夹角产生影响。图 4-16 所示为在焊锡膏的滚动中刮刀前部抬起现象示意图。如果在焊锡膏的滚动中抬起刮刀前部，刮刀前部与模板之间将产生间隙，模板上会残留焊锡膏，由图 4-16 可以看出，α 不等于 θ，焊锡膏滚动产生的压力将发生变化。

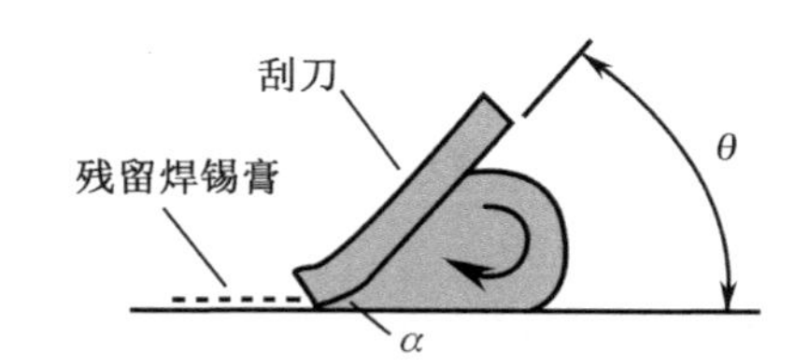

图 4-16　在焊锡膏的滚动中刮刀前部抬起现象示意图

印刷压力通常应与通过滚动所产生的压力相同，对模板产生的压强一般可设定为 5～100MPa，压强过大会发生塌心和模板背后渗漏。此外，由于滚动产生的力随焊锡膏量的变化而变化，操作人员需要适时调整压力的最佳值。

5．印刷间隙

通常为了保持 PCB 与模板零距离（早期也要求控制在 0～0.5mm，但有 FQFP 器件时应为零距离），部分印刷机在使用柔性金属模板时还要求 PCB 平面稍高于模板平面，调节后柔性金属模板的金属模板被微微向上撑起，但撑起高度不应过大，否则会损坏模板。从刮刀运行动作上看，正确的印刷间隙应为刮刀在模板上运行自如，既要求刮刀所到之处焊锡膏被全部刮走，不留多余的焊锡膏，又要求刮刀不能在模板上留下划痕。

6. 脱模速度

焊锡膏印刷后，模板离开 PCB 的瞬时速度是关系到印刷质量好坏的参数，其调节能力也是体现印刷机质量好坏的参数，在精密印刷中尤其重要。早期印刷机采用恒速分离，先进的印刷机的模板在离开焊锡膏图形时有一个短暂的停留过程，用来保证获取最佳的印刷图形。

通常脱模速度设定为 0.3～3mm/s，脱模距离一般为 3 mm。图 4-17 所示为不同脱模速度形成的印刷图形。

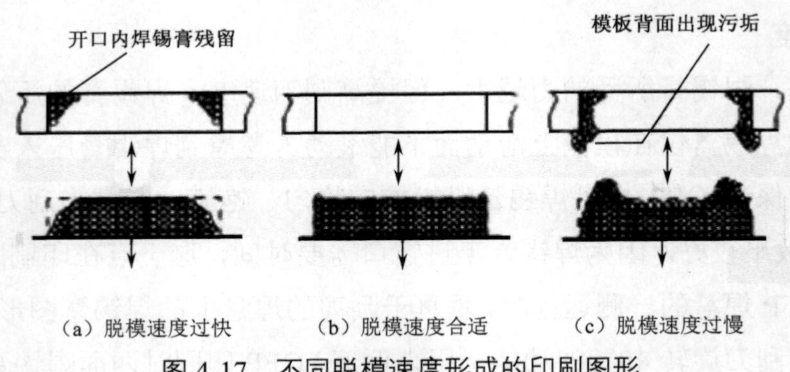

图 4-17　不同脱模速度形成的印刷图形

7. 清洗模式与清洗频率

在印刷过程中要对模板底部进行清洗，消除其附着物，以防污染 PCB。清洗通常采用无水乙醇作为清洗剂，清洗方式有湿—湿、干—干、湿—湿—干等。

在印刷过程中印刷机设定的清洗频率为每印刷 8～10 块 PCB 清洗一次，要根据模板的窗口情况和焊锡膏的连续印刷性而定。当有细间距、高密度图形时，清洗频率要高一些，以保证印刷质量为准。一般还规定每 30min 要手动用无尘纸擦洗一次。

4.4.4 焊锡膏印刷的缺陷、产生原因及对策

优良的印刷图形是纵横方向应均匀挺括、饱满，四周清洁，焊锡膏占满焊盘的。用这样的印刷图形贴放元器件，经过再流焊将得到优良的焊接效果。如果印刷工艺出现问题，那么将产生不良的印刷效果。图 4-18 所示为一些常见的印刷缺陷示意图。

1. 刮削（中间凹下去）

刮削如图 4-19 所示。

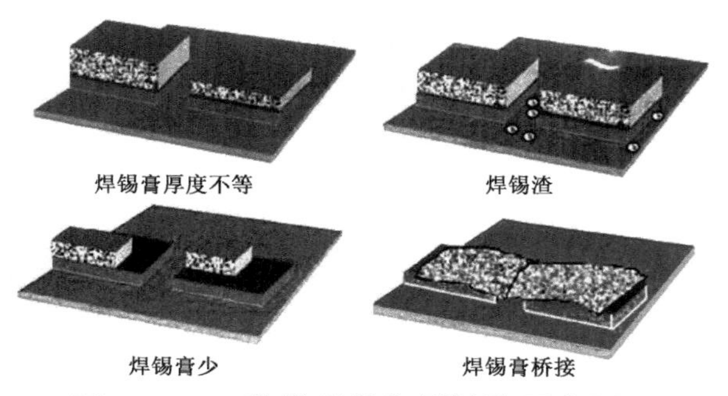

图 4-18 一些常见的印刷缺陷示意图

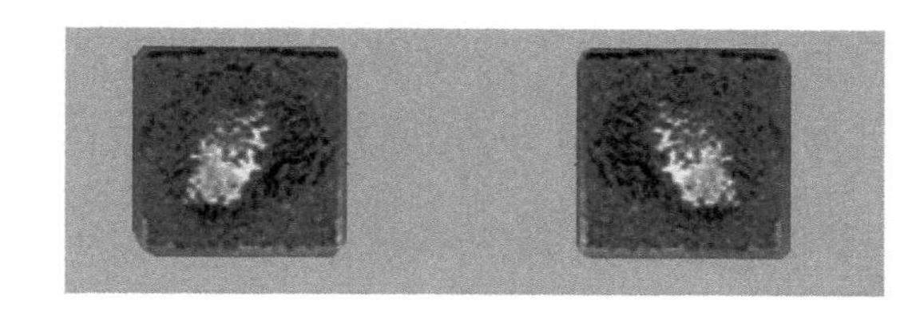

图 4-19 刮削

原因分析：刮刀压力过大，削去部分焊锡膏。

改善对策：调节刮刀压力。

2. 焊锡膏过量

原因分析：

① 刮刀压力过小，模板表面残留焊锡膏。

② 模板窗口尺寸过大，模板与 PCB 之间的间隙过大。

改善对策：

① 调节刮刀压力。

② 检查模板窗口尺寸，调节模板与 PCB 之间的间隙。

3. 拖曳（锡面凸凹不平）

原因分析：模板分离速度过快。

改善对策：调节模板的分离速度。

4. 连锡（焊锡膏桥接）

原因分析：

① 焊锡膏本身性质问题。

② PCB 焊盘与模板的窗口位置没有对准。

③ 印刷机内温度低，焊锡膏黏度上升。

④ 印刷太快，焊锡膏里面的触变剂被破坏，导致焊锡膏变软。

改善对策：

① 更换焊锡膏。

② 调节 PCB 与模板的位置。

③ 开启空调，升高温度，降低焊锡膏黏度。

④ 调节印刷速度。

5. 焊锡膏量不足

焊锡膏量不足如图 4-20（a）所示。

原因分析：

① 印刷压力过大，模板分离速度过快。

② 温度过高，溶剂挥发，焊锡膏黏度增加。

改善对策：

① 调节印刷压力和模板分离速度。

② 开启空调，降低温度。

6．焊锡膏偏离

焊锡膏偏离如图 4-20（b）所示。

（a）焊锡膏量不足

（b）焊锡膏偏离

图 4-20　焊锡膏量不足与焊锡膏偏离

原因分析：

① 印刷机的重复精度较低。

② 模板位置偏离。

③ 模板制造尺寸误差大。

④ 印刷压力过大。

⑤ 浮动机构不平衡。

改善对策：

① 必要时更换印刷机零部件。

② 精确调节模板位置。

③ 选用制造精度高的模板。

④ 调节印刷压力。

⑤ 调节浮动机构的平衡度。

4.5　思考与练习题

【思考】焊锡膏主要成分是合金焊料粉，但是其中的各种助焊剂也是不可或缺的，它们各有各的作用，既不能替代更不能任意添加或减少。否则就失去了焊锡膏的特性与用途。

正如世界上所有事物都是相辅相成的道理是一样的。科学与技术是相辅相成的，团队中领导者与执行者是相辅相成的，不同岗位不同角色的通力合作，才是成功的保障。

1．焊锡膏主要由哪些成分组成？简述常用焊锡膏的分类。

2．SMT 工艺对焊锡膏有哪些具体要求？

3．简述焊锡膏印刷漏印模板的种类、结构与特点。

4．如何确定模板窗口的形状和尺寸？

5．简述焊锡膏印刷机的种类与结构。

6．印刷焊锡膏的工艺流程分为几个步骤？

7．如何调节焊锡膏印刷工艺中的参数？

8．焊锡膏印刷中经常出现哪些缺陷？产生原因是什么？如何解决？

第5章 贴片胶及其涂敷技术

SMT有两类典型的工艺流程，一类是焊锡膏-再流焊工艺，另一类是贴片胶-波峰焊工艺，后者是将片式元器件采用贴片胶黏合在PCB表面，并在PCB另一个面上插装通孔插装元器件（THC/THD），也可以贴装片式元器件，通过波峰焊就能将两种元器件同时焊接在PCB上。

贴片胶的功能就在于能保证元器件牢固地粘在PCB上，且在焊接时不会脱落，焊接完毕，虽然贴片胶的功能失去了，但是它本身被保留在PCB上，因此，这种贴片胶不仅要有黏合强度，还要有很好的电气性能。

5.1 贴片胶的分类与选用

5.1.1 贴片胶的类型与组分

贴片胶按基体材料可分为环氧型贴片胶和丙烯酸类贴片胶两大类。

1. 环氧型贴片胶

环氧型贴片胶是SMT中常用的一种贴片胶，通常以热固化型贴片胶为主，由环氧树脂、固化剂、增韧剂、填料及其他添加剂混合而成。我国生产的这类贴片胶，其典型配方为：环氧树脂63%（质量比，下同），无机填料30%，胺系固化剂4%，无机颜料3%。现将环氧型贴片胶的主要成分介绍如下。

（1）环氧树脂。环氧树脂本身是热塑性的线型结构大分子，从环氧树脂的结构上看，大分子末端有两个环氧基团，可供开环发生交联反应，链中间有羟基“—OH”和醚键“—O—”，故环氧树脂有强的黏附性和柔韧性。环氧树脂的结构说明了它不仅可以用作贴片胶，还具有优异的稳定性和电气性能。当加入固化剂后，可促使双氧基团开环，交联形成网状结构，从而具有黏合的性能。

环氧树脂是最老和应用最广的热固型、高黏度贴片胶。

（2）固化剂。固化剂的作用是在一定条件下使环氧树脂在涂敷后固化。常用固化剂可分为：胺类固化剂，如二乙胺、二乙烯三胺，这类固化剂可以实现环氧树脂室温固化；酸酐类固化剂，如顺酐、苯酐，这类固化剂可以实现环氧树脂高温固化；咪唑类固化剂，这类固化剂可以实现环氧树脂中温固化。还有一种类型的固化剂是潜伏性中温固化剂，它的特殊性就在于在低温下它几乎不与环氧树脂发生化学反应或仅仅以极低的速度发生反应，但一旦遇到合适的温度（如 120～150℃）就能迅速地同环氧树脂发生反应，这样就能使贴片胶在低温下有较长的储存期，遇到中温就能迅速固化以适应 SMT 生产线的需要，这也是环氧树脂贴片胶需要低温保存的原因。

图 5-1 表明在 40℃环境下，贴片胶黏度缓慢增高，在 35 天后呈加速上升趋势，导致贴片胶的性能恶化。一般在 5℃的环境下，贴片胶可保存半年且其黏度不变。

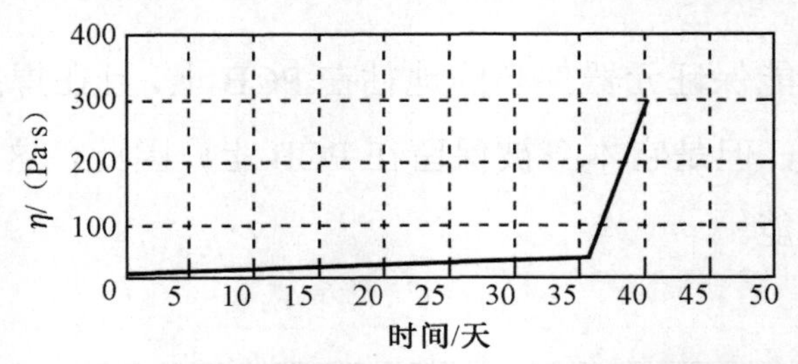

图 5-1　40℃环境下贴片胶黏度变化的情况

不同类型的固化剂与环氧树脂的反应机理有所不同，但最终目的都是打开环氧基团交联成网状结构，实现胶合。

（3）增韧剂。由于单纯的环氧树脂固化后较脆，为弥补这一缺陷，需在配方中加入增韧剂以提高固化后贴片胶的韧性。常用的增韧剂有液体丁腈橡胶、聚硫橡胶等。

（4）填料。单纯的环氧树脂加入固化剂后，固化强度相当高，但工艺性无法满足贴装工艺的需要。因此一方面加入固化剂改变环氧树脂本身的结构和合成不同级别的分子量，另一方面加入各种填料，实现它可涂敷的工艺性。例如，加入白炭黑等一类的触变剂，使贴片胶具有触变性以利于涂敷；加入甲基纤维素，使贴片胶软化点温度降低，并起到调控贴片胶黏度的作用。

（5）其他添加剂。除上述的固化剂、增韧剂、填料外，还需增加其他添加剂来实现不同的目的。例如，加入颜料以便于在生产中观察；添加润湿剂以增加贴片胶的润湿能力，从而达到好的初粘性；添加阻燃剂以达到阻燃效果。

上述各种配合剂，如固化剂、增韧剂、填料等各种添加剂，不仅有量的要求，还有粒度要求。通常可与贴片胶混合后采用轧滚机加工，并通过过滤使其粒度小于 50μm，方能符合使用要求。

2. 丙烯酸类贴片胶

丙烯酸类贴片胶是 SMT 中常用的另一大类贴片胶，由丙烯酸类树脂、光固化剂、填料组成。它通常是光固化型的贴片胶，其特点是固化时间短，但强度不如环氧型贴片胶高。现将丙烯酸类贴片胶的主要成分介绍如下。

（1）丙烯酸类树脂。丙烯酸类树脂的固化机理与环氧树脂不同，它是通过加入过氧化物，并在光或热的作用下实现固化的。它不能在室温下固化，通常用短时间紫外线或红外线（红外辐射）固化，固化温度约为 150℃，固化时间从数十秒到数分钟不等，属于紫外线加热双重固化型。

（2）光固化剂。用于丙烯酸类贴片胶的光固化剂常为安息香甲醚类物质，它在紫外线的激发下能释放出自由基，促使丙烯酸类树脂中的双键打开，其反应机理属自由基链式反应，反应能在极短的时间内进行，光固化贴片胶的反应过程如图 5-2 所示。

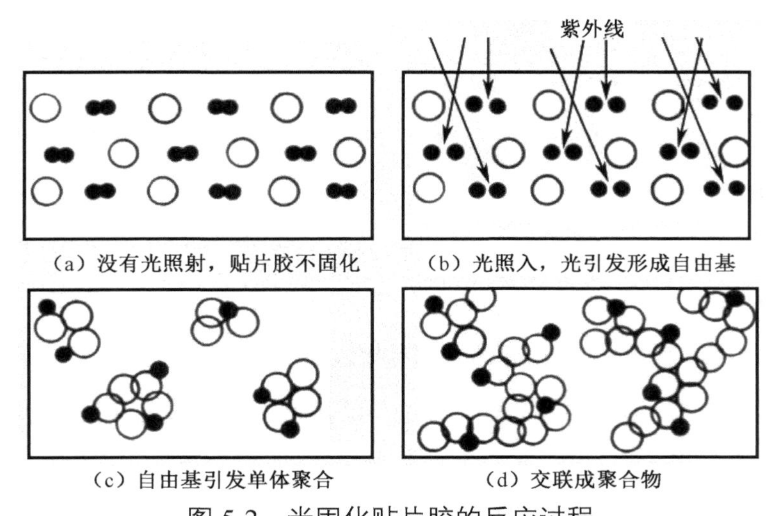

图 5-2　光固化贴片胶的反应过程

因此，紫外线固化贴片胶比热固化贴片胶的固化工艺条件更容易控制，储存时只要避光就可以了。在生产中采用 2～3kW 的紫外灯管，距 SMA 10cm 高，10～15s 即可完成固化。

采用光固化工艺时应注意阴影效应，即光固化时未能照射到的贴片胶是不能固化的，因此在设计点胶位置时，应将胶点暴露在元器件的边缘，否则达不到所需要的强度。为了防止这种缺陷的发生，通常在加入光固化剂的同时，也加入少量的热固化性的过氧化物。事实上在大功率紫外灯管的照射下，既有光能又有热能。此外，固化炉中还可以加热，以达到双重固化的目的。

丙烯酸类贴片胶可以实现常温避光存放，不需要添置低温设备，黏度稳定，且在紫外线的作用下贴片胶固化充分。丙烯酸类贴片胶中的其他成分（如填料等）同环氧型贴片胶类似，包装也类似。

贴片胶按使用方法，可分为针式转移法、压力点胶法、丝网/模板印刷法等工艺方式适用的贴片胶。常见典型贴片胶的特性如表 5-1 所示。

表 5-1 常见典型贴片胶的特性

特 性	型 号			
	TM Bond A 2450（日）	Ami con 930-12-4F（美）	MG-1（中）	MR8153RA（美）
颜色	红	黄	红	红
黏度/（Pa·s）	80～160	70～90	100～300	—
体积电阻率/（Ω·cm）	>1×10^13	1×10^13	>1×10^13	1×10^14
触变指数	4	>3.5	>3	—
剪切强度/MPa	>6	>6	10	8.5
固化	150℃ 20min	120℃ 20min	150℃ 20min	150℃ 2～3min
40℃储存期/天	>2	—	>5	—
25℃储存期/天	>30	—	>30	60
冷藏储存期	6 个月（<0℃）	3 个月（0℃）	6 个月（<5℃）	6 个月（5℃）

5.1.2 贴片胶的选用及 SMT 工艺对贴片胶的要求

1．不同类型贴片胶的选用

前文介绍了两类贴片胶，但在实际 SMT 生产中选用哪一类贴片胶需要根据工厂设备的状态及元器件的形状等因素来决定。

① 通常环氧型贴片胶（热固化型）固化时只需红外再流焊炉，红外再流焊炉既可以用于焊锡膏的再流焊，又可以用于贴片胶的固化，不需增置 UV 灯（紫外灯），只需添置用于储存的低温箱，与焊锡膏的储存要求是一致的。因此，适用于焊锡膏的工作环境均适用于环氧型贴片胶。此外，环氧型贴片胶采用热固化，故无阴影效应，适用于不同形状的元器件，点胶的位置也无特殊要求。

② 若采用丙烯酸类贴片胶（光固化型）则需添置 UV 灯，但可以不用低温箱。通常，光固化型贴片胶有性能稳定且固化快的优点，但对点胶的位置有一定要求。胶点应分布在元器件的外围，否则不易固化且影响强度。

2．SMT 工艺对贴片胶的要求

用于 SMT 工艺的贴片胶，应在以下方面符合要求。

（1）外观。刚购进的贴片胶应包装完好，标牌清楚，品类、型号、生产日期、黏度等指标明确，胶体均匀、细腻、无异物、无粗粒，颜色明亮且易于辨别。

（2）黏度。黏度是贴片胶的一项重要指标，不同黏度的贴片胶适用于不同的涂敷工艺。有关黏度的测试应注意所选用的标准是否与供应商一致，在订货的初期应做好与供应商的沟通，特别是黏度计的型号和参数不一样时，测出的数据差距很大。此外，应通过仿真试验找出一个适合本次使用的贴片胶黏度。

（3）涂敷性。在表面安装过程中，贴片胶的涂敷方法有三种，其中分配器点涂法（压力点胶法）是高速（10 点/s）进行的，因此对贴片胶的品质要求最高。由于压力点胶法是目前较常用的方法之一，因此是否适用于压力点胶法也是评价贴片胶涂敷性能的一项指标。

在压力点胶工艺中，要求胶点外观光亮、饱满、不拉丝、无拖尾且有良好的外形和适宜的几何尺寸。

（4）铺展/塌落。铺展/塌落试验是考核贴片胶初粘性及流变学行为的试验，不仅要保证粘牢元器件，还要有润湿能力，即铺展性，但又不应过分铺展，否则会出现塌落，以致漫流到焊盘上造成焊接缺陷。

（5）放置时间。放置时间是指贴片胶涂敷到 PCB 上，存放后仍具有可靠的黏结力的时间。

（6）初粘性与初始强度。有关初粘性与初始强度的测试方法在规范中未能列出，但实际工作中可以在 PCB 上粘贴不同的元器件并震动旋转 PCB 或将 PCB 放在输送线上运行（可增加振动、抖动），观察是否有元器件移位的现象。

（7）剪切强度与焊接后剪切强度。剪切强度与焊接后剪切强度是评价贴片胶固化后，以及波峰焊时受到焊料波的冲击强度，对保证元器件不脱落有重要意义。

5.1.3 包装

当前贴片胶的包装形式有两大类，一类供压力点胶法涂敷胶用，贴片胶包装成 5ml、10ml、20ml 和 30ml 的注射针管，可直接在点胶机上用。此外，还有 300ml 的大注射针管包装，使用时要分装到小注射针管中。通常包装量越大每毫升价格越便宜，但在将大注射针管中的贴片胶分装到小注射针管中时应采用专用工具。分装时缓慢地注射到洁净的注射针管中，达到一定量后，还应进行脱气泡处理，以防混入空气，避免点胶时出现“空点”或胶点大小不一。

另一类包装是听装，可供针式转移法和丝网/模板印刷法涂敷胶用，通常每听装有 1kg 贴片胶。图 5-3 所示为贴片胶的两种包装的实物图。

（a）注射针管式包装

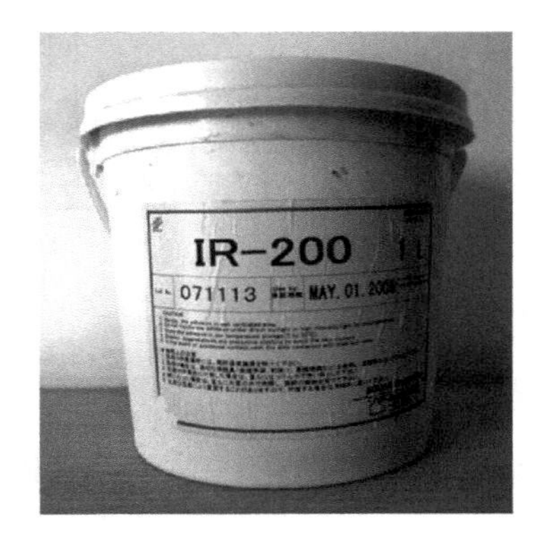

（b）听装

图 5-3 贴片胶的两种包装的实物图

5.2 贴片胶涂敷工艺

5.2.1 贴片胶的涂敷方法

把贴片胶涂敷到 PCB 上的工艺俗称“点胶”。常用的方法有针式转移法、压力点胶法和丝网/模板印刷法。

1. 针式转移法

针式转移法也称点滴法，它先将用于胶液转移的针头定位在贴片胶窗口容器上面，而后将针头浸入盛有贴片胶的槽中，其深度为 1.2～2mm，当把针头从贴片胶中提起时，由于表面张力的作用，贴片胶会黏附在针头上；再将粘有贴片胶的针头在 PCB 上方对准焊盘图形定位，最后将针头向下移动直至贴片胶接触焊盘，而针头与焊盘保持一定间隙，当提起针头时，贴片胶就会因毛细现象和表面张力作用转移到 PCB 上，胶量的多少由针头直径和贴片胶的黏度决定，其过程如图 5-4（a）～图 5-4（e）所示。

在实际应用中，针式转印机采用在金属板上安装若干个针头的针管矩阵组件，同时进行多点涂敷。因此，对于每一块特定的 PCB，就要求有一个与之相适应的针管矩阵组件，以便在 PCB 的设定位置上实现一次转印所需贴片胶的涂敷。针管矩阵组件如图 5-5 所示。针式转印技术可用于手工施胶，也可采用自动化针式转印机进行自动施胶，自动化针式转印机经常与高速贴片机配套组成生产线。

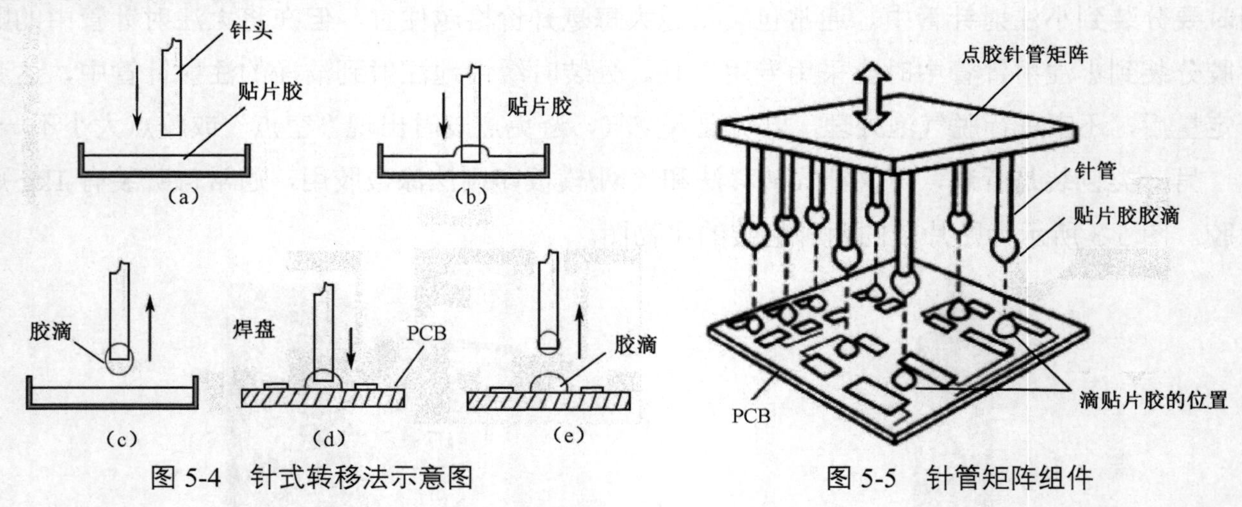

图 5-4 针式转移法示意图

图 5-5 针管矩阵组件

为了防止贴片胶胶滴发生畸变，在转印操作时，针头一般不与 PCB 接触。由于 PCB 总是存在一定程度的可允许翘曲，因此转印操作必须与这种偏差相适应。为此，可采用在顶端磨出一个小凸台的针头，这样可以防止针主体与 PCB 接触。这个凸台应小至不影响贴片胶胶滴的形状。

这种方法的优点是所有胶点能一次点完，速度快，适合大批量生产，设备投资少。缺点是当 PCB 设计需要更改时针头位置改动困难；胶量控制精度不够，不适合在精度要求高的产品中使用；胶槽为敞开系统，易混入杂质，影响贴片胶的质量；对环境要求高，如温度、湿度等，还要特别注意不要涂到元器件的焊盘上，以免导致不良焊接。

针式转移法的另一种方法是用单个针头把贴片胶涂敷到元器件的下面而不是涂敷在 PCB 上。贴装机从供料器上拾取元器件后，马上用针头把贴片胶涂敷到元器件下面。这样虽然能避免对应每一种 PCB 就要采取一个对应的针管矩阵组件的缺点，但效率较低。

2．压力点胶法

压力点胶法是涂敷贴片胶最普遍的方法。将贴片胶灌入分配器中，点涂时，从上面加压缩空气或用旋转机械泵加压，迫使贴片胶从针头内排出并脱离针头，滴到 PCB 要求的位置上，从而实现贴片胶的涂敷。

注射法既可以手工操作，又可以使用设备自动完成。手工注射贴片胶，即把贴片胶装入注射器，靠手的推力把一定量的贴片胶从针管中挤出来。有经验的操作者可以准确地掌握注射到 PCB 上的胶量，取得很好的效果。使用设备时，在贴片胶装入注射器后，应排空注射器中的空气，避免胶量大小不均，甚至空点。另外，贴片胶的流变特性与温度有关，所以点涂时一般需要使贴片胶处于恒温状态。

大批量生产中一般使用由计算机控制的点胶机，它将贴片胶装在由针管组成的针管矩阵组件中，靠压缩空气把贴片胶从针管中挤出来，胶量由针头内径、加压时间和压力决定。

点胶机的功能也可以用 SMT 自动贴片机来代替，即把贴片机的贴装头换成内装贴片胶的点胶针管，在计算机的控制下，把贴片胶高速地逐一点涂到 PCB 的焊盘上。

3．丝网/模板印刷法

用漏印的方法把贴片胶印刷到 PCB 上，是一种低成本、高效率的方法，特别适用于元器件密度不太高、生产批量比较大的情况，和印刷焊锡膏一样，可以使用不锈钢薄板、薄铜板制作的模板或采用丝网来漏印贴片胶。

丝网/模板印刷法涂敷贴片胶的原理、过程、设备同焊锡膏印刷类似，通过镂空图形的丝网/模板，将贴片胶分配到 PCB 上，涂敷效果由胶的黏度及模板厚度来控制。这种方法简单快捷，精度比针式转移法高，丝网/模板印刷法的涂敷过程如图 5-6 所示。采用特殊的塑料模板，可印刷不同高度的贴片胶。此外，清洗模板也较简单，并能显著地提高生产效率和焊锡膏印刷机的利用率。

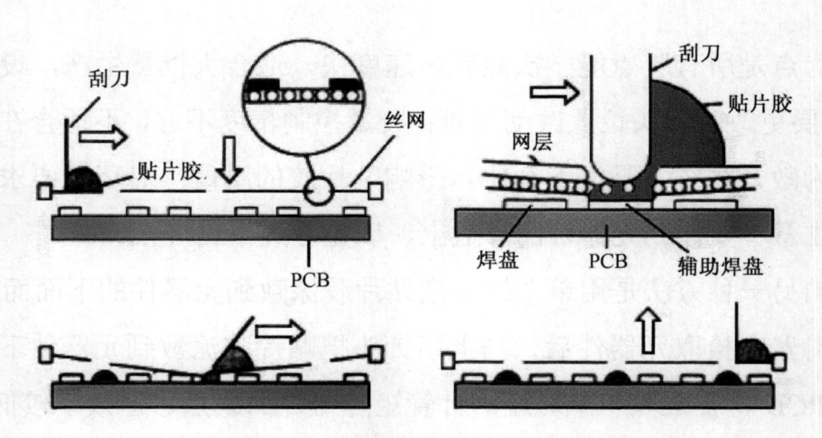

图 5-6 丝网/模板印刷法的涂敷过程

需要注意的是，PCB 在印刷机上必须准确定位，保证贴片胶涂敷到指定的位置上，要特别注意避免贴片胶污染焊接面，影响焊接效果。

5.2.2 压力点胶工艺过程与参数设置

1. 装配流程中的贴片胶涂敷工序

在片式元器件与 THC/THD 混合装配的 PCB 的生产中，涂敷贴片胶是重要的工序之一，它与前后工序的关系如图 5-7 所示。其中，图 5-7（a）所示为先插装 THC，后贴装 SMD 的方案；图 5-7（b）所示为先贴装 SMD，后插装 THC 的方案。比较这两个方案，后者更适合用自动生产线进行大批量生产。

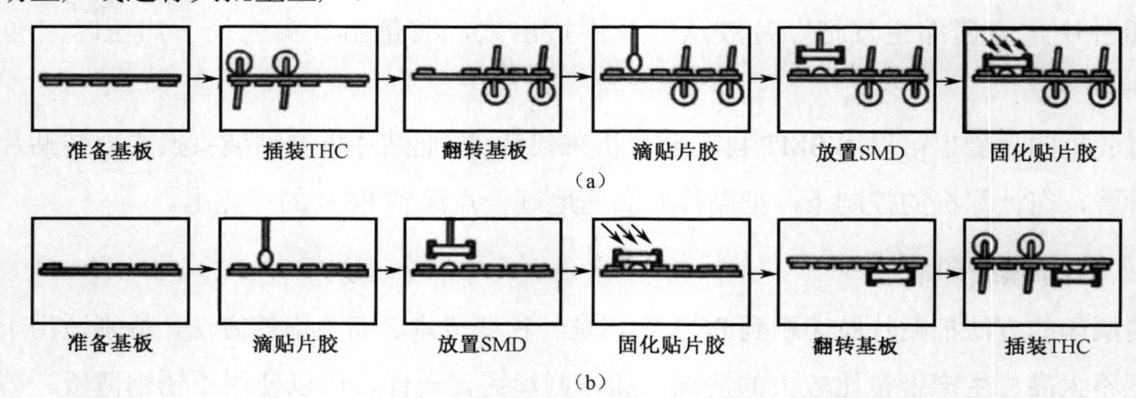

图 5-7 混合装配结构生产过程中的贴片胶涂敷工序

2. 贴片胶的涂敷过程

压力点胶法的特点是适应性强，灵活，易调整，不需要模板，可方便地改变贴片胶的量以适应大小不同的元器件的要求，特别适合多品种产品场合的贴片胶涂敷。此外，贴片胶装在针管里，密封性好，不易污染，胶点质量高。因此，它是目前 SMT 生产中普遍使用的方法。贴片胶点胶涂敷过程如图 5-8 所示。

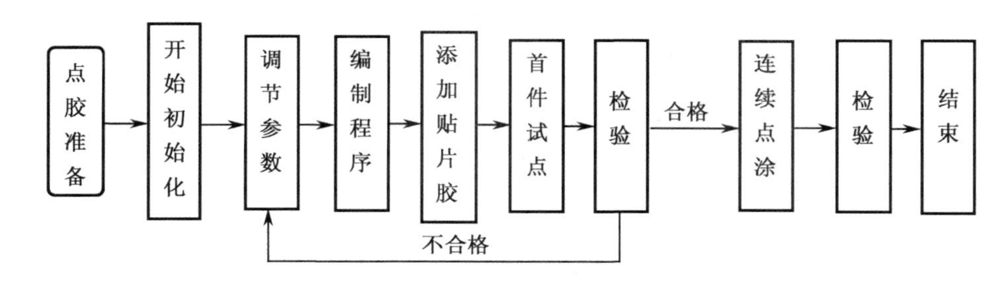

图 5-8 贴片胶点胶涂敷过程

（1）点胶准备及开机。贴片胶使用前必须提前几个小时从冰箱中取出放在空气中恢复至室温。检查点涂设备是否可以正常工作，点胶孔是否畅通；确保针头完好无损，不堵塞，清洁，有弹性；检查电气等动力源是否准备到位，安全警戒是否符合要求；检查其他辅助工具和材料是否准备好。

检查并熟悉装配技术文件，点涂标准和工艺卡要熟记于心。现代全自动点胶机一般均有记忆功能，开机后会默认调出上一次关机前使用的程序，按照这个程序设置参数，并把点胶机中的一些常规设置恢复到初始状态，如点胶头要回零。

（2）贴片胶涂敷工艺技术参数设置。与贴片胶涂敷质量有关的参数有两类：贴片胶的技术指标和涂敷工艺技术参数，前者与贴片胶自身有关，后者取决于设备、环境、操作人员、工艺方法等因素。常见的涂敷工艺技术参数有点胶压力、针头内径、止动高度、针头与 PCB 间的距离、胶点数量等，这些参数最终决定胶点的高度和数量。

① 点胶压力。点胶机采用给点胶头胶筒施加一个压力的方法来保证有足够的贴片胶挤出。点胶压力太大易造成胶量过多，点胶压力太小会出现点胶断续的现象。应根据贴片胶的品质、工作环境的温度来选择点胶压力。环境温度高会使贴片胶黏度变小，流动性变好，这时调低点胶压力即可保证贴片胶的供给，反之则应调高点胶压力。在高速点胶过程中，时间可精确到毫秒级，要求机器及气阀具有较高的灵敏度，并在注射管道设专门阀门。点胶机的点胶压力控制在 500kPa 以内，通常设为 300～350kPa，并设定一个最低点胶压力的阈值，生产中点胶压力不允许低于此值，否则不能保证良好的胶点质量。

② 胶点高度。胶点高度的确定如图 5-9（a）中可以看出：A 是 PCB 上焊盘的厚度，一般为 0.05mm；B 是元器件焊端包封金属厚度，一般为 0.1～0.3mm。因此，要保证元器件底面与 PCB 的良好黏合，贴片胶高度应有 $H>A+B$，达到元器件贴装后胶点能充分接触到元器件底部的高度。考虑到胶点的具体形态（下面大、上面小），为了达到元器件间有 100%的面积与 PCB 相结合，工程中胶点高度应达到（1.5～2）×（$A+B$）。因此，为了增加高度，有时应设计辅助焊盘，以及选用元器件底面与引脚平面之间尺寸较小的元器件，以达到良好的黏合强度，如图 5-9（b）所示。

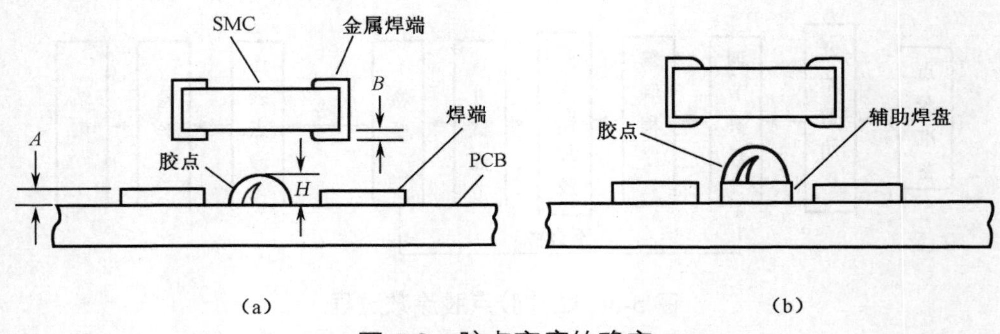

图 5-9　胶点高度的确定

③ 胶点直径、点胶针头内径。由于片式元器件的大小不一样，与 PCB 之间所需的黏结强度也就不一样，即元器件与 PCB 之间涂敷的胶量不一样，故在点胶机中常配置不同内径的针头。例如，松下点胶机配置 3L、S 和 VS 三种内径的针头，针头的内径分别是 0.510mm、0.410mm 和 0.330mm。

元器件的焊盘间距决定胶点的最大许可直径，胶点的最小许可直径要满足元器件所需的最小黏结力要求，实际胶点直径（*W*）只要处于上述尺寸范围内即可。胶点不能太大，要特别注意贴装元器件后不要把胶挤压到元器件的焊端和 PCB 的焊盘上，以免造成妨碍焊接的污染。

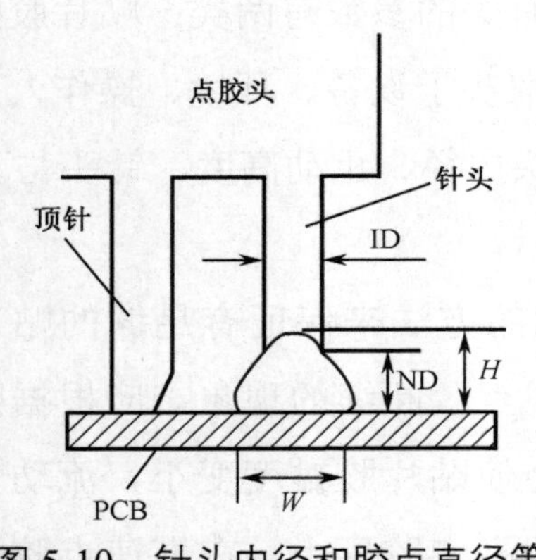

图 5-10　针头内径和胶点直径等关系的示意图

通常胶点直径与胶点高度（*H*）之比为 2.7～4.6，而胶点直径与针头内径（ID）之比为 2∶1。图 5-10 所示为针头内径和胶点直径等关系的示意图。

④ 压力、时间与止动高度（ND）的关系。影响贴片胶涂敷质量的另一个重要因素是点涂时针头与 PCB 的距离，即止动高度。当止动高度过小，压力与时间设定偏大时，由于针头与 PCB 之间空间太小，贴片胶会受压并向四周漫流，甚至会流到定位顶针附近，容易污染针头和定位顶针；反之，当止动高度过大，压力和时间设定偏小时，胶点直径变小，胶点的高度增大，在点胶头移动的一刹那，会出现拉丝、拖尾现象。通常止动高度的大小为针头内径的 $\frac{1}{2}$，当止动高度确定后，应仔细调节压力和时间，使二者达到最佳配置。

⑤ 胶点数量设定。早期点胶工艺中对于小尺寸的阻容元器件，如 0805，只设一个胶点，现在的趋势是对所有元器件都推荐双胶点，并设在元器件的外侧，这对于保证黏合质量是有利的，即使其中一个胶点出现质量问题，还有一个胶点能起到黏结的作用。对于 SOIC，一般设置 3～4 个胶点，不仅能增加强度，还能起到抗震作用。因为贴片胶在固化前，黏结强度总是有限的，对于质量较大的集成电路器件，因质量大，运动惯性增加，如果放在仅有两个胶点的 PCB 上，稍一震动就会出现滑移；增加胶点数量，也就是增加黏合面积，对防止大元器件的滑移有良好的效果。

⑥ 贴片胶的点涂位置。对于通过光照和加热两种方法固化的两类贴片胶，其涂敷要求有所不同。一般光固化型贴片胶的胶点位置应设在元器件外侧，因为贴片胶至少应该从元器件的下面露出一半，才能被光照射从而实现固化，如图 5-11（a）所示。胶点位置设在元器件外侧还兼顾到了元器件和焊盘的相对位置，也可以防止出现过大的黏结强度，给维修带来困难。热固化型贴片胶因为采用加热固化的方法，所以贴片胶可以被元器件完全覆盖，如图 5-11（b）所示。

（3）点胶并检验。按照 Gerber 文件编写的点胶位置的坐标，把回温好的贴片胶注入点胶机中进行点胶。添加贴片胶的原则是先少后多，逐渐增加。

合格的贴片胶胶点应该表面光亮、饱满，有良好的外部形状和几何尺寸，无拉丝和拖尾现象，黏结强度合适，涂敷面积适中，无腐蚀，抗震性强。图 5-12 所示为合格的贴片胶胶点外观。

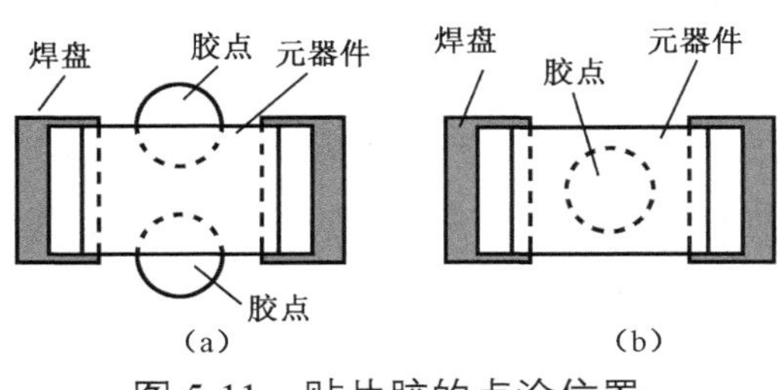

图 5-11　贴片胶的点涂位置

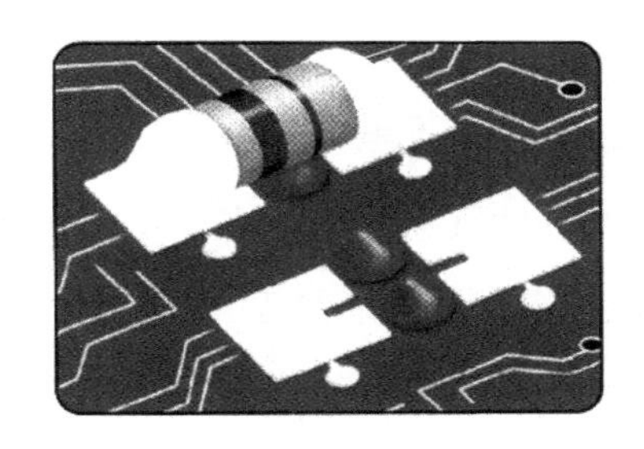
图 5-12　合格的贴片胶胶点外观

5.2.3　使用贴片胶的注意事项

（1）储存。购回的贴片胶应放于低温（0℃）环境中储存，并做好登记工作，注意生产日期和使用寿命（大批进货应检验合格再入库）。

（2）使用。使用时应注意贴片胶的型号和黏度，根据当前产品的要求，在室温下恢复 2～3h（大包装应为 4h 左右）才可投入使用。使用时注意跟踪首件产品的质量，并实际观察新换上的贴片胶各方面的性能。

需要分装的贴片胶，应该用洁净的注射针管灌装，灌装量不超过管体积的 $\frac{2}{3}$ 并进行脱气泡处理。不要将不同型号、不同厂家的贴片胶混用，更换贴片胶品种时，一切与胶接触的工具都应彻底清洗干净。

在使用时应注意胶点直径的检查，一般可在 PCB 的工艺边处设一个或两个测试胶点，必要时可贴放 0805 元器件并观察固化前后胶点直径的变化，对使用的贴片胶性能真正做到心中有数。点好胶的 PCB 应及时贴片并固化，遇到特殊情况应暂停点胶，以防 PCB 上的胶点吸收空气中水汽与尘埃，导致贴片质量下降。

（3）清洗。在生产中，特别是更换胶种或长时间使用后应清洗注射针管等工具，特别是针头。通常应将针头等小型物品分类处理，金属针头应浸泡在广口瓶中，瓶内放专用清洗液（可由供应商提供）或丙酮、甲苯及其混合物并不断摇晃，这些清洗液均有良好的清洗能力。注射针管等也可浸泡后用毛刷及时清洗，配合压缩空气和无纤维的纸、布清洗干净。无水乙醇对未固化的贴片胶也有良好的清洗效果，且对环境无污染。

（4）返修。对需要返修的元器件（已固化）可用热风枪均匀地加热元器件，如已焊接好元器件还要增加温度使焊点也熔化，并及时用镊子取下元器件；大型的集成电路元器件需要用维修工作站加热，取下元器件后仍应在热风枪配合下用小刀慢慢刮除残胶，千万不要将 PCB 的铜印制导线破坏；需要重新点胶时，用热风枪局部固化（应保证加热温度和时间）。返修工作是很麻烦的事，应小心处理。

5.2.4 点胶工艺中常见的缺陷与解决办法

1. 拉丝/拖尾

拉丝/拖尾是点胶中常见的缺陷，产生原因有：针头内径太小；点胶压力太高；针头离 PCB 的间距太大；贴片胶过期或品质不好，贴片胶黏度太高；从冰箱中取出后未能恢复到室温；点胶量太大等。

解决办法：改换内径较大的针头；降低点胶压力；调节止动高度；更换贴片胶，选择适合黏度的贴片胶；贴片胶从冰箱中取出后应先恢复到室温（约 2～3h）再投入生产；调整点胶量。

2. 针头堵塞

故障现象是针头出胶量偏少或没有胶点出来。产生原因有：针头内未完全清洗干净；贴片胶中混入杂质，有堵孔现象；不相容的贴片胶相混合。

解决办法：换清洁的针头；换质量好的贴片胶；贴片胶的品牌型号不应搞错。

3. 空打

故障现象是只有点胶动作，却无出胶量。产生原因有：贴片胶混入气泡；针头堵塞。

解决办法：注射筒中的胶应进行脱气泡处理（特别是自己装的胶）；按针头堵塞方法处理。

4. 元器件移位

贴片胶固化后元器件移位，严重时元器件引脚不在焊盘上。产生原因有：贴片胶出胶量不均匀，如片式元器件的两个胶点一个大一个小；贴片时元器件移位或贴片胶初粘性低；点胶后 PCB 放置时间太长致贴片胶半固化。

解决办法：检查针头是否堵塞，排除出胶不均匀的现象；调整贴片机工作状态或更换贴片胶；点胶后 PCB 放置时间不应太长（小于 4h）。

5．波峰焊后掉片

固化后，元器件黏结强度不够，低于规定值，有时用手触摸会出现掉片。产生原因有：固化工艺参数设置不合适，特别是温度不够，元器件尺寸过大，吸热量大；光固化灯老化；贴片胶的量不够；元器件或 PCB 有污染。

解决办法：调整固化曲线，特别是提高固化温度，通常热固化胶的峰值固化温度很关键，达到峰值温度易引起掉片。更换光固化灯；调整贴片胶的量；更换被污染的元器件或 PCB。

6．固化后元器件引脚上浮/移位

贴片胶固化后元器件引脚浮起来或移位，波峰焊后焊料会进入焊盘下面，严重时会出现短路、开路，如图 5-13 所示。产生原因有：贴片胶涂敷不均匀；点胶量过多或贴装时元器件偏移。

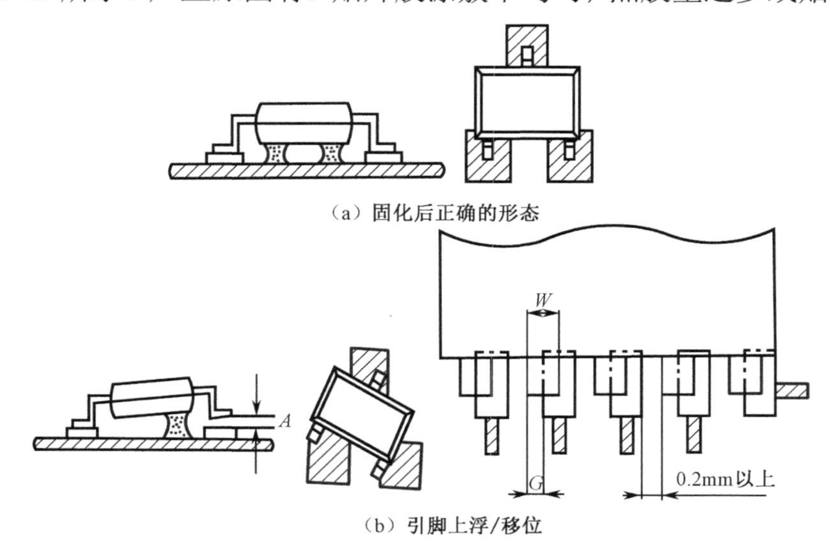

（a）固化后正确的形态

（b）引脚上浮/移位

图 5-13　固化后元器件引脚上浮/移位

解决办法：调节点胶工艺参数；控制点胶量或调节贴装工艺参数。

5.3　贴片胶涂敷设备简介

1．全自动点胶机

全自动点胶机用高压空气在设定的时间内，使用脚踏开关或自动方式把液体推出。它不仅能高速自动点胶，还能灵活调整为手动、半自动状态。全自动点胶机采用高精度数码定时控制器，精准控制每次滴胶时间，可精确到毫秒级。配有大小不同的针筒、针头，能够准确地控制液体流量。只要调节好气压、时间并选择适当的针头，便可轻易改变每次滴胶量和滴胶时间。

全自动点胶机使用简单，操作快捷易用，配备真空回吸功能，可控制不同黏度的贴片胶，防止漏滴，效率高，出胶均匀。

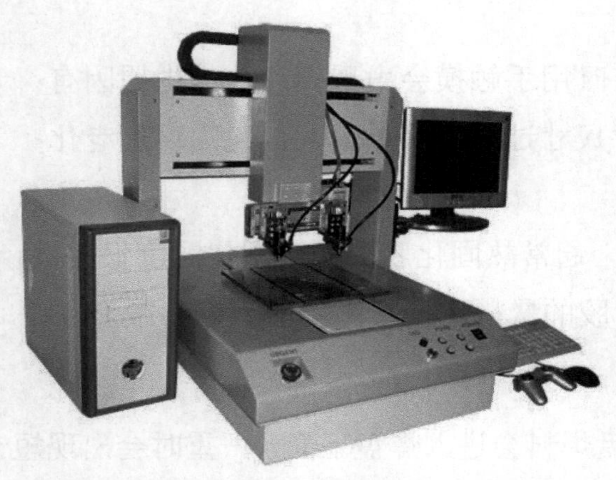

图 5-14　JF-2004D 桌上型自动点胶机

图 5-14 所示为 JF-2004D 桌上型自动点胶机，适用于各种流体点胶，如 UV 胶、AB 胶、Epoxy（黑胶）、白胶、EMI 导电胶、银胶、红胶、焊锡膏、散热膏、透明漆等流体。

（1）技术参数。

工作行程：300mm（*X*）×300mm（*Y*）×60mm（*Z*）。

驱动系统：三轴马达+丝杆滑轨。

定位精度：误差小于 0.005mm。

控制系统：计算机+控制卡。

编辑系统：摄像头（CCD）+手柄。

机台尺寸：700mm（宽度 *W*）×700mm（厚度 *D*）×800mm（高度 *H*）。

电源：50～60Hz，AC 110V/220V，1 500VA。

最高速度：500 mm/s。

最大负重：30kg。

气压输入：5Pa。

（2）特点。

① 具有画点、线、面、弧、圆、不规则曲线等功能。

② 计算机储存记忆容量大，且软件具有平移旋转运算、区域复制及镜射等功能。

③ 胶点大小、胶点粗细、涂胶速度、点胶时间、停胶时间皆可设定，出胶量稳定，不漏胶。

④ 可读取 AutoCAD 文档，具有导入、导出、编辑、修改功能，简化操作学习。

⑤ 配置 CCD 辅助程序编辑功能，具有视觉影像自动靶标定位辨识、移动轨迹位置显示追踪及生产产量统计等功能，简化工件精准定位程序且节省时间，提高产品质量及工作效率。

⑥ 依制程需要，可加装底盘定位销、胶枪或底板加热控温装置。

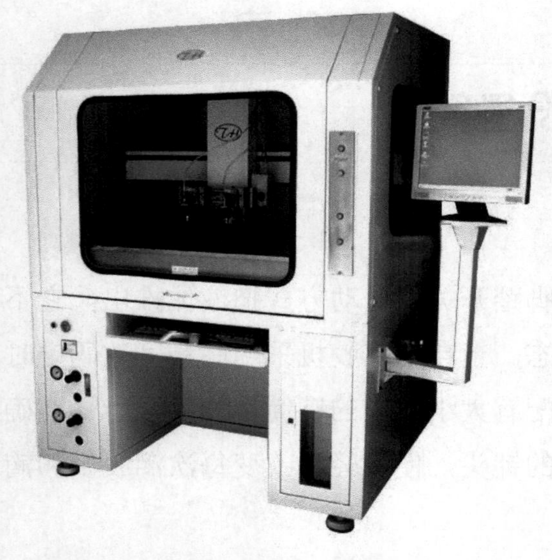

图 5-15　TH-2004A 型立式自动点胶机

图 5-15 所示为 TH-2004A 型立式自动点胶机，与桌上型自动点胶机相比台面更大，速度更快，可一次性同时点涂两个或多个产品，特别适合单一产品的大批量生产，是 SMT 生产线中的最佳配套设备。机台尺寸和机型结构可根据客户要求设计制作。

2．手动点胶机

手动点胶机是小规模或小批量生产时使用的点胶设备，也可用于 SMA 返修。标准配置为主机一台，点胶架一台，针头若干只（内径不同）。使用 220V 电源，气源可由气泵提供。

手动点胶机通过调整针筒压力、点胶时间和针头的内径来控制滴出胶滴的大小，此三种因素经调整以后，经过脚踏板开关触发就会滴出均等数量的胶滴（相差不超过 0.1%）；滴胶时也可以不通过时间控制器控制，只用脚踏板开闭时间来控制滴胶时间。

手动点胶机操作简便，不仅可以用于点胶操作，还可以用于焊锡膏涂敷，在实验过程中既省去了为个别 PCB 做模板的开支，又能保证良好的焊接质量。图 5-16 所示为一种手动点胶机的实物照片。

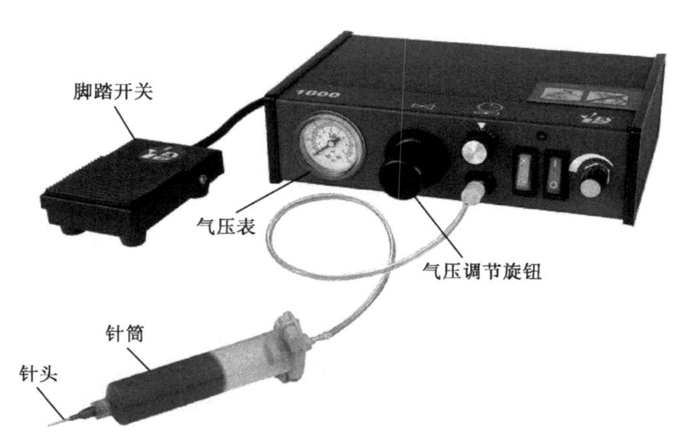

图 5-16　一种手动点胶机的实物照片

5.4　思考与练习题

【思考】使用贴片胶贴片与使用焊锡膏贴片，是根据生产工艺要求确定的，最主要的是看后续焊接方式，如果过波峰焊一般就必须要使用贴片胶。有的板子是贴片胶和焊锡膏配合使用,比如有的 QFP 就会在中间点贴片胶,一般胶点在焊盘中间。所遵循的原则是：因地制宜，统筹考虑产品的可靠性、工艺的合理性以及生产成本。

1．常用贴片胶有哪些类型？简述每种类型的组分。

2．SMT 工艺对贴片胶有哪些要求？

3．使用贴片胶要注意哪些事项？

4．贴片胶的涂敷方法有哪几种？各有什么特点？

5．简述装配流程中的贴片胶涂敷工序。

6．涂敷贴片胶的工艺参数有哪些？如何设定？

7．点胶工艺中常见的缺陷有哪些？如何解决？

8．简述贴片胶涂敷设备的类型和功能。

第 6 章

SMT 贴片工艺及贴片机

在 PCB 上涂敷焊锡膏或贴片胶之后，用贴片机或人工的方式，将 SMC/SMD 准确地贴放到 PCB 表面相应位置上的过程，叫作贴片（贴装）工序。目前在国内的电子产品制造企业里，主要采用自动贴片机进行贴装。在维修或小批量的试制生产中，也可以采用手工方式贴装。

6.1 自动贴片机的结构与技术指标

6.1.1 自动贴片机的分类

目前生产的贴片机有几百种之多，贴片机的分类也没有固定的格式。习惯上根据贴装速度的快慢，贴片机可以分为高速贴片机（通常贴装速度在 5 片/s 以上）与多功能贴片机（中速贴片机），一般高速贴片机主要用于贴装各种 SMC 和较小的 SMD（最大约 25mm×30mm）；而用于贴装大尺寸（最大 60mm×60mm）SMD 和连接器等异形元器件的贴片机，由于贴装速度相对较低且能够贴装的品种较多，故称作多功能贴片机或泛用贴片机。

1．按速度分类

中速贴片机：3 000 片/h<贴装速度<11 000 片/h。

高速贴片机：11 000 片/h<贴装速度<40 000 片/h。

超高速贴片机：贴装速度>40 000 片/h。

通常中、高速贴片机采用固定多头系统，贴装头安装在 *X-Y* 导轨上，其因 *X-Y* 伺服系统是闭环控制的，故有较高的定位精度，贴装元器件的种类较多。这类贴片机种类最多，生产厂家也多，能在多种场合下使用，并可以根据产品生产能力的大小组合拼装使用，也可以单独使用。超高速贴片机多采用旋转式多头系统，根据多头旋转的方向又分为水平旋转式与垂直旋转式，前者多见于松下、三洋公司的产品，而后者多见于西门子等公司的产品。

还有一种超高速贴片机，如 Assembleon-FCM 贴片机、FUJI-QP-132E 贴片机，它们均由 16 个贴装头组合而成，其贴装速度分别达 11.6 万片/h、12.7 万片/h。它们的特点是 16 个贴装头可以同时贴装，故整体贴装速度快，但对单个贴装头来说仅相当于中速贴片机的速度，因此贴装头运动惯性小，贴装精度得以保证。

2．按功能分类

近年来元器件片式化率越来越高，SMC/SMD 品种越来越多，形状不同，大小各异，此外还有大量接插件，这对贴片机贴装品种的要求越来越高。目前，一种贴片机还无法做到既能高速贴装又能处理异形、超大型元器件，因此，专业贴片机又根据所能贴装的元器件品种分为两大类：一类是高速/超高速贴片机，以贴装片式元器件为主；另一类是多功能贴片机，以贴装大型元器件和异形元器件为主。

通常多功能贴片机的贴装头仍安装在 *X-Y* 导轨上，贴装时 PCB 被固定在导轨上，贴装头能处理各种异形或超大型元器件，并能贴装 100mm×10mm×2.4mm（*L*×*W*×*T*）的异形元器件。

目前两类贴片机的贴片功能正在互相兼容，即高速贴片机不仅能贴装片式元器件，还能贴装尺寸不太大的 QFP、PLCC（32mm×32mm）器件，甚至能贴装 CSP 器件，将速度、精度、尺寸三者兼顾，达到单台贴片机也能适应建线要求的目的。

不同制造公司生产的高速贴片机及与之配套的多功能贴片机型号如表 6-1 所示。

表 6-1　不同制造公司生产的高速贴片机及与之配套的多功能贴片机型号

制造公司	高速贴片机				多功能贴片机			
	型号	参　数			型号	参　数		
		贴装速度/（万片/h）	贴装精度	适 用 范 围		贴装速度/（片/h）	贴装精度	适用范围
安必昂（飞利浦）	FCM	芯片 11.6	±75μm/3δ	元器件尺寸 0603：25mm×25mm，器件引脚间距 0.5mm，PCB 尺寸：50mm×50mm～460mm×3 110mm（max），供料器 96 个（或 192 种元器件）	ACM	QFP 4 500，FC 2 570	±17.5μm/5δ	0.3mm QFP，FC，CSP，屏蔽罩，变压器，连接器（66×23）
松下	MSR	芯片 4.5	芯片 ±75μm/3δ，QFP±75μm/3δ	元器件尺寸 0603：32mm×32mm，器件引脚间距 0.5mm，PCB 尺寸：50mm×50mm～510mm×460mm（max），供料器 75×2 个（或 150×2 种元器件）	MSF	芯片 4.5 万，QFP 1.38 万	θ旋转精度 0°～359.90° ±25μm/3δ	BGA，CSP（飞行对中），变压器，连接器等，各种特殊元器件并可以扩展

续表

<table>
<tr><th rowspan="3">制造公司</th><th colspan="4">高速贴片机</th><th colspan="4">多功能贴片机</th></tr>
<tr><th rowspan="2">型号</th><th colspan="3">参　数</th><th rowspan="2">型号</th><th colspan="3">参　数</th></tr>
<tr><th>贴装速度/（万片/h）</th><th>贴装精度</th><th>适 用 范 围</th><th>贴装速度/（片/h）</th><th>贴装精度</th><th>适用范围</th></tr>
<tr><td>九州松下</td><td>CM88</td><td>芯片 4.2</td><td>±5μm/3δ</td><td>元器件尺寸 0603：32mm×32mm，器件引脚间距 0.5mm，PCB 尺寸：50mm×50mm～330mm×250mm (max)，供料器 70×2 个</td><td>CM120-MU</td><td>QFP 4 500</td><td>±3.5μm/3δ</td><td>引脚间距为 0.3mm 的 QFR，CSP，0402～L100mm×W75mm 连接器</td></tr>
<tr><td>JUKI</td><td>KE-750</td><td>芯片 1.44</td><td>±100μm/3δ</td><td>元器件尺寸 0603：1.0mm×0.5mm～20mm×20mm 器件引脚间距 0.5mm，PCB 尺寸：50mm×50mm～410mm×360mm（max），供料器 80 个（推车式）</td><td>KE-760</td><td>1.1 万</td><td>±4μm/4δ（QFP）</td><td>CSP，BGA 50mm×50mm 以下，引脚间距为 0.3mm 的 QFP，100mm 以下插头，集成电路插座</td></tr>
<tr><td>西门子</td><td>HS-50</td><td>芯片 5</td><td>±90μm/4δ，θ±0.7°</td><td>元器件 0603：18.7mm×18.7mm 器件引脚间距 0.5mm，PCB 尺寸：50mm×50mm～508mm×460mm（max），供料器 96 或 144 个（换 3×8 型供料器）</td><td>80F</td><td>0603：32mm×32mm 的器件 8000，55mm×55mm QFP1800</td><td>±4μm/4δ（QFP）</td><td>FC0.5mm×0.5mm～55mm×55mm</td></tr>
</table>

3．按贴装元器件的工作方式分类

按贴装元器件的工作方式来分，贴片机有四种类型：流水作业式、顺序式、同时式和顺序-同时式。它们在贴装速度、贴装精度和灵活性方面各有特色，要根据产品的品种、批量和生产规模进行选择。目前国内电子产品制造企业里，使用最多的是顺序式贴片机。

（1）流水作业式贴片机。流水作业式贴片机是指由多个贴装头组合而成的流水线式的贴片机，每个贴装头负责贴装一种或在 PCB 上某一部位的元器件，如图 6-1（a）所示。这种类型的贴片机适用于元器件数量较少的小型电路。

（2）顺序式贴片机。顺序式贴片机如图 6-1（b）所示，它由单个贴装头有顺序地拾取各种片式元器件。固定在工作台上的PCB由计算机控制在X-Y方向上移动，使PCB上贴装元器件的位置恰好位于贴装头的下面。

（3）同时式贴片机。同时式贴片机也叫多贴装头贴片机，它有多个贴装头，分别从供料系统中拾取不同的元器件，同时把它们贴放到PCB的不同位置上，如图6-1（c）所示。

（4）顺序-同时式贴片机。顺序-同时式贴片机是顺序式贴片机和同时式贴片机功能的组合。片式元器件的放置位置，可以通过PCB在X-Y方向上的移动或贴装头在X-Y方向上的移动来实现，也可以通过两者同时移动实施控制，如图6-1（d）所示。

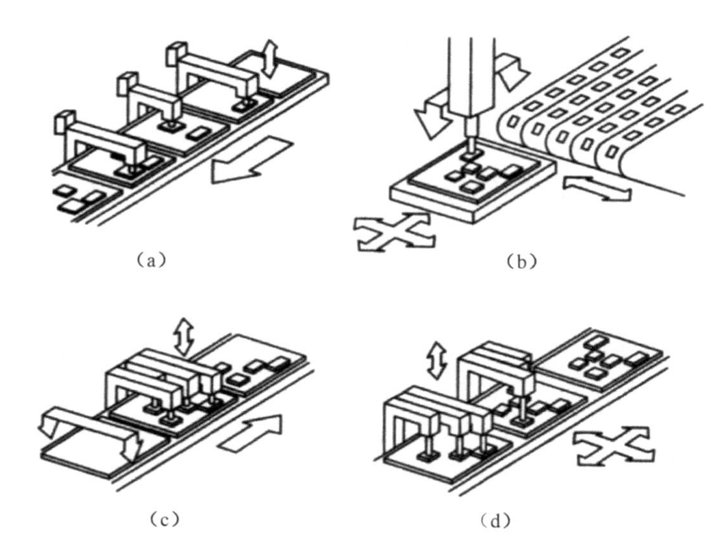

图6-1 不同工作方式的贴片机类型

6.1.2 自动贴片机的主要结构

自动贴片机相当于机器人的机械手，能按照事先编好的程序把元器件从包装中取出来，并贴放到PCB相应的位置上。贴片机有多种规格和型号，但它们的基本结构都相同。

贴片机的基本结构包括设备本体、片式元器件供给系统、PCB传送与定位装置、贴装头及其驱动定位装置、贴装工具（吸嘴）、光学检测与视觉对中系统、计算机控制系统等。图6-2所示为一款全自动高速贴片机的实物照片。

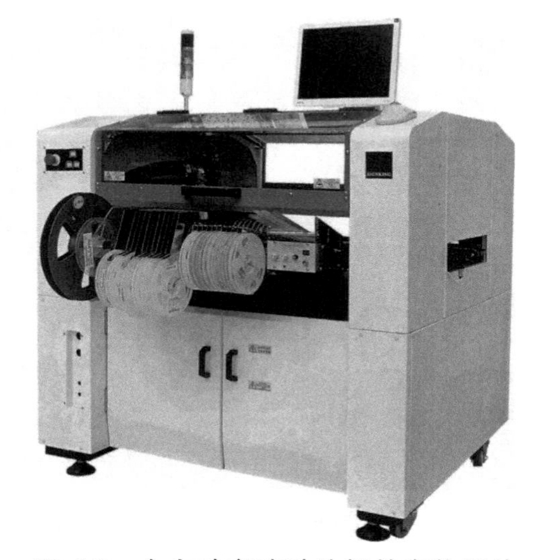

图6-2 全自动高速贴片机的实物照片

1. 设备本体

贴片机的设备本体用于安装和支撑贴片机，一般采用质量大、振动小、有利于保证设备精度的铸铁制造。

2. 贴装头

贴装头也叫吸-放头，是贴片机上最复杂、最关键的部分，它相当于机械手，它的动作由拾取-贴放和移动-定位两种模式组成。贴装头通过程序控制，完成三维往复运动，实现从供料系统中取料后移动到 PCB 指定位置上的操作。

（1）贴装头的种类。贴装头分为单头和多头两大类，又分为固定式和旋转式两种，旋转式贴装头包括水平旋转（转塔式）和垂直旋转（转盘式）两种。

① 固定式单头贴装头。早期单头贴装头主要由吸嘴、定位爪、定位台、Z 轴和 θ 角运动系统组成，并固定在 X-Y 传动机构上，当吸嘴吸取一个元器件后，通过机械对中机构实现元器件对中，并给供料器一个信号，使下一个元器件进入吸片位置。这种方式贴装速度很慢，通常贴放一个片式元器件需 1s。

② 固定式多头贴装头。这是通用型贴片机采用的结构，它在单头贴装头的基础上进行改进，即由单头增加到了 3～6 个贴装头。它们仍然被固定在 X-Y 传动机构上，但不再使用机械对中，而改为多种形式的光学对中，工作时分别吸取元器件，对中后依次贴放到 PCB 的指定位置上。这类机型的贴装速度可达每小时 3 万个元器件，而且这类机器的价格较低，并可组合使用。固定式多头贴装头的外观如图 6-3 所示。

固定式单头贴装头和固定式多头贴装头由于工作时只做 X-Y 方向的运动，因此均属于平动式贴装头。

③ 垂直旋转（转盘式）贴装头。贴装头上安装有 6～30 个吸嘴，工作时每个吸嘴均会吸取元器件，并在 CCD 处调整 $\Delta\theta$，吸嘴中都装有真空传感器与压力传感器。这类贴装头多见于西门子公司的贴片机中，通常贴片机内装有两组或四组贴装头，其中一组或两组在贴装时，另一组或两组吸取元器件，然后交换功能以达到高速贴装的目的。图 6-4 所示为转盘式贴装头的实物照片，图 6-5 所示为装有 12 个吸嘴的转盘式贴装头的工作示意图。

图 6-3　固定式多头贴装头的外观

图 6-4　转盘式贴装头的实物照片

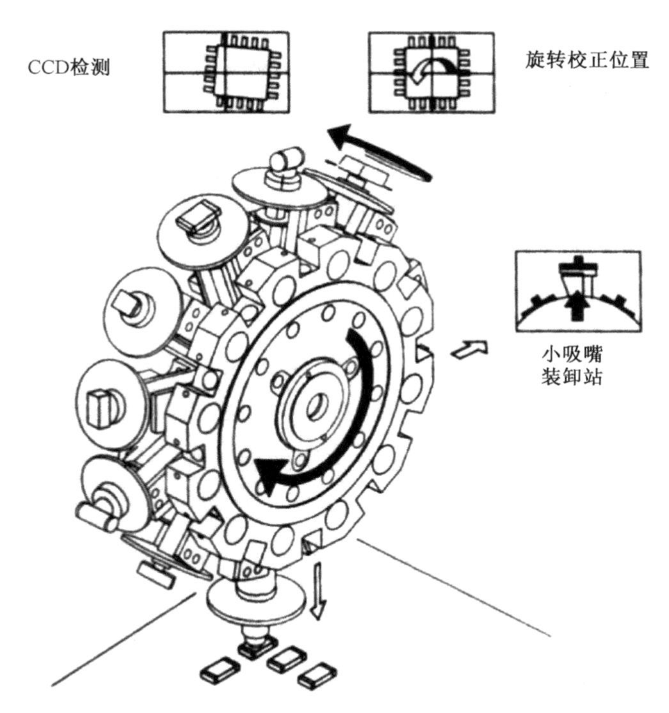

图 6-5　装有 12 个吸嘴的转盘式贴装头的工作示意图

贴装头的 *X-Y* 定位系统一般用直流伺服电动机驱动，通过机械丝杠传输力矩。若采用磁尺和光栅定位，则其精度高于丝杠定位，但丝杠定位比较容易维护和修理。

④ 水平旋转（转塔式）贴装头。转塔的概念是将多个贴装头安装成一个整体，贴装头有的在一个圆环内呈环形分布，有的呈星形放射状分布，工作时这一组贴装头在水平方向顺时针旋转，故称为转塔。转塔式贴装头如图 6-6 所示。

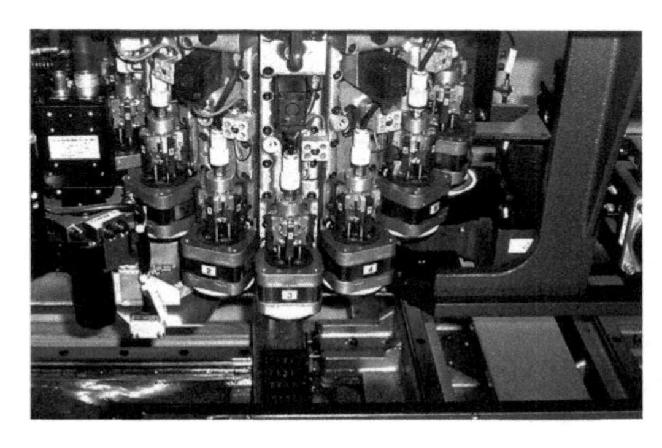

（a）实物照片

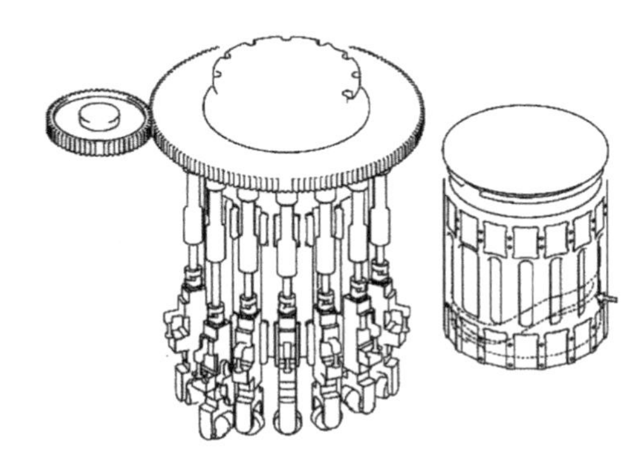

（b）结构图

图 6-6　转塔式贴装头

转塔式贴片机一般有 12～24 个贴装头，每个贴装头上有 5～6 个吸嘴，可以吸放多种大小不同的元器件。贴装头固定在转塔上，只能做水平方向的旋转。各位置贴装头的功能做了明确的分工，贴装头在 1 号位从供料器上吸取元器件，在运动过程中完成校正、测试，直至 7 号位完成贴装工序。由于贴装头是固定旋转的，不能移动，元器件的供给只能靠供料器在水平方向的运动来完成，贴放位置由 PCB 工作台在 *X-Y* 方向上的高速运动来实现。在贴装头的旋转过程中，供料器及 PCB 也在同步运行。由于拾取元器件和贴装动作同时进行，使得贴装速度大幅度提高。

图 6-7 所示为松下 MSR 型转塔式贴片机的工作示意图，它由料架、*X-Y* 工作台及具有 16 个贴装头的旋转头组成。每个贴装头各有 6 种吸嘴，可分别吸取不同尺寸的元器件，贴装速度为 4.5 万片/h。工作时，16 个贴装头仅做圆周运动，贴片机工作时贴装头在①号位处吸取元器件，所吸取的元器件由仅做 *Y* 轴方向往复运动的料架提供；当贴装头吸取元器件后，在②号位处检测被吸起元器件的高度；接着在③号位处，根据②号位检测出元器件的高度进行自动调焦，并通过 CCD 识别检测元器件的状态ΔX、ΔY和$\Delta\theta$；在运动过程中于④号位校正旋转——修正$\Delta\theta$；当贴片头运行到⑤号位时，*X-Y* 工作台控制系统根据检测出的ΔX、ΔY和$\Delta\theta$，进行位置校正，并瞬间完成贴装过程。贴装头继续运行，完成不良元器件的排除（在③号位判别不合格的元器件不贴装）和更换吸嘴，并为吸取第二个元器件做准备，此时料架将第二种元器件的供料器送到①号位。通常一个贴装周期仅为 0.08s，在此时间内，*X-Y* 工作台完成定位过程，料架完成送料的准备过程。

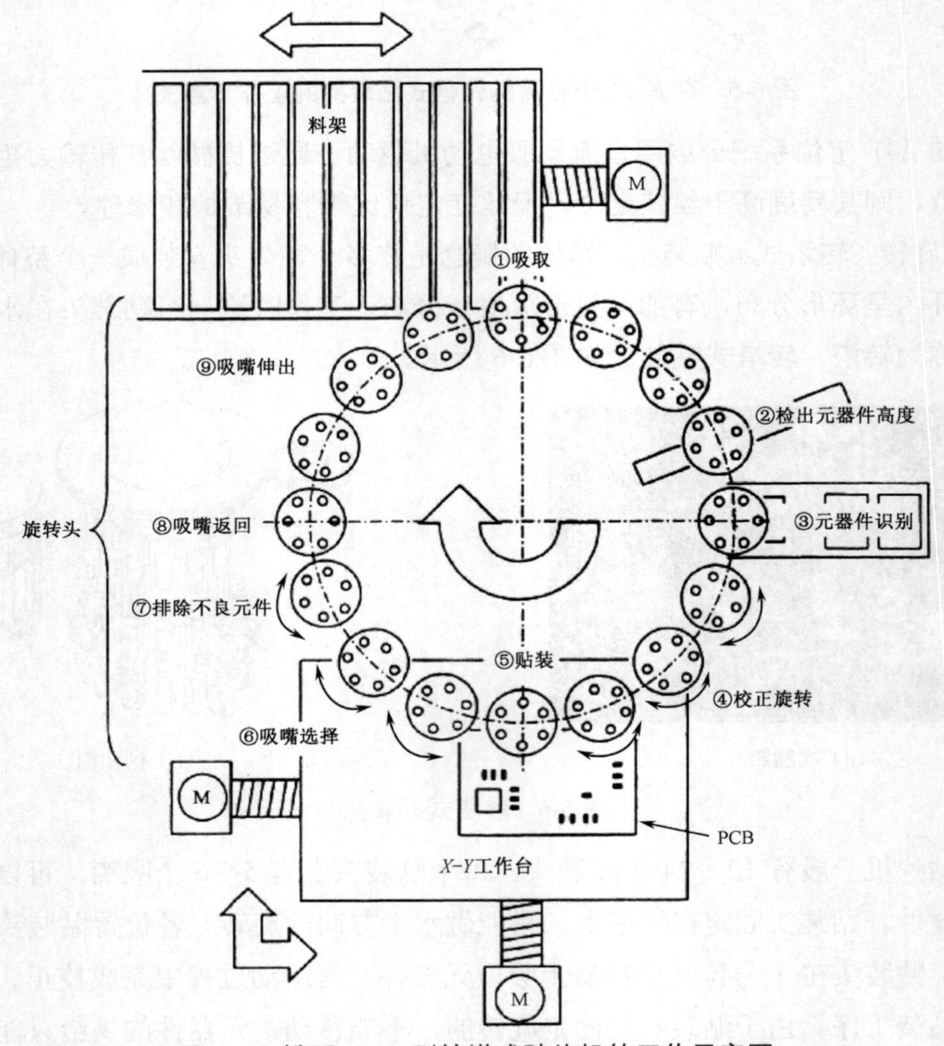

图 6-7　松下 MSR 型转塔式贴片机的工作示意图

（2）贴装头的吸嘴。贴装头的端部有一个用真空泵控制的贴装工具（吸嘴），不同形状、不同大小的元器件要采用不同的吸嘴拾放：一般元器件采用真空吸嘴拾放，异形元器件（如没有吸取平面的连接器等）用机械爪拾放。当换向阀门打开时，吸嘴的负压把元器件从料架中吸上来；当换向阀门关闭时，吸嘴把元器件释放到 PCB 上。贴装头通过上述两种模式的组合，完成拾取—贴放元器件的动作。

由于吸嘴频繁、高速地与元器件接触，其磨损是非常严重的。早期吸嘴采用合金材料，后来又改为碳纤维耐磨塑料材料，更先进的吸嘴采用陶瓷及金刚石材料，使吸嘴更耐用。同时，为了防止静电损坏元器件或在取料过程中带走其他元器件，吸嘴材料需要抗静电。图 6-8 所示为吸嘴结构与几种不同材料的吸嘴头外形。

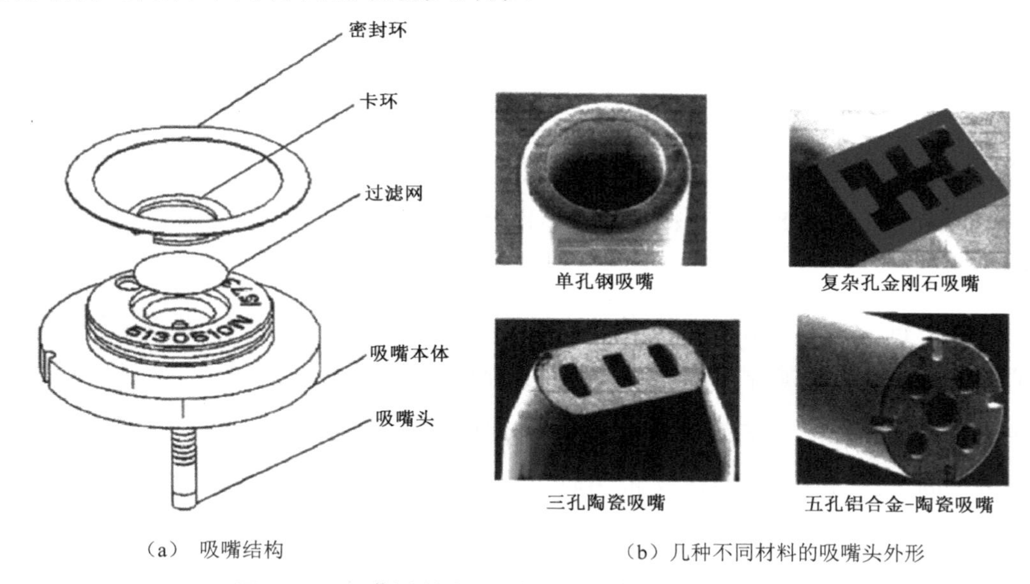

图 6-8　吸嘴结构与几种不同材料的吸嘴头外形

为了避免吸料过程中元器件侧立，必须保证足够的真空度和元器件被吸起之后的平衡，在吸嘴头部需要设计 2 个或 3 个孔。考虑到贴装密度小于 0.25mm 的情况，吸嘴头部要足够细，它上面的孔也相应较细。对 0201 元器件的吸嘴而言，最小的孔径可达 0.127mm；而 01005 元器件的吸嘴更细，达 0.1mm。这不仅给制造带来了难度，还需提高这些吸嘴的清洁保养频率。对这些吸嘴清洁保养的要求比其他类型的吸嘴要高，需要利用清洗剂和超声波来清洗。

图 6-9 所示为某机型 0201 元器件吸嘴实物图与吸嘴头部开孔尺寸示意图。

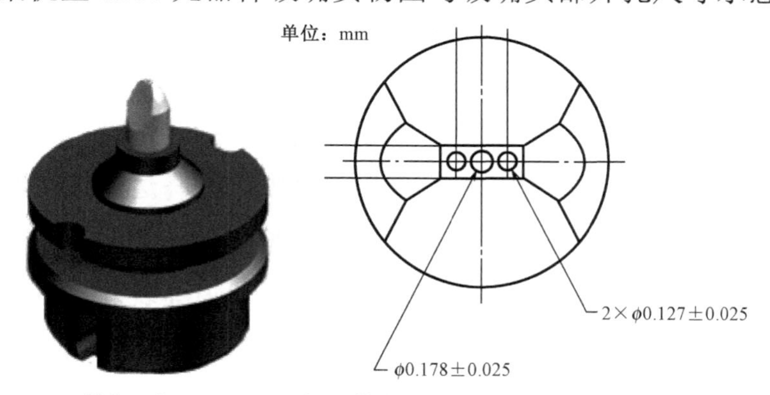

图 6-9　某机型 0201 元器件吸嘴实物图与吸嘴头部开孔尺寸示意图

3．供料系统

供料器的驱动方式可以分为电驱动、空气压力驱动和机械打击式驱动三种类型。其中，电驱动方式振动小，噪声低，控制精度高，因此目前高档贴片机中供料器的驱动方式大都采用电驱动，而中、低档贴片机都采用空气压力驱动或机械打击式驱动。根据 SMC/SMD 包装的不同，供料器通常有带状供料器、管状供料器、盘状供料器和散装供料器等几种。

供料系统的工作状态根据元器件的包装形式和贴片机的类型而定。贴装前，将各种类型的供料器分别安装到相应的供料器支架上。随着贴装的进行，装载着多种不同元器件的散装料仓水平旋转，把即将被贴装的元器件转到料仓门的下方，便于贴装头拾取；纸质编带包装元器件的盘状编带随编带架垂直旋转；管状供料器定位料斗在水平面上二维移动，为贴装头提供新的待取元器件。

4．定位系统

（1）*X-Y* 定位系统。*X-Y* 定位系统包括 *X-Y* 传动机构和 *X-Y* 伺服系统。它的功能有两种：一种是支撑贴装头，即贴装头安装在 *X* 导轨上，*X* 导轨沿 *Y* 轴方向运动，从而实现在 *X-Y* 方向贴片的过程；另一种是支撑 PCB 承载平台，并实现 PCB 在 *X-Y* 方向上的移动。第二种结构常见于转塔式贴片机中，在这类高速贴片机中，其贴装头仅做旋转运动，依靠供料器的水平移动和 PCB 承载平台的运动完成贴装过程。还有一类贴片机，贴装头安装在 *X* 导轨上，且仅做 *X* 轴方向的运动，而 PCB 的承载平台仅做 *Y* 轴方向的运动，工作时两者配合完成贴装过程。

X-Y 传动机构主要有两大类：一类是滚珠丝杠-直线导轨，另一类是同步齿形带-直线导轨。

X-Y 定位系统是由 *X-Y* 伺服系统来保证的，*X-Y* 伺服系统由计算机控制系统、位移传感器和交流伺服电动机组成。在位移传感器及计算机控制系统的指挥下，由交流伺服电动机驱动 *X-Y* 传动机构，实现精确定位。其中，位移传感器的精度起着关键作用。目前贴片机上使用的位移传感器有圆光栅编码器、磁栅尺和光栅尺三种。这三种测量方法均能获得很高的运动定位精度。

（2）*Z* 轴定位系统。在通用型贴片机中，支撑贴装头的基座固定在 *X* 导轨上，基座本身不做 *Z* 轴方向的运动。这里的 *Z* 轴定位系统，特指贴装头的吸嘴在运动过程中的定位，其目的是适应不同厚度 PCB 与不同高度元器件贴装的需要。*Z* 轴定位系统常见的形式有圆光栅编码器-AC/DC 马达伺服系统和圆筒凸轮控制系统两种。

（3）*Z* 轴的旋转定位。早期贴片机的 *Z* 轴/吸嘴的旋转控制是利用汽缸和挡块来实现的，只能做到 0° 和 90° 控制；现在的贴片机已直接将微型脉冲马达安装在贴装头内部，以实现 θ 方向高精度的控制。松下 MSR 型转塔式贴片机的微型脉冲马达的分辨率为 0.072° 每脉冲，它通过高精度的谐波驱动器（减速比为 30∶1）直接驱动吸嘴装置。由于谐波驱动器具有输入轴与输出轴同心度高，间隙小，振动小等优点，故吸嘴 θ 方向的实际分辨率高达 0.002 24° 每脉冲，确保了贴装的精度。

5. 计算机控制系统

计算机控制系统是指挥贴片机进行准确有序操作的核心，目前大多数贴片机的计算机控制系统采用 Windows 界面。可以通过高级语言软件或硬件开关，在线或离线编制计算机程序并自动进行优化，来控制贴片机的自动工作步骤。每个片式元器件的精确位置，都要编程输入计算机。具有视觉检测系统的贴片机，也是通过计算机实现对 PCB 上贴装位置图形进行识别的。

6.1.3 贴片机的主要技术指标

衡量贴片机性能的三个重要技术指标是精度、贴装速度和适应性。

1. 精度

精度是贴片机的主要技术指标之一。不同厂家制造的贴片机，使用不同的精度体系。精度与贴片机的对中方式有关，其中以全视觉对中方式的精度最高。一般来说，贴装的精度体系应该包含三个项目：贴装精度、分辨率和重复精度，三者之间有一定的相关关系。

（1）贴装精度。贴装精度是指元器件贴装后相对于 PCB 上标准位置的偏移量，被定义为元器件焊端距离指定位置的综合误差的最大值。贴片精度由两种误差组成，即平移误差和旋转误差，如图 6-10 所示。平移误差的产生主要因为 X-Y 定位系统不够精确，旋转误差的产生主要因为元器件对中机构不够精确和贴装工具存在旋转误差。

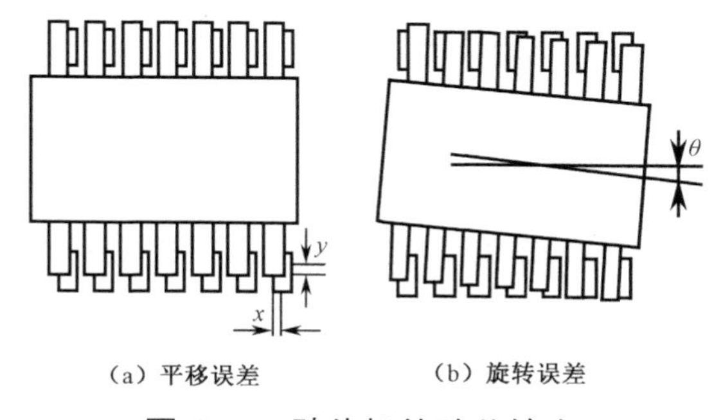

图 6-10 贴片机的贴装精度

贴装 SMC 要求精度达到±0.01mm，贴装高密度、窄间距的 SMD 要求精度达到±0.06mm。

（2）分辨率。分辨率是指贴片机分辨空间连续点的能力，即贴片机能够分辨的最近两点之间的距离。贴片机的分辨率取决于两个因素：一是定位驱动电动机的分辨率；二是传动轴驱动机构上的旋转位置或线性位置检测装置的分辨率。贴片机的分辨率用来度量贴片机运行时的最小增量，是衡量机器本身精度的重要技术指标。例如，如果丝杠的每个步进长度为 0.01mm，那么该贴片机的分辨率为 0.01mm。

描述贴片机性能时很少使用分辨率，一般在比较不同贴片机的性能时才使用它。

（3）重复精度。重复精度是指贴装头重复返回贴装位置的能力。通常采用双向重复精度的概念，它的定义为在一系列试验中，从两个方向接近任一给定点时离开平均值的偏差，如图 6-11 所示。

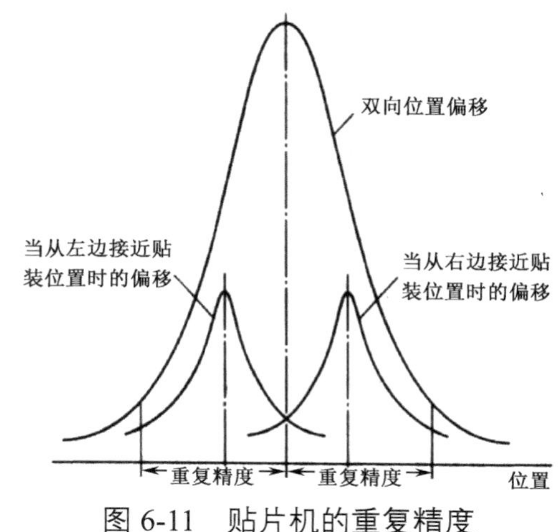

图 6-11 贴片机的重复精度

2．贴装速度

有许多因素影响贴片机的贴装速度，如PCB的设计质量、元器件供料器的数量和位置等。一般高速贴片机的贴装速度大于5片/s，目前贴装速度已经达到20片/s以上；高精度、多功能贴片机一般为中速贴片机，贴装速度为2～3片/s。贴片机的贴装速度主要用以下几个指标来衡量。

（1）贴装周期：完成一个贴装过程所用的时间，它包括元器件的拾取、定位、检测、贴装和返回到拾取元器件的位置这一过程所用的时间。

（2）贴装率：在一小时内完成的贴装周期。测算时，先测出贴片机在50mm×250mm的PCB上贴装均匀分布的150个片式元器件的时间，然后计算出贴装一个元器件的平均时间，最后计算出一小时贴装的元器件数量，即贴装率。目前高速贴片机的贴装率可达每小时数万片。

（3）生产量：理论上每班的生产量可以根据贴装率来计算，但实际的生产量会受到许多因素的影响，与理论值有较大的差距。影响生产量的因素有生产时停机，更换供料器或重新调整PCB位置的时间等。

3．适应性

适应性是贴片机适应不同贴装要求的能力，包括以下内容。

（1）能贴装的元器件种类：贴装元器件种类广泛的贴片机，比仅能贴装SMC或少量SMD的贴片机适应性好。影响贴装元器件种类的主要因素有贴装精度、贴装工具、定位机构与元器件的相容性，以及贴片机能够容纳供料器的数目和种类。一般，高速贴片机可以贴装各种SMC和较小的SMD（最大约为25mm×30mm）；多功能贴片机不仅可以贴装1.0mm×0.5mm～54mm×54mm的SMD（目前可贴装元器件的最小尺寸为0.6mm×0.3mm，最大尺寸为60mm×60mm），还可以贴装连接器等异形元器件，连接器的最大长度超过150mm。

（2）贴片机能够容纳供料器的数目和种类：贴片机上供料器的容纳量通常用能装到贴片机上的8mm编带供料器的最多数目来衡量。一般高速贴片机的供料器位置多于120个，多功能贴片机的供料器位置为60～120个。由于并非所有元器件都能包装在8mm编带中，所以贴片机的实际容纳量将随着元器件的类型变化而变化。

（3）贴装面积：贴装面积由贴片机传送轨道及贴装头的运动范围决定。一般可贴装的PCB尺寸，最小为50mm×50mm，最大应大于250mm×300mm。

（4）贴片机的调整：当贴片机从安装一种类型的PCB转换到安装另一种类型的PCB时，需要进行贴片机的再编程，供料器的更换，PCB传送机构和定位工作台的调整，以及贴装头的调整和更换等工作。高档贴片机一般采用计算机编程方式进行调整，低档贴片机多采用人工方式进行调整。

6.2 贴装质量控制与要求

6.2.1 对贴装质量的要求

1. 贴装工序对被贴装元器件的要求

（1）被贴装元器件的类型、型号、标称值和极性等特征标记，都应该符合产品装配图和明细表的要求。

（2）被贴装元器件的焊端或引脚至少要有厚度的$\frac{1}{2}$浸入焊锡膏。贴装普通元器件时，焊锡膏挤出量应小于0.2mm；贴装窄间距元器件时焊锡膏挤出量应小于0.1mm。

（3）被贴装元器件的焊端或引脚都应该尽量和焊盘图形对齐、居中。再流焊时，熔融的焊料使元器件具有自对中效应，这使得元器件的贴装位置允许有一定的偏差。

2. 元器件贴装偏差

（1）矩形元器件允许的贴装偏差范围。如图6-12所示，图6-12（a）中的元器件贴装优良，元器件的焊端居中位于焊盘上。图6-12（b）中的元器件在贴装时发生横向移位（规定元器件的长边方向为纵向），合格的标准为焊端宽度的$\frac{3}{4}$及以上在焊盘上，即D_1大于等于焊端宽度的$\frac{3}{4}$，否则为不合格。图6-12（c）中的元器件在贴装时发生纵向移位，合格的标准为焊端与焊盘必须重叠，即$D_2>0$，否则为不合格。图6-12（d）中的元器件在贴装时发生旋转偏移，合格的标准为D_3大于等于焊端宽度的$\frac{3}{4}$，否则为不合格。图6-12（e）中的元器件在贴装时与焊锡膏图形的关系，合格的标准为元器件焊端必须接触焊锡膏图形，否则为不合格。

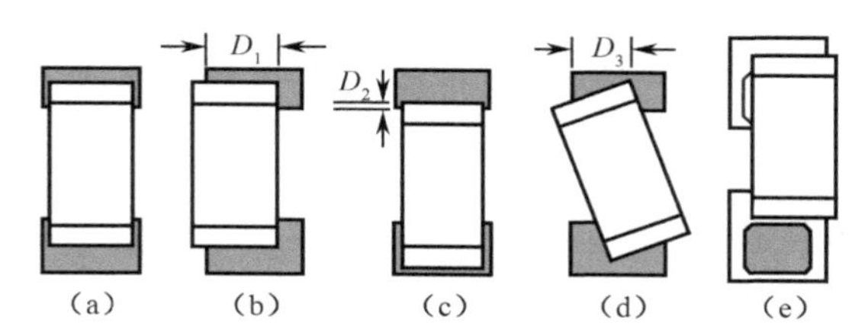

图6-12 矩形元器件贴装偏差

（2）SOT允许的贴装偏差范围。允许有旋转偏差，但引脚必须全部在焊盘上。

（3）SOIC允许的贴装偏差范围。允许有平移或旋转偏差，但必须保证引脚宽度的$\frac{3}{4}$及以上在焊盘上，如图6-13所示。

（4）QFP器件（包括PLCC器件）允许的贴装偏差范围。要保证引脚宽度的$\frac{3}{4}$及以上在焊盘上，允许有旋转偏差，但必须保证引脚长度的$\frac{3}{4}$及以上在焊盘上。

（5）BGA 器件允许的贴装偏差范围。焊球中心与焊盘中心的最大偏移量小于焊球半径，如图 6-14 所示。

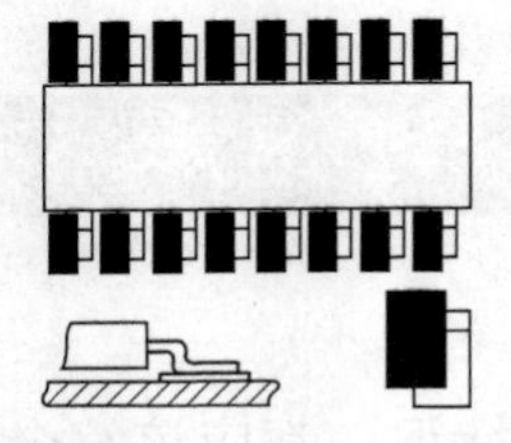

图 6-13　SOIC 贴装偏差

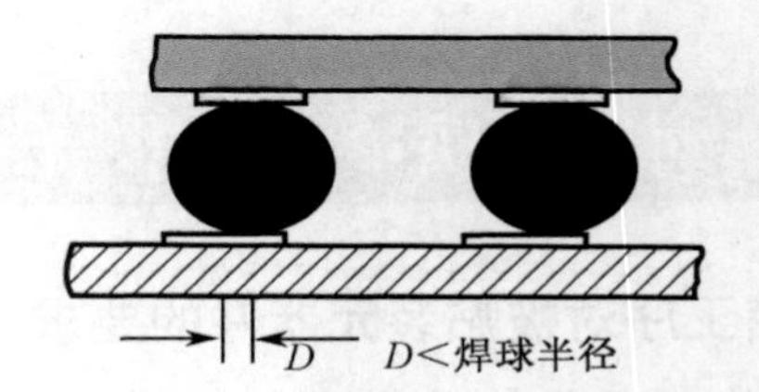

图 6-14　BGA 器件贴装偏差

6.2.2　贴装过程质量控制

在贴装过程中控制的关键因素有 PCB 的平整支撑，真空关闭转为吹气的控制，元器件贴装压力的控制，以及视觉对中系统。

1．PCB 的平整支撑

PCB 进入贴片机后，传输导轨将 PCB 两边夹住，同时支撑平台上升将 PCB 支撑住并继续上升到贴装高度。在此过程中，由于外力的作用，容易导致 PCB 变形，加上 PCB 来料可能存在的变形，会严重影响贴装的质量。特别是薄型 PCB 更容易出现“弹簧床”效应。薄型 PCB 随着贴装头的下压而下凹，并随着贴装压力的消失而恢复，如此反复，将造成元器件在 PCB 上移动而出现贴装缺陷。所以在支撑平台上需要安装支撑装置，保证 PCB 在贴装过程中平整稳定。这种装置可以真空吸附 PCB，也可采用具有吸能作用的特殊橡胶顶针，以消除在贴装过程中的振动，保证 PCB 平整，如图 6-15 所示。

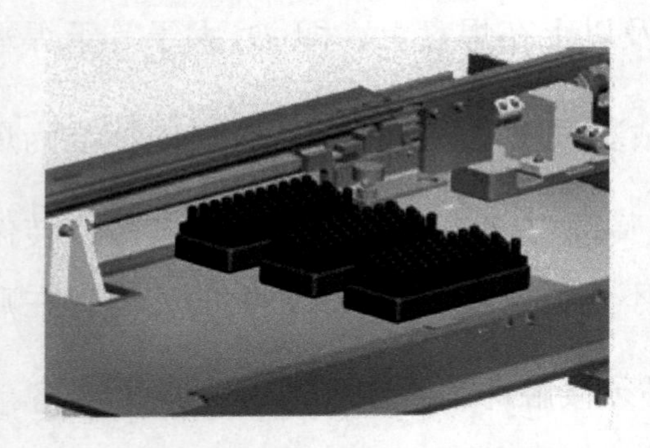

图 6-15　具有吸能作用的特殊橡胶支撑装置

2．真空关闭转为吹气的控制

吸嘴拾取元器件并将其贴放到 PCB 上，一般有两种方式：一是根据元器件的厚度，即事先输入元器件的厚度，当吸嘴下降到此高度时，真空释放将元器件贴放到 PCB 的焊盘上，采用这种方法有时会因元器件的厚度误差，出现贴放过早或过迟现象，严重时会引起元器件移位或飞片的缺陷；另一种方式是吸嘴根据元器件与 PCB 接触瞬间产生的反作用力，在压力传感器的作用下实现贴放的软着陆，又称为 Z 轴软着陆。Z 轴软着陆的工作过程如下。

贴装头将元器件拾取后，CCD 对元器件照相对中并将元器件移至 PCB 贴装位置上方。贴装头 Z 轴加速下降到贴装高度后继续减速下降，同时轴内真空关闭，转化为吹气。元器件接触到 PCB 上的焊锡膏，Z 轴感应到设定的压力后上升并移开，完成单个元器件的贴装过程。在这个过程中真空的灵敏快速切换、吹气的时间及强度的控制很关键。真空关闭太慢，吹气动作也会延迟，在 Z 轴上升过程中会将元器件带走，或导致元器件偏移。如果在元器件被压至最低点时吹气，那么容易将焊锡膏吹散，导致再流焊之后出现锡珠等焊接缺陷。真空关闭太快，吹气动作也会提前，有可能元器件还未接触到焊锡膏便被吹飞，导致焊锡膏被吹散，吸嘴被焊锡膏污染。灵敏的真空切换应该在 5ms 内在 50mm 的 Z 轴内完成。对于 PCB 变形的情况，Z 轴必须能够感应小到 25.4μm 的形变所对应的压力变化，以补偿 PCB 的形变。

3. 元器件贴装压力的控制

贴装压力是第三个需要控制的关键因素。贴装压力过大，会导致元器件损坏，焊锡膏塌陷，元器件下出现锡珠，同时过大的压力会导致在下压过程中元器件上出现一个水平力，而使元器件产生滑动偏移，如图 6-16 所示。如果压力过小，元器件焊端或引脚就会浮放在焊锡膏表面，焊锡膏就不能粘住元器件，在 PCB 传送和焊接过程中，未被粘住的元器件可能会移动位置或掉落。

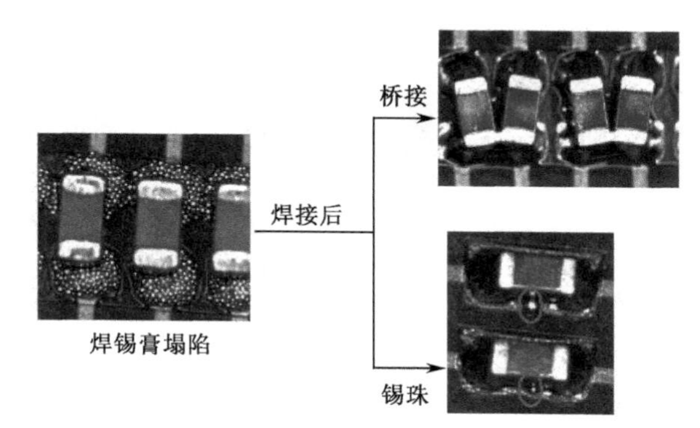

图 6-16 焊锡膏塌陷造成的焊接缺陷

4. 视觉对中系统

机器的视觉对中系统是影响元器件贴装精度的主要因素。视觉对中系统在工作过程中首先对 PCB 的位置进行确认，当 PCB 输送至贴装位置时，安装在贴片机头部的 CCD 通过对 PCB 上定位标志的识别，实现对 PCB 位置的确认。CCD 对 PCB 上的定位标志确认后，通过总线（Bus）反馈给计算机，计算机计算出贴装圆点位置误差（ΔX，ΔY），同时反馈给控制系统，实现 PCB 识别过程并精确定位，使贴装头能把元器件准确地释放到贴装位置上。在确认 PCB 位置后，接着是对元器件的确认，包括元器件的外形是否与程序一致，元器件的中心是否对中，元器件引脚的共面性和形变。其中，元器件对中过程为贴装头吸取元器件后，视觉对中系统对元器件成像，并转化成数字图像信号，经计算机分析出元器件的几何中心和几何尺寸，并与控制程序中的数据进行比较，计算出吸嘴中心与元器件中心的误差ΔX、ΔY 和$\Delta\theta$，并及时反馈至控制系统进行修正，保证元器件引脚与 PCB 焊盘重合。

图 6-17 所示为贴片机视觉对中系统示意图。

① 俯视摄像机安装在贴装头上，用来在 PCB 上搜寻目标（叫作基准），以便在贴装前将 PCB 置于正确位置。

② 仰视摄像机用于在固定位置检测元器件，在贴装之前，元器件必须移过仰视摄像机上方，以便做视觉对中处理。由于贴装头必须移至供料器处吸取元器件，仰视摄像机安装在拾取位置（送

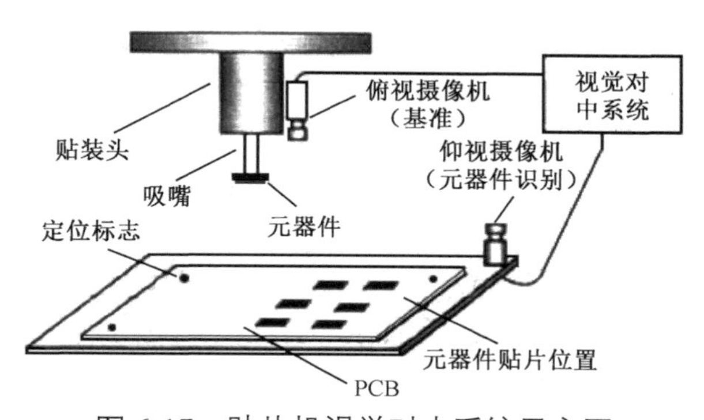

图 6-17 贴片机视觉对中系统示意图

料处）和安装位置（PCB上）之间，视像的获取和处理便可在贴装头移动的过程中同时进行，从而缩短贴装时间。

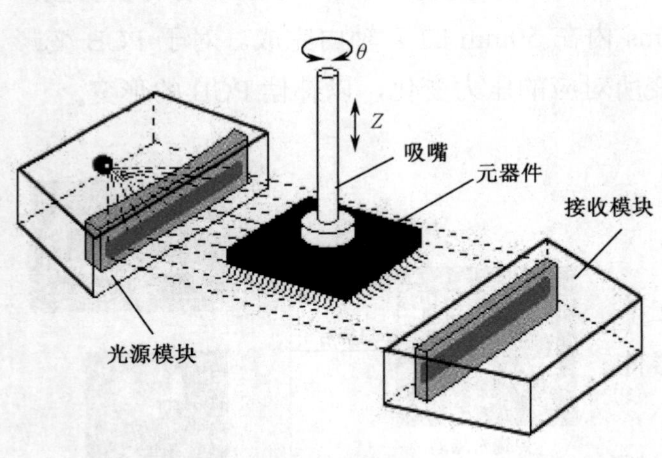

图6-18 “飞行对中系统”工作示意图

③ 头部摄像机直接安装在贴装头上，在拾取元器件移到指定位置的过程中完成对元器件的检测，这种系统称为“飞行对中系统”，它可以大幅度提高贴装效率。该系统由两个模块组成：一个模块是由光源与散射透镜组成的光源模块，光源采用LED（发光二极管）；另一个模块是采用 Line CCD 及一组光学镜头组成的接收模块。这两个模块分别装在贴装头 Z 轴的两边，与 Z 轴及其他组件组成贴装头，如图6-18所示。贴片机有几个贴装头，就有几套相应的系统。

6.2.3 全自动贴片机操作指导

1. 贴装工艺流程

全自动贴片机贴装工艺流程如图6-19所示。

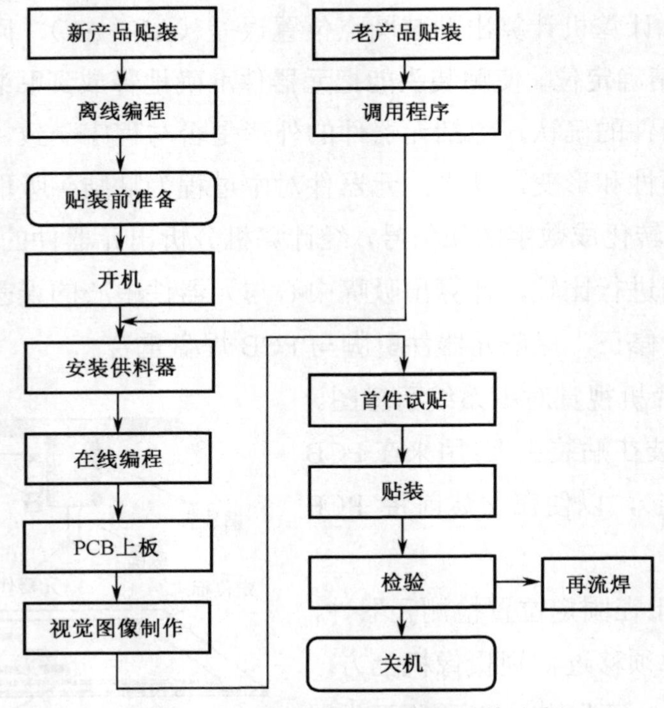

图6-19 全自动贴片机贴装工艺流程

2．贴片作业准备

贴片作业准备工作主要包括以下内容。

① 贴装工艺文件准备。

② 元器件类型、包装、数量与规格核对。

③ PCB焊盘表面焊锡膏涂敷核对。

④ 料站的组件规格核对。

⑤ 是否有手补件或临时不贴件、加贴件。

⑥ 贴装编程。

3．贴片机开机

（1）操作前检查。

① 电源。检查电源是否正常。

② 气源。检查气压是否达到贴片机规定的供气需求，通常为0.55MPa。

③ 安全盖。检查前后安全盖是否盖好。

④ 供料器。检查每个供料器是否安全地安装在供料台上且没有翘起，以及在供料器上是否有杂物或散料。

⑤ 传送部分。检查传送带上是否有杂物，各传送带部件运动时是否相互妨碍。根据PCB宽度调整传送轨道宽度，轨道宽度一般应大于PCB宽度1cm，要保证PCB在轨道上运动流畅。

⑥ 贴装头。检查每个贴装头的吸嘴是否归位。

⑦ 吸嘴。检查每个吸嘴是否有堵塞或缺口现象。

⑧ 顶针。开机前需严格检查顶针的高度是否满足支撑PCB的需求，根据PCB厚度及外形尺寸确定顶针数量和位置。

（2）打开主电源开关，启动贴片机。打开位于贴片机前面右下角的主电源开关，贴片机会自动启动至初始化界面。

（3）执行回原点操作。初始化后，会显示执行回原点的对话框，单击“确定”按钮，贴片机开始回原点。注意：当执行回原点操作时机器的每个轴都会移动，操作人员要确保身体处于贴装头移动范围之外。将身体的任何部位伸入贴装头移动范围都是危险的。

（4）预热。当较长时间停机或在寒冷环境下使用时，需在接通电源后立即进行预热。选择预热对象（在“轴”“传送”“MTC”中选择一项，初始设置为“轴”）→选择预热结束条件（可选择时间或次数，按“时间”或“次数”按钮即可，初始设定为“时间”）→设置时间（min）或次数→设置速度。

（5）进入在线编程或调用程序准备生产。

4．贴片机关机

（1）停止贴片机运行。有四种方法可以停止贴片机运行。

① 紧急停止按钮。按该按钮，触发紧急停止。在正常运行状态下不要用这种方式停止贴片机运行。

②“STOP”键（操作面板上）。单击该键，贴片机立即停止运行，回到待机状态。

③“Cycle Stop”键。单击该键，贴片机在贴装完当前这块 PCB 后停止。

④“Conveyout Stop”键。如果想在贴装完当前传送带上的 PCB 后停止运行，那么单击这个键。所有在传送带上的 PCB 在贴装完后都会被传送出，但新放置在入口处的 PCB 不会被传入。

注意：除紧急情况外，不要在贴片机运行状态按紧急停止按钮。

（2）复位。单击操作面板上的“RESET”键，贴片机会立即停止运行，回到等待生产状态。

（3）单击屏幕上的“OFF”键。

① 当检查窗口出现时单击“YES”键。

② 当回原点对话框出现后单击“OK”键。

③ 当关机对话框出现后单击“OK”键。

④ 按紧急停止按钮。当紧急停止对话框出现后，先按紧急停止按钮，再单击“OK”键。

（4）关闭主电源开关。当显示“Ready to shut down”时，单击“OK”键并关闭右下方的主电源开关。

注意：如果不遵循以上步骤关机，有可能会对系统软件或数据造成损害。

由于机型和软件版本不同，如果实际界面和本操作指导有差别，那么请以实际显示界面和该机型配套的说明书为准。

6.2.4 贴片缺陷分析

SMT 贴片常见的缺陷有：漏件、侧件、翻件、偏位、元器件损坏等。在 SMT 产品的生产中，假设有 1 个元器件贴装不良或为不合格品，若在贴装过程的当前工序中发现，则检查修复成本为 1；若在后续工序中发现则检查修复成本为 10；若在产品投入市场后再进行返修，则检查修复成本将高达 100。所以，尽快尽早地发现不良品，严把生产中每一环节的质量关，是 SMT 生产的重要原则。

1. 贴片漏件的主要因素

可以考虑以下几方面。

① 元器件供料器送料异常。

② 吸嘴的气路堵塞，吸嘴损坏，吸嘴高度不正确。

③ 设备的真空气路故障，发生堵塞。

④ PCB 进货时已产生变形。

⑤ PCB 的焊盘上没有焊锡膏或焊锡膏过少。

⑥ 元器件质量有问题，同一品种的元器件厚度不一致。

⑦ 贴片机调用程序有错漏，或者编程时对元器件厚度参数的选择有误。

⑧ 人为因素，不慎碰掉元器件。

2. 贴片时侧件、翻件的主要因素

可以考虑以下几方面。

① 元器件供料器送料异常。

② 贴装头吸嘴的高度不正确。

③ 贴装头抓料的高度不正确。

④ 元器件编带的装料孔尺寸过大，元器件因震动发生翻转。

⑤ 散装元器件放入编带时的方向弄反。

3. 贴片偏位的主要因素

可以考虑以下几方面。

① 贴片机编程时，元器件的 X 轴、Y 轴坐标不正确。

② 贴装头吸嘴故障，导致吸料不稳。

4. 贴片时元器件损坏的主要因素

可以考虑以下几方面。

① 定位顶针过高，使 PCB 的位置过高，元器件在贴装时被挤压。

② 贴片机编程时，元器件的 Z 轴坐标不正确。

③ 贴装头的吸嘴弹簧被卡死。

6.3　手工贴装 SMT 元器件

1. 全手工贴装

手工贴装 SMT 元器件，俗称手工贴片。除了因为条件限制需要手工贴片，在具备自动生产设备的企业里，假如元器件是散装的或有引脚变形的情况，也可以进行手工贴片，作为机器贴装的补充手段。

（1）手工贴片之前需要先在 PCB 的焊接部位涂抹助焊剂和焊锡膏。可以用刷子把助焊剂直接涂到焊盘上，之后采用简易印刷工具手工印刷焊锡膏或手动滴涂焊锡膏。

（2）采用手工贴片工具贴装 SMT 元器件。手工贴片的工具有不锈钢镊子、吸笔、3～5 倍台式放大镜或 5～20 倍立体显微镜、防静电工作台、防静电腕带。

（3）手工贴片的操作方法。

① 贴装片式元器件：用镊子夹持片式元器件，把片式元器件焊端对齐两端焊盘，居中贴放在焊锡膏上，用镊子轻轻按压，使其焊端浸入焊锡膏。

② 贴装 SOT：用镊子夹持 SOT，对准方向，对齐焊盘，居中贴放在焊锡膏上，确认后用镊子轻轻按压，使浸入焊锡膏中的引脚深度不小于引脚厚度的$\frac{1}{2}$。

③ 贴装 SOP、QFP 器件：将器件引脚或前端标志对准 PCB 上的定位标志，用镊子夹持或用吸笔吸取器件，对齐两端或四边焊盘，居中贴放在焊锡膏上，用镊子轻轻按压器件封装的顶面，使浸入焊锡膏中的引脚深度不小于引脚厚度的$\frac{1}{2}$。贴装引脚间距在 0.65mm 以下的窄间距器件时，可在 3～5 倍台式放大镜或 5～20 倍立体显微镜下操作。

④ 贴装 SOJ、PLCC：与贴装 SOP、QFP 器件的方法相同，只是由于 SOJ、PLCC 的引脚在器件四周的底部，需要把 PCB 倾斜 45°来检查芯片是否对中以及引脚是否与焊盘对齐。

贴装元器件以后，用手工、半自动或自动的方法进行焊接。

（4）在手工贴片前必须保证焊盘清洁。新 PCB 上的焊盘都比较干净，但返修的 PCB 在拆掉旧元器件以后，焊盘上就会有残留的焊料。在贴换元器件到返修位置上之前，必须先用手工或半自动的方法清除残留在焊盘上的焊料，如使用电烙铁、吸锡线、手动吸锡器或真空吸锡泵把焊料吸走。清理返修的 PCB 时要特别小心，在安装密度很大的情况下，操作比较困难，并且容易损坏其他元器件和 PCB。

2．利用手动贴片机贴装

手工贴片也可以利用手动贴片机进行，这类贴片机的机头有一套简易的手动支架，手动贴装头安装在 Y 轴头部，X-Y、θ定位可以靠人手的移动和旋转来校正位置，如图 6-20 所示。有时还可以采用配套的光学系统来帮助定位，手动贴片机具有多功能、高精度的特点，主要用于新产品开发，适合中小企业与科研单位小批量生产使用。

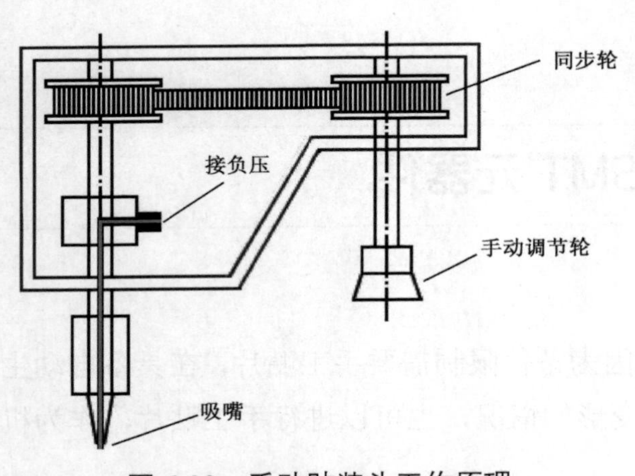

图 6-20　手动贴装头工作原理

（1）手动贴片机的组成。

① 贴片机主体。

② PCB 定位平台。

③ 贴片顺滑导向控制系统。

④ 静音真空泵。

⑤ 元器件供料系统。

手动贴片机整套系统配合不同的吸嘴，能拾放各种不同种类的片式元器件，如片式电阻、片式电容、二极管、晶体管、SOT、SOP 器件、PLCC、QFP 器件等。内置真空泵，不需外接气源，就可以方便地拾放各种元器件；一般均具有机械四维自由度，配有 X 轴、Y 轴高精密导轨，贴装头可进行 X 轴、Y 轴、Z 轴方向的平滑移动，贴装头还可进行 0°～360°的自由旋转；贴装速度约为 300～600 片/h。

（2）操作流程。图 6-21 所示为 TP39 型手动贴片机，它的盘式喂料器最多可放置 24 种元器件，带式喂料器最多可放置 15 种元器件。根据实际生产需求，放置好所有元器件后，打开电源，操作人员先将贴装头轻轻移动到元器件顶部，元器件便会被真空吸嘴吸起。再把贴装头移动到 PCB 相应焊盘上，旋转贴装头，对准位置，把贴装头向下简单一按，同时脚踩脚踏开关，真空关闭，即可完成这个元器件的贴装。

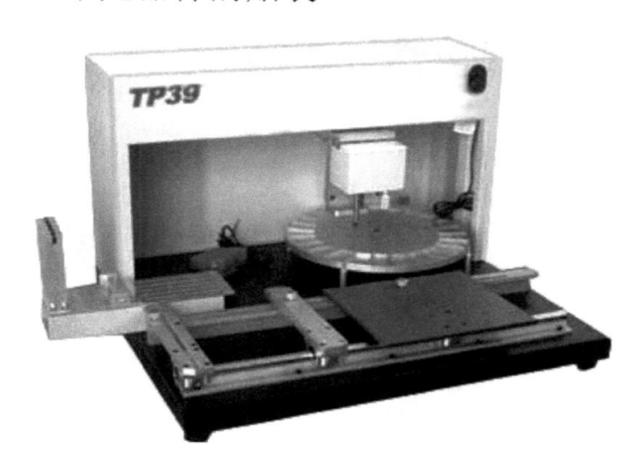

图 6-21　TP39 型手动贴片机

6.4　思考与练习题

【思考】目前各种不同型号不同厂家的贴片机型号繁多，而且性能与耐用程度也相差很大。选用时要视自己的生产条件与实际需要而定，不必盲目的追求高精尖或者国外产品。

一般来说，进口贴片机，如三星贴片机，松下贴片机，富士贴片机，西门子贴片机，飞利浦贴片机等，这几个品牌目前是全球用来 OEM（代工）最多的贴片机，使用寿命可达 25～30 年，但价格也是最高的。

近年来，国产贴片机在性能、质量与可靠性方面有了飞速的发展与进步，完全可以满足小型企业的生产需求。如制造 LED 灯、电动玩具、一般家用电器的控制板等。因为这类产品的 PCB 在贴装时对精度要求并不是很高。可以以最小的投资取得最大的回报。一切以实际需要出发，防止盲目崇洋。

1. 自动贴片机是怎样分类的？简述每种类型贴片机的工作原理与过程。
2. 说明 SMT 工艺中自动贴片机的主要结构。
3. 简述各种贴装头的类型与特点。
4. 贴片机的主要技术指标有哪些？
5. 对贴装质量有哪些具体要求？贴片常见的缺陷有哪些？如何解决？
6. 画出全自动贴片机贴装工艺流程图。
7. 叙述松下 MSR 型转塔式贴片机的贴装过程。
8. 叙述手工贴装片式元器件的操作方法。

第7章 波峰焊与波峰焊设备

7.1 电子产品焊接工艺原理和特点

任何复杂的电子产品都是由最基本的元器件组成的，通过导线将元器件连接起来，就能够完成一定的电气连接，实现特定的电路功能。随着PCB的诞生，元器件被安装到PCB上，焊接便成了连接印制导线和元器件的主要方式，PCB的焊接在电子产品制造技术中占据十分重要的地位。

SMT工艺的主要特征表现在装配焊接环节，由它引发的材料、设备和方法的更新换代，使电子产品的制造工艺发生了根本性的变化。

7.1.1 锡焊原理

在电子产品制造过程中，应用最普遍、最有代表性的焊接技术是锡焊。锡焊能够完成机械连接，对两个金属部件起到结合、固定的作用；锡焊同时能实现电气连接，让两个金属部件电气导通，这种电气连接是电子产品焊接作业的特征，是黏合剂所不能替代的。

除含有大量铬、铝等元素的一些合金材料不宜采用锡焊焊接外，其他金属材料大都可以采用锡焊焊接。锡焊方法简便，只需要使用简单的工具（如电烙铁）就可以完成焊接、焊点整修、元器件拆换等过程。此外，锡焊还具有成本低、容易实现自动化等优点，在电子工程技术里，它是使用最早、应用最广、占比最大的焊接方法。

在电子产品生产企业里，可以使用自动焊接设备一次性完成大量的焊接，也可以由工人手持电烙铁进行简单的锡焊操作。

锡焊是将焊件和焊料共同加热到锡焊温度，在焊件不熔化的情况下，焊料熔化并润湿焊接面，从而实现焊件的连接。其主要特征有以下三点。

① 焊料熔点低于焊件熔点。

② 焊接时将焊料与焊件共同加热到锡焊温度，焊料熔化而焊件不熔化。

③ 焊接的形成依靠熔化状态的焊料润湿焊接面，由毛细作用使焊料进入焊件的间隙，依靠二者原子的扩散，形成一个合金层，从而实现焊件的结合。

1．润湿

焊接的物理基础是润湿，润湿也叫作浸润。润湿是指液体在与固体的接触面上摊开，充分铺展接触的现象。锡焊的过程，就是通过加热，让锡铅合金焊料在焊接面上熔化、流动、润湿，使锡原子、铅原子渗透到铜母材（导线、焊盘）的表层内，并在两者的接触面上形成 Cu_6Sn_5 的脆性合金层。

在焊接过程中，焊料和母材接触所形成的夹角叫作润湿角（θ），如图 7-1 所示。在图 7-1（a）中，θ<90°，焊料与母材没有润湿，不能形成良好的焊点；在图 7-1（b）中，θ>90°，焊料与母材润湿，能够形成良好的焊点。仔细观察焊点的润湿角，就能判断焊点的质量。

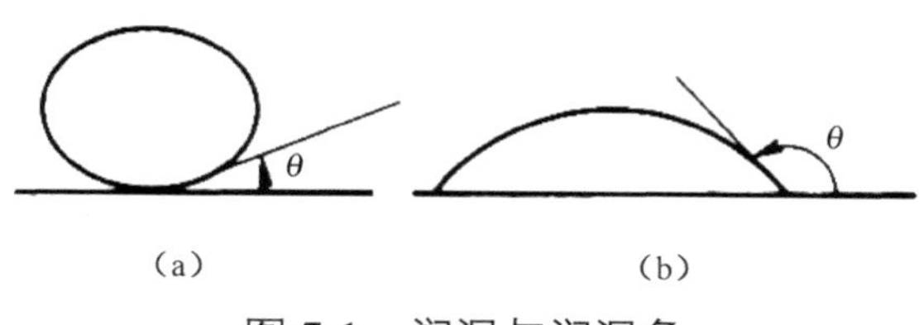

图 7-1　润湿与润湿角

显然，如果焊接面上有阻隔润湿的污垢或氧化层，就不能生成两种金属材料的合金层，或者温度不够高没有使焊料充分熔化，不能使焊料与母材润湿。

2．锡焊的条件

进行锡焊，必须具备以下条件。

（1）焊件必须具有良好的可焊性。所谓可焊性，是指在适当温度下，被焊金属与焊料能形成良好结合的合金的性能。并非所有的金属都具有好的可焊性，有些金属的可焊性就非常差，如铬、钼、钨等；有些金属的可焊性比较好，如紫铜、黄铜等。在焊接时，由于高温使金属表面产生氧化膜，影响材料的可焊性。因此，为了提高焊件的可焊性，可以采用表面镀锡、镀银等措施来防止材料表面氧化。

（2）焊件表面必须保持清洁与干燥。为了使焊料和焊件达到良好的结合，焊件表面一定要保持清洁与干燥。即使是可焊性良好的焊件，由于储存或被污染，也可能在焊件表面产生对润湿不利的氧化膜和油污，在焊接前务必把氧化膜和污垢清除干净，否则无法保证焊接质量。轻微氧化的金属表面，可以通过助焊剂来清除；氧化程度严重的金属表面，必须采用机械或化学方法清除，如进行刮除或酸洗等；当储存和加工环境湿度较大或焊件表面有水迹时，就要对焊件进行烘干处理，否则会造成焊点润湿不良。

（3）要使用合适的助焊剂。助焊剂也叫焊剂，其主要作用是清除焊件表面的氧化膜。不同的焊接工艺，应该选择不同的助焊剂，如镍铬合金、不锈钢、铝等材料，没有专用的助焊剂是很难实施锡焊的。

助焊剂是 SMT 焊接过程中不可缺少的辅料。在波峰焊中，助焊剂和合金焊料分开使用，在再流焊中，助焊剂作为焊锡膏的重要组成部分。助焊剂对保证焊接质量起着关键的作用。焊接效果的好坏，除了与焊接工艺、元器件和 PCB 的质量有关，助焊剂的选择也是十分重要的。性能良好的助焊剂应具有以下作用。

① 除去焊件表面的氧化物。

② 防止焊接时焊料和焊件表面的再氧化。

③ 降低焊料的表面张力。

④ 有利于热量传递到焊接区。

（4）焊件要加热到适当的温度。焊接时，热量的作用是熔化焊料和加热焊件，使锡原子、铅原子获得足够的能量渗透到焊件表面的晶格中而形成合金。焊接温度过低，对焊料原子渗透不利，无法形成合金，极易形成虚焊；焊接温度过高，会使焊料处于非共晶状态，加速助焊剂分解和挥发，使焊料品质下降，严重时还会导致 PCB 的焊盘脱落或被焊接的元器件损坏。

需要强调的是，不仅焊料要加热到熔化，还应该同时将焊件加热到能够熔化焊料的温度。

（5）合适的焊接时间。焊接时间是指在焊接全过程中，进行物理和化学变化所需要的时间。它包括焊件达到焊接温度的时间、焊料的熔化时间、助焊剂发挥作用及生成合金的时间几部分。当焊接温度确定后，就应根据焊件的形状、性质、特点等确定合适的焊接时间。焊接时间过长，容易损坏元器件或焊接部位；若焊接时间过短，则达不到焊接要求。对于电子元器件的焊接，除特殊焊点外，一般每个焊点加热焊接一次的时间不超过 2s。

7.1.2 焊接材料

1. 焊料

焊料是易熔金属，它在母材表面能形成合金，并与母材连为一体，不仅实现了机械连接，还实现了电气连接。焊接学中，习惯上将焊接温度低于 450℃的焊接称为软钎焊，所用的焊料称为软焊料。电子线路的焊接温度通常为 180～300℃，所用焊料的主要成分是锡和铅，故又称为锡铅合金焊料。人类使用锡铅合金焊料已有几千年的历史，锡铅合金作为焊料中合金的主要成分在近几十年来没有大的改变。

（1）对焊料中合金的要求。电子产品的焊接中，通常要求焊料中的合金必须满足下列要求。

① 焊接要求在相对较低的温度下进行，以保证元器件不会受热冲击而损坏。如果焊料的熔点为 180～220℃，那么通常实际焊接温度要比焊料熔点高 50℃左右，实际焊接温度为 220～250℃。根据 IPC-SM-782A《表面安装设计及连接盘图形标准》的规定，通常片式元器件在 260℃环境中仅能留存 10s，而一些热敏元器件的耐热温度更低。此外，PCB 在高温后也会形成热应力，因此焊料的熔点不宜太高。

② 熔融焊料必须在被焊金属表面有良好的流动性，这样有利于焊料均匀分布，并为润湿奠定基础。

③ 焊料凝固时间要短，有利于焊点成形，便于操作。

④ 焊接后，焊点外观要好，便于检查。

⑤ 焊料导电性好，并有足够的机械强度。

⑥ 焊料抗蚀性好，电子产品应能在一定的高温、低温、盐雾等恶劣环境下工作，特别是军事、航天、通信及大型计算机等领域使用的电子产品。为此焊料必须有很好的抗蚀性。

⑦ 焊料原料的来源应广泛，即组成焊料的金属矿产应丰富，价格应低廉，这样才能保证稳定供货。

通常人们按照一定的规律将几种不同的金属熔在一起，制造出很多种已经得到实际应用的焊料，但适用于电子线路电气连接的焊料只有有限的几种，完全能满足上述要求的几乎仅有锡铅合金焊料，只有在必须满足某些特殊要求的情况下，才会考虑用其他合金焊料。锡铅合金焊料在焊料中占有特殊地位的原因，就在于它能满足上述多种要求。

（2）锡铅合金焊料的特点。

① 金属锡和其他许多金属之间有良好的亲和力，因此借助低活性的助焊剂就可以达到良好的润湿效果。

② 锡、铅元素在元素周期表中均是第ⅣA 族元素，排列很近，它们之间互熔性良好，并且锡铅合金本身不存在金属间化合物。此外，锡铅合金焊料性能稳定，特别是金属锡在焊点表面能生成一层极薄而致密的氧化亚锡（SnO），它具有良好的抗蚀性，对焊点有保护作用。

③ 锡铅合金焊料有较好的机械性能，通常锡和铅的抗拉强度分别为 15MPa 和 14MPa，而锡铅合金的抗拉强度可达 40MPa 左右；同样锡铅合金剪切强度也有明显增加，锡和铅的剪切强度分别为 20MPa 和 14MPa，锡铅合金的剪切强度可达 30～35MPa。焊接后，因生成极薄的 Cu_6Sn_5 合金层，故强度还会提高很多。

④ 锡铅合金的熔点（183～189℃）正好在电子设备最高工作温度之上，而焊接温度为 225～230℃，该温度在焊接过程中对元器件所能忍受的最高温度来说仍是适当的，并且从焊接温度降到凝固点，其时间也非常短，完全符合焊接工艺的要求。

⑤ 作为焊料的锡、铅金属矿在地球上是非常丰富的，已探明的地球上锡的储量为 1 000 万吨左右，比其他用作焊料的金属（如铋）的储量要大得多，因此价格也比其他金属要低得多。锡铅合金焊料在所有焊料之中，价格最低。世界每年锡的消费量为 30 万～40 万吨。其中电子工业消耗量占一半左右。

（3）杂质对锡铅合金焊料性能的影响。焊料中有时会有微量的其他金属以杂质的形式混入。

有些杂质是无害的，微量金属的加入反而能起到改善焊料特性的作用，如金属锑（Sb），当含量在 0.3%～3%之间时，焊点成形极好；当含量在 7%以内时，不仅不会出现不良影响，还可以使焊点的强度增加，增大焊料的蠕变阻力，所以可以用在高温焊料中。

有些杂质则不然，即使混入微量，也会对焊接操作和焊点的性能造成各种不良的影响。如金属锌（Zn），当含量为 0.001%左右时，其影响就会表现出来，如含量为 0.01%，就会对焊点的外观、焊料的流动性及润湿性造成不良影响。对于锡铅合金焊料来说，锌是焊接工艺中最忌讳的金属之一。其他如铝、铁等金属也会对焊料的性能产生有害影响。

2. 助焊剂

助焊剂在焊接中可以起到去除金属表面氧化物，降低熔融焊料的表面张力，促使热量从热源区向焊接区传送等作用。要求它具有以下特性：熔点比焊料低，润湿扩散速度比焊料快，黏度和密度比焊料小；焊接时不产生锡珠飞溅现象，也不产生毒气和强烈的刺激性臭味；焊接后残渣易于去除，不腐蚀、不吸湿、不导电及在常温下储存稳定等。

传统的助焊剂通常以松香为基体。松香具有弱酸性和热熔流动性，并具有良好的绝缘性、耐湿性、无腐蚀性、无毒性和长期稳定性，是不可多得的助焊剂基体材料。

目前在 SMT 中采用的大多是以松香为基体的活性助焊剂。由于松香随着品种、产地和生产工艺的不同，其化学组成和性能有较大的差异，因此，对松香进行优选是保证助焊剂质量的关键。

通用助焊剂还包括以下成分：活性剂、成膜物质、添加剂和溶剂等。

由于使用的助焊剂大多是液态的，为此，必须将助焊剂中的固体成分溶解在一定的溶剂里，使之成为均相溶液。一般多采用异丙醇和乙醇作为溶剂。用作助焊剂的溶剂应具备对助焊剂中各种固体成分均具有良好的溶解性，常温下挥发程度适中，在焊接温度下迅速挥发，气味小，毒性低等特性。

7.1.3 SMT 焊接特点

焊接是 SMT 中的主要工艺技术之一。在一块 SMA 上少则有几十个焊点，多则有成千上万个焊点，一个焊点不良就可能会导致整个 SMA 或 SMT 产品失效。所以焊接质量是 SMA 可靠性的关键，它直接影响电子产品的性能可靠性和经济效益。焊接质量取决于所用的焊接方法、焊接材料、焊接工艺和焊接设备。

根据熔融焊料的供给方式，在 SMT 中采用软钎焊方法的主要有波峰焊和再流焊。一般情况下，波峰焊用于混合安装方式，即既有通孔插装元器件（THC/THD），又有 SMC/SMD。再流焊用于全表面安装方式。波峰焊是 THT 中使用的传统焊接工艺，根据波峰的形状不同，有单波峰焊、双波峰焊等形式之分。根据提供热源的方式不同，再流焊有传导、对流、红外、激光、气相等方式。表 7-1 所示为 SMT 中使用的各种软钎焊方法及其特性。

表 7-1 SMT 中使用的各种软钎焊方法及其特性

焊接方法		初始投资	操作费用	生产量	温度稳定性	适应性				
						温度曲线	双面装配	工装适应性	温度敏感元器件	焊接误差率
再流焊	传导	低	低	中高	好	极好	不能	差	影响小	很低
	对流	高	高	高	好	缓慢	不能	好	有损危险	很低
	红外	低	低	中	取决于吸收	尚可	能	好	要求屏蔽	低①
	激光	高	中	低	要求精确控制	要求试验	能	很好	极好	低
	气相	中—高	高	中高	极好	不定②	能	很好	有损坏危险	中等
波峰焊		高	高	高	好	难建立	能③	差	有损坏危险	高

注：①表示适当固定和夹紧。

②表示改变停顿时间容易，改变温度困难。

③表示一面插装普通元器件，一面贴装 SMC。

波峰焊与再流焊之间的基本区别在于热源与焊料的供给方式不同。在波峰焊中，焊料波峰有两个作用：一是供热，二是提供焊料。在再流焊中，热量是由再流焊炉自身的加热机理决定的，焊锡膏由专用的设备以确定的量先行涂敷。波峰焊工艺与再流焊工艺是 PCB 上进行大批量焊接元器件的主要方式。就目前而言，再流焊工艺与设备是 SMT 厂商安装 SMC/SMD 的主选工艺与设备，但波峰焊仍不失为一种高效自动化、高产量，可在生产线上串联的焊接工艺。因此，在今后相当长的一段时间内，波峰焊工艺与再流焊工艺仍然是电子元器件安装的首选焊接工艺。

由于 SMC/SMD 的微型化和 SMA 的高密度化，SMA 上元器件之间和元器件与 PCB 之间的间隔很小，因此，SMT 元器件的焊接与 THC/THD 的焊接相比，主要有以下几个特点。

① 元器件本身受热冲击大。

② 要求形成微细化的焊接连接。

③ 由于 SMT 元器件的电极或引脚的形状、结构和材料种类繁多（见图 7-2），因此要求 SMT 焊接工艺对各种类型的电极或引脚都能进行焊接。

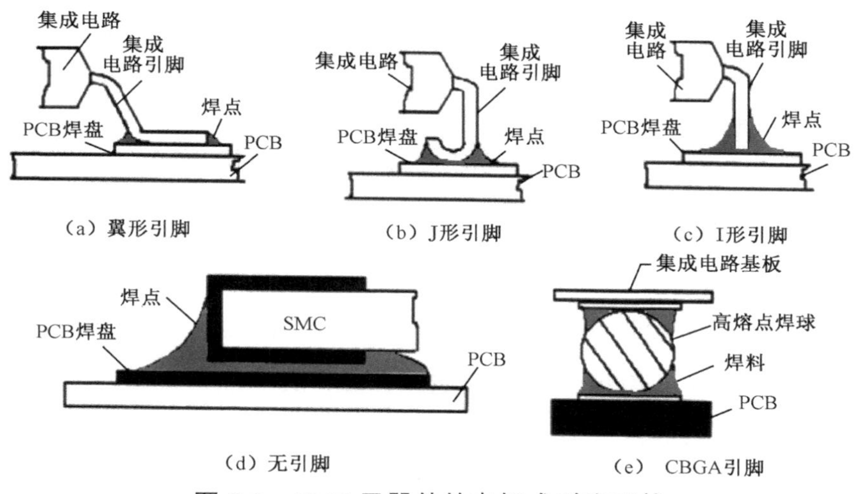

图 7-2　SMT 元器件的电极或引脚形状

④ 要求 SMT 元器件与 PCB 上焊盘图形的结合强度和可靠性高。

所以，SMT 与 THT 相比，对焊接工艺提出了更高的要求。然而，这并不意味着获得高可靠性的 SMA 是困难的。事实上，只要对 SMA 进行正确设计并执行严格的安装工艺，其中包括严格的焊接工艺，SMA 的可靠性甚至会比通孔插装组件的可靠性更高。保证高可靠性的关键在于根据不同情况选择合适的焊接技术、方法和设备，严格控制焊接工艺。

除了波峰焊和再流焊工艺，为了确保 SMA 的可靠性，对于一些热敏感性强的 SMD 常采用局部加热方式进行焊接。

7.2　波峰焊工艺

波峰焊也称为群焊或流动焊，是 20 世纪电子产品装联工艺中最成熟、影响最广、工艺效率提高最明显的一项成就，至 20 世纪 80 年代仍是装联工艺的主流。尽管近 40 年来出现了焊锡膏-再流焊工艺，但在今后的一段时间内，SMT 的混装工艺中仍缺不了波峰焊工艺。

波峰焊是指将熔化的软焊料（铅锡合金焊料），经电动泵或电磁泵喷流成设计要求的焊料波峰（也可通过向焊料池注入氮气来形成），使预先装有元器件的 PCB 通过焊料波峰，实现元器件焊端或引脚与 PCB 焊盘之间机械连接与电气连接的软钎焊。根据机器所用波峰的几何形状不同，波峰焊系统可分为多种。

7.2.1 波峰焊工艺过程

波峰焊工艺过程由如下的工序组成：装板→涂敷助焊剂→预热→焊接→热风刀→冷却→卸板。其中，热风刀工序的目的是去除桥接并减轻组件的热应力，冷却的目的是减轻热滞留带来的不利影响。波峰焊的主要设备是波峰焊机，波峰焊机操作的主要工位是焊接工位（焊料波峰与 PCB 接触），其余都是辅助工位；但波峰焊机是一个整体，辅助工位不可缺少。

1. 助焊剂涂敷

PCB 通过传送带进入波峰焊机以后，会经过某种形式的助焊剂涂敷装置，在这里助焊剂利用波峰、发泡或喷射的方法涂敷到 PCB 上。

2. 预热

由于大多数助焊剂在焊接时必须要达到并保持活化温度来保证焊点的完全润湿，因此 PCB 在进入波峰槽前要先经过预热区。助焊剂涂敷之后的预热可以逐渐提升 PCB 的温度并使助焊剂活化，这个过程还能减小 PCB 进入波峰时受到的热冲击。预热还可以用来蒸发掉可能吸收的潮气或稀释助焊剂的溶剂，如果这些东西没有被去除，那么它们会在经过波峰时沸腾并造成焊料溅射，或者产生蒸汽留在焊料里面形成中空的焊点或砂眼。波峰焊机预热段的长度由产量和传送带速度来决定，产量越高，为使 PCB 达到所需的浸润温度所需的预热区就越长。另外，由于双面 PCB 和多层 PCB 的热容量较大，它们比单面 PCB 需要更高的预热温度。

目前波峰焊机基本上采用热辐射方式进行预热，最常用的波峰焊预热方法有强制热风对流、电热板对流、电热棒加热及红外加热等。在这些方法中，强制热风对流通常被认为是大多数波峰焊工艺里最有效的热量传递方法。

3. 波峰焊接

在预热之后，PCB 用单波或双波方式进行焊接。对于 THC/THD 采用单波就足够了，PCB 进入波峰时，焊料流动的方向和 PCB 的行进方向相反，可在元器件引脚周围产生涡流。这就像一种洗刷，将引脚上面所有助焊剂和氧化膜的残余物去除，在焊料到达润湿温度时形成润湿。

对于混合安装的 PCB，一般采用双波峰焊接。

典型工艺流程：元器件引脚成形→PCB 贴阻焊胶带（视情况确定是否需要）→插装元器

件→PCB 装入焊机夹具→涂敷助焊剂→预热→波峰焊→冷却→剪腿→取下 PCB→撕掉阻焊胶带→检验→补焊→清洗→检验→放入专用运输箱。

7.2.2　波峰焊机的工作原理

1．波峰焊机的特点

波峰焊机是在浸焊机的基础上发展起来的自动焊接设备，两者最主要的区别在于设备的焊锡槽。波峰焊利用焊锡槽内的机械式离心泵或电磁式离心泵，将熔融焊料压向喷嘴，形成一股向上平稳喷涌的焊料波并源源不断地从喷嘴中溢出。装有元器件的 PCB 以匀速直线运动的方式通过焊料波峰，在焊接面上形成润湿焊点而完成焊接。图 7-3 所示为波峰焊机的焊锡槽示意图。

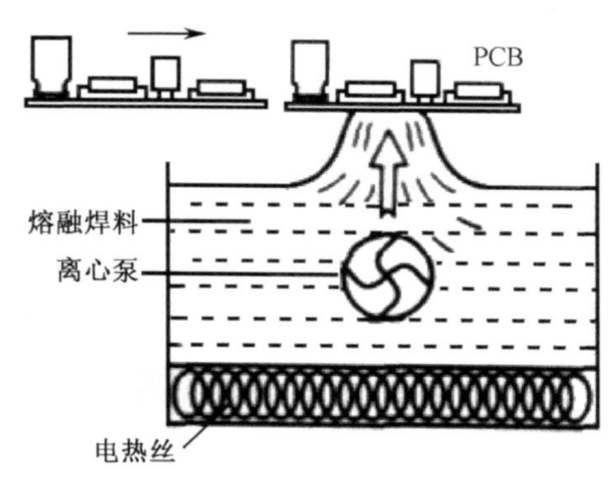

图 7-3　波峰焊机的焊锡槽示意图

与浸焊机相比，波峰焊机具有如下优点。

① 熔融焊料的表面漂浮着一层抗氧化剂隔离空气，只有波峰处的焊料暴露在空气中，减小了焊料氧化的概率，减少氧化渣带来的焊料浪费。

② PCB 接触高温焊料时间短，可以减轻 PCB 的翘曲变形。

③ 浸焊机内的焊料相对静止，焊料中不同密度的金属会产生分层现象（下层富铅而上层富锡）。波峰焊机在离心泵的作用下，整槽熔融焊料循环流动，使焊料成分均匀一致。

④ 波峰焊机的焊料充分流动，有利于提高焊点质量。

波峰焊适宜成批地、大量地焊接一面装有分立元器件和集成电路的 PCB。凡与焊接质量有关的重要因素，如焊料与助焊剂的化学成分、焊接温度、速度、时间等，在波峰焊机上均能得到比较精确的控制。图 7-4 所示为波峰焊机的内部结构示意图。

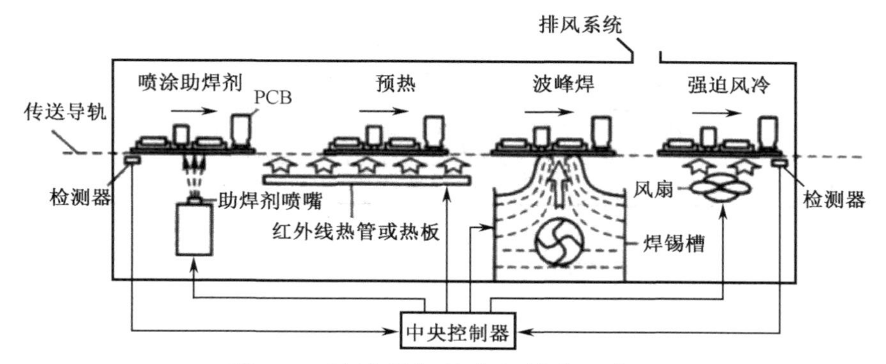

图 7-4　波峰焊机的内部结构示意图

在波峰焊机内部，焊锡槽加热使焊料熔化，离心泵根据焊接要求工作，使液态焊料从喷口涌出，形成特定形态的连续不断的焊料波；已经完成插件工序的 PCB 放在导轨上，以匀速直线运动的形式向前移动，按顺序经过涂敷助焊剂和预热工序，来到焊锡槽上方，PCB 的焊接面在通过焊料波峰时进行焊接，焊接面经冷却后完成焊接过程，被送出焊接区；冷却方式大都为强迫风冷，正确的冷却温度与时间，有利于改进焊点的外观与可靠性。

助焊剂喷嘴既可以实现连续喷涂，又可以被设置成检测到有 PCB 通过时才进行喷涂的经济模式；预热装置由热管组成，PCB 在焊接前被预热，可以减小温差，避免热冲击；熔融焊料在焊锡槽内始终处于流动状态，使喷涌的焊料波峰表面无氧化层，由于 PCB 和焊料波峰之间处于相对运动状态，所以助焊剂容易挥发，焊点内不会出现气泡。

为了获得良好的焊接质量，焊接前应做好充分的准备工作，如保证焊件的可焊性处理（预镀锡）等；焊接后的清洗、检验、返修等步骤也应按规定进行操作。图 7-5 所示为波峰焊机的外观照片。

图 7-5 波峰焊机的外观照片

2. 波峰焊工艺因素的调整

在波峰焊机工作的过程中，焊料和助焊剂被不断消耗，需要经常对这些焊接材料进行监测，并根据监测结果进行必要的调整。

（1）焊料。波峰焊一般采用 63Sn-37Pb 共晶焊料，熔点为 183℃，锡的含量应该保持在 61.5%以上，并且锡铅的含量误差不得超过±1%，波峰焊焊料中主要金属杂质的最大含量范围如表 7-2 所示。

表 7-2 波峰焊焊料中主要金属杂质的最大含量范围

金属杂质	铜 Cu	铝 Al	铁 Fe	铋 Bi	锌 Zn	锑 Sb	砷 As
最大含量范围/‰	0.8	0.05	0.2	1	0.02	0.2	0.5

应该根据设备的使用频率，一周到一个月定期检测焊料的锡铅含量和主要金属杂质的含量，如果不符合要求，那么应该更换焊料或采取其他措施。例如，当锡的含量低于标准时，可以添加纯锡以保证含量。

焊料的温度与焊接时间、波峰的形状与强度决定焊接质量。焊接时，锡铅合金焊料的焊接温度一般设定为 245℃左右，焊接时间一般设定为 3s 左右。

随着无铅焊料的应用，以及高密度、高精度安装的要求，新型波峰焊机需要在更高的温度下进行焊接，焊锡槽部位也将实行氮气保护。

（2）助焊剂。波峰焊使用的助焊剂要求表面张力小，扩展率大于 85%；黏度小于熔融焊料，容易被置换；焊接后容易清洗。一般助焊剂的密度为 0.82～0.84g/ml，可以用相应的溶剂来稀释调节。

如采用免清洗助焊剂，要求密度小于 0.8g/ml，固体含量小于 2.0wt%，不含卤化物，焊接后残留物少，不产生腐蚀作用，绝缘性好，绝缘电阻大于 $1\times10^{11}\Omega$。

应该根据设备的使用频率，每天或每周定期检测助焊剂的密度，如果不符合要求，那么应更换助焊剂或添加新助焊剂以保证助焊剂的密度符合要求。

（3）焊料添加剂。在波峰焊的焊料中，还要根据需要添加或补充一些辅料。防氧化剂可以减少高温焊接时焊料的氧化，不仅可以节约焊料，还可以提高焊接质量。防氧化剂由油类与还原剂组成，要求还原能力强，在焊接温度下不会碳化。锡渣减除剂能让熔融焊料与锡渣分离，防止锡渣混入焊点，节省焊料。

另外，波峰焊机的传送系统，即传送链、传送带，其速度也要根据助焊剂、焊料等因素与生产规模综合选定与调整。传送链、传送带的倾斜角度在设备制造时是根据焊料波形设计的，但有时也要随产品的不同而进行微小的调整。

3．波峰焊的温度曲线

理想的双波峰焊的焊接温度曲线如图 7-6 所示。从图中可以看出，整个焊接过程被分为三个温度区域：预热、焊接及冷却。实际的焊接温度曲线可以通过对设备的控制系统编程进行调整。

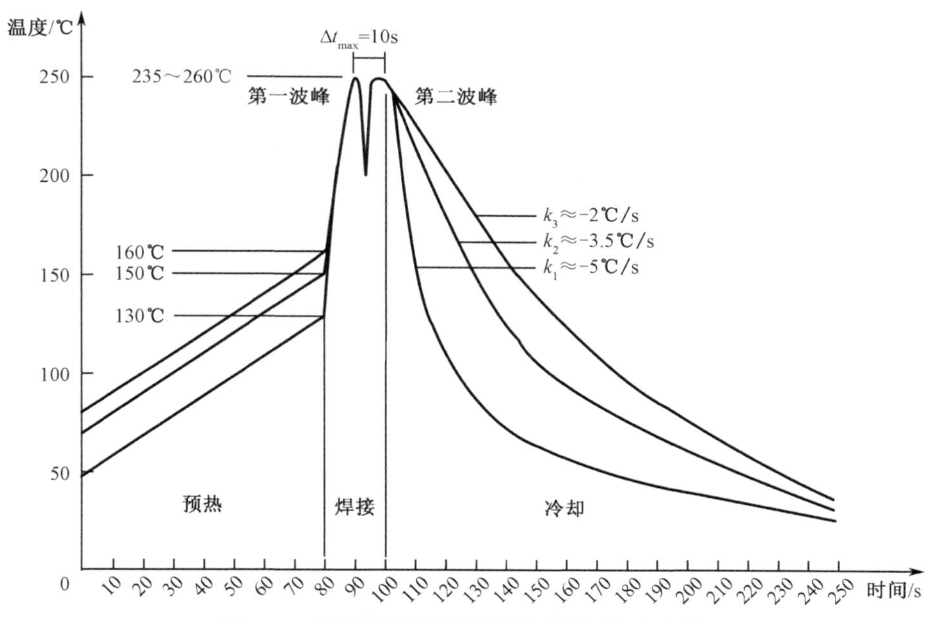

图 7-6　理想的双波峰焊的焊接温度曲线

在预热区内，PCB 上喷涂的助焊剂中的水分和溶剂挥发，可以减少焊接时产生气体。同时，松香和活化剂开始分解活化，去除焊接面上的氧化层和其他污染物，并且防止金属表面在高温下再次氧化。PCB 和元器件被充分预热，可以有效地避免被焊接时急剧升温产生的热应力损坏。PCB 的预热温度及时间，要根据 PCB 的大小、厚度、元器件的尺寸和数量，以及贴装元器件的多少而定。在 PCB 表面测量的预热温度应该在 90～130℃之间，如果是多层 PCB 或片式元器件较多时，那么预热温度取上限。预热时间由传送带的速度来控制。如果预热温度偏低或预热时间过短，助焊剂中的溶剂挥发不充分，那么焊接时就会产生气体，引起气孔、锡珠等焊接缺陷；如果预热温度偏高或预热时间过长，那么助焊剂就会被提前分解，使助焊剂失去活性，同样会引起毛刺、桥接等焊接缺陷。

为恰当地控制预热温度和时间，达到最佳的预热效果，可以参考表 7-3 内的数据，也可以观察波峰焊前涂敷在 PCB 底面的助焊剂是否有黏性来进行经验性判断。

表 7-3　不同 PCB 在波峰焊时的预热温度

PCB 类型	元器件种类	预热温度/℃
单面 PCB	THC/THD+SMC/SMD	90～100
双面 PCB	THC/THD	90～110
	THC/THD+SMC/SMD	100～110
多层 PCB	THC/THD	100～125
	THC/THD+SMC/SMD	110～130

焊接过程是焊件金属表面、熔融焊料和空气等之间相互作用的复杂过程，同样必须控制好焊接温度和时间。如焊接温度偏低，熔融焊料的黏性大，不能很好地在金属表面润湿和扩散，就容易产生拉尖、桥接、焊点表面粗糙等缺陷；如焊接温度过高，容易损坏元器件，还会造成助焊剂被碳化后失去活性，焊点氧化速度加快，焊点失去光泽、不饱满。测量波峰表面温度，一般应该为（250±5）℃。因为热量、温度是时间的函数，在一定温度下，焊点和元器件的受热量随时间的增加而增加。波峰焊的焊接时间可以通过调整传送系统的速度来控制，传送导轨的速度，要根据不同波峰焊机的长度、预热温度、焊接温度等因素统筹考虑，进行调整。以每个焊点接触波峰的时间来表示焊接时间，一般焊接时间为 2～4s。

综合调整工艺参数对提高波峰焊质量非常重要。焊接温度和时间是形成良好焊点的首要条件。焊接温度和时间与预热温度、焊料波峰的温度、传送导轨的倾斜角度、传输速度都有关系。

7.3　波峰焊机的类型及基本操作规程

7.3.1　波峰焊机的类型

早期的单波峰焊机在焊接时容易造成焊料堆积、焊点短路等现象，若用人工修补焊点则工作量较大。并且，在采用一般的波峰焊机焊接 SMB 时，有两个技术难点，即气泡遮蔽效应和阴影效应。

气泡遮蔽效应是指在焊接过程中，由于助焊剂或 SMT 元器件的贴片胶受热分解所产生的气泡不易排出，遮蔽在焊点上，可能造成焊料无法接触焊接面而形成漏焊。

阴影效应是指 PCB 在熔融焊料的波峰上通过时，较高的 SMT 元器件对它后面或相邻的较矮的 SMT 元器件周围产生阻挡，形成阴影区，使焊料无法在焊接面上漫流而导致漏焊或焊接不良。

为克服这些 SMT 焊接缺陷，已经研制出许多新型或改进型的波峰焊机，有效地排除了原有波峰焊机的缺陷，创造出空心波、组合空心波、紊乱波等新的波峰形式。目前实用的波峰焊机按波峰形式分类，可以分为斜坡式波峰焊机、高波峰焊机、电磁泵喷射波峰焊机、双波峰（或三峰、混合峰）焊机四种。此外，可根据焊接需要采用选择性波峰焊设备。

1．斜坡式波峰焊机

这种波峰焊机的传送导轨以一定角度的斜坡方式安装，并且斜坡的角度可以调节，如图 7-7（a）所示。这样安装的好处是增加了 PCB 焊接面与焊料波峰接触的长度。假如 PCB 以同样的速度通过波峰，等效增加了焊点润湿的时间，从而可以提高传送导轨的运行速度和焊接效率，不仅能让焊点内的助焊剂挥发，避免形成夹气焊点，还能让多余的焊料流下来。

2．高波峰焊机

高波峰焊机适用于 THT 元器件“长脚插焊”工艺，它的焊锡槽及其焊料波喷嘴如图 7-7（b）所示。其特点是，焊料离心泵的功率比较大，从喷嘴中喷出的焊料波高度比较高，且其高度 h 可以调节，保证元器件的引脚从焊料波里顺利通过。一般在高波峰焊机的后面配置剪腿机（也叫切脚机），用来剪短元器件的引脚。

3．电磁泵喷射波峰焊机

在电磁泵喷射空心波焊接设备中，通过调节磁场与电流的值，可以方便地调节特制电磁泵的压差和流量，从而调整焊接效果。这种泵控制灵活，每焊接完一块 PCB 后，自动停止喷射，减小了焊料与空气接触的氧化概率，如图 7-7（c）所示。这种焊接设备多用于焊接贴片/插装混合安装的 PCB。

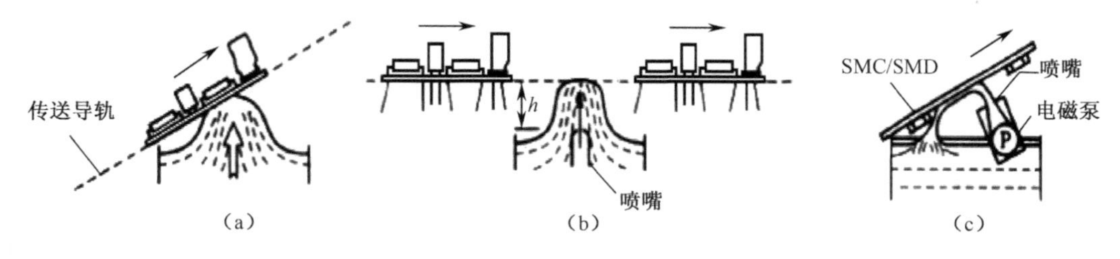

图 7-7　几种波峰焊机的特点

4．双波峰焊机

双波峰焊机是 SMT 时代发展起来的改进型波峰焊设备，特别适合焊接那些 THT 元器件与 SMT 元器件混合安装的 PCB。双波峰焊机的焊料波形如图 7-8 所示，使用这种设备焊接

PCB 时，THC/THD 要采用“短脚插焊”工艺。PCB 的焊接面要经过两个熔融焊料形成的波峰，这两个焊料波峰的形式不同，最常见的波形组合是“湍流波”+“平滑波”，“空心波”+“宽平波”的波形组合也比较常见。熔融焊料的温度、波峰的高度和形状、PCB 通过波峰的时间和速度这些工艺参数，都可以通过计算机伺服控制系统进行调节。

图 7-8　双波峰焊机的焊料波形

在波峰焊接时，PCB 先接触第一个波峰，然后接触第二个波峰。第一个波峰是由窄喷嘴喷流出的“湍流波”，流速快，对元器件有较高的垂直压力，使焊料对尺寸小、插装密度高的元器件的焊端有较好的渗透性；通过湍流的熔融焊料在所有方向擦洗 PCB 表面，从而提高了焊料的润湿性，并克服了由于元器件的复杂形状和取向带来的问题，也克服了焊料的“气泡遮蔽效应”。“湍流波”向上的喷射力足以使助焊剂气体排出，因此，即使 PCB 上不设置排气孔也不存在助焊剂气体的影响，从而大大减少了漏焊、桥接和焊缝不充实等缺陷，提高了焊接的可靠性。经过第一个波峰的产品，因浸锡时间短及部件自身的散热等因素，浸锡后存在着很多的短路、锡多、焊点光洁度不好及焊接强度不足等不良焊点。因此，紧接着必须进行浸锡不良的修正，这个动作由喷流面较平、较宽阔、波峰较稳定的二级喷流进行。这是一个“平滑波”，流动速度慢，有利于形成充实的焊缝，也可有效地去除焊端上过量的焊料，并使所有焊接面上焊料润湿良好，修正焊接面，消除可能的拉尖和桥接缺陷，获得充实无缺陷的焊缝，最终确保元器件焊接的可靠性。

5．选择性波峰焊设备

在 THC/THD 与 SMD 混合安装的 PCB 的焊接中，由于 PCB 承受高温的能力较差，可能因波峰焊温度过高导致 SMD 损坏。若用手工焊接的方法对少量 THC/THD 实施焊接，则焊点的一致性难以保证。为此，国外厂商推出了选择性波峰焊设备。这种设备的工作原理是在由 PCB 设计文件转换的程序控制下，小型波峰焊锡槽和喷嘴移动到 PCB 需要补焊的位置，顺序、定量喷涂助焊剂并喷涌焊料波峰，进行局部焊接。

7.3.2　基本操作规程

1．准备工作

① 检查与波峰焊机配套的通风设备是否良好。

② 检查波峰焊机定时开关是否良好。

③ 检查焊锡槽温度指示器是否正常。

方法：上下调节温度指示器，用温度计测量焊锡槽液面下 10～15mm 处的温度，判断温度指示器是否随温度的变化而改变。

④ 检查预热系统是否正常。

方法：打开预热器开关，检查其是否升温且温度是否正常。

⑤ 检查切脚刀的工作情况。

方法：首先根据 PCB 的厚度与所留元器件引脚的长度调节刀片的高低，然后将刀片架拧紧并保持平稳，开机目测刀片的旋转情况，最后检查保险装置是否失灵。

⑥ 检查助焊剂容器压缩空气的供给是否正常。

方法：在容器中倒入助焊剂，调好进气阀，开机后助焊剂发泡，先使用 PCB 试样将泡沫调到板厚的$\frac{1}{2}$处，再锁紧限压阀，待正式操作时不再动此阀，控制进气开关开闭即可。

⑦ 待以上程序全部正常后，方可将所需的各种工艺参数预置到设备的有关程序中。

2．操作规则

① 开机前，操作人员需佩戴粗纱手套用棉纱将设备擦干净，并向注油孔内注入适量润滑油。

② 操作人员需佩戴橡胶防腐手套清除焊锡槽及助焊剂槽周围的废物和污物。

③ 操作间内设备周围不得存放汽油、酒精、棉纱等易燃物品。

④ 焊机运行时，操作人员要佩戴防毒口罩，同时要佩戴耐热耐燃手套进行操作。

⑤ 非工作人员不得随便进入波峰焊机操作间。

⑥ 工作场所不允许吸烟、吃食物。

3．单机式波峰焊的操作过程

（1）打开通风开关。

（2）开机。

① 接通电源。

② 接通焊锡槽加热器。

③ 打开发泡喷涂器的进气开关。

④ 焊料温度达到预置数值时，检查焊料液面，若焊料液面太低则添加适量焊料。

⑤ 开启波峰焊气泵开关，用装有 PCB 的专用夹具来调节压锡深度。

⑥ 清除焊料液面的残余氧化物，待焊料液面干净后添加抗氧化剂。

⑦ 检查助焊剂液面，如液面过低需加适量助焊剂。

⑧ 检查、调整助焊剂密度符合要求。

⑨ 检查助焊剂发泡层是否良好。

⑩ 打开预热器温度开关，调到所需温度。

⑪ 调节传动导轨的角度。

⑫ 打开传送机开关，根据实际情况调节传送速度，使其与焊接速度相匹配。

⑬ 打开冷却风扇。

⑭ 将焊接夹具装入导轨。

⑮ PCB 装入夹具，先将其调至所需焊接 PCB 的尺寸，PCB 四周贴紧夹具槽，力度适中，再把夹具放到传送导轨的始端。

⑯ 焊接运行前，由专人将倾斜的元器件扶正，并验证所扶正元器件的正误。

⑰ 高大的元器件一定在焊前采取加固措施，将其固定在 PCB 上。

⑱ 待上述程序全部完成后，可打开波峰焊机行程开关和焊接运行开关进行焊接。

（3）焊后操作。

① 关闭气源。

② 关闭预热器开关。

③ 关闭剪腿机开关，关闭清洗机开关。

④ 调整传送速度为零，关闭传送开关。

⑤ 关闭总电源开关。

⑥ 将冷却后的助焊剂取出，经过滤后如能达到指标仍可继续使用，将容器及喷涂口擦洗干净。

⑦ 将波峰焊机及夹具清洗干净。

（4）焊接过程中的管理。

① 操作人员必须坚守岗位，随时检查设备的运行情况。

② 操作人员要及时检查焊点的质量，如焊点出现异常情况，或一块 PCB 的虚焊点超过 2%，应立即停机检查。

③ 及时、准确地做好设备运行的原始记录及焊点质量的具体数据记录。

④ 焊接完的 PCB 要分别插入专用运输箱内，相互不得碰压，更不允许堆放（如有静电敏感元器件，一定要插入防静电运输箱）。

7.4 波峰焊质量缺陷的产生原因及解决办法

1. 润湿不良、漏焊、虚焊

（1）产生原因。

① 元器件焊端、引脚、PCB 的焊盘氧化或污染，PCB 受潮。

② 芯片元器件焊端金属电极附着力差或采用单层电极，在焊接温度下产生脱帽现象。

③ PCB 设计不合理，波峰焊时阴影效应造成漏焊。

④ PCB 翘曲，翘起的位置与波峰接触不良。

⑤ 传送导轨两侧不平行（尤其是使用 PCB 传输架时），使 PCB 与波峰接触不良。

⑥ 波峰不平滑，波峰两侧高度不平行，尤其是电磁泵喷射波峰焊机的焊料波喷口，如果被氧化物堵塞，会使波峰出现锯齿形，容易造成漏焊、虚焊。

⑦ 助焊剂活性差，造成润湿不良。

⑧ PCB 预热温度过高，使助焊剂碳化，失去活性，造成润湿不良。

（2）解决办法。

① 元器件先到先用，不要存放在潮湿的环境中，不要超过规定的使用日期，对受潮的 PCB 进行清洗和去潮处理。

② 波峰焊应选择三层焊端结构的 SMT 元器件，元器件本体和焊端能经受两次以上的 260℃波峰焊的温度冲击。

③ SMC/SMD 采用波峰焊时元器件布局和排布方向应遵循较小元器件在前和尽量避免互相遮挡的原则，另外，还可以适当加长元器件搭接后剩余焊盘长度。

④ PCB 翘曲度小于 0.8%～1.0%。

⑤ 调节波峰焊机及传输导轨或 PCB 传输架的横向水平。

⑥ 清理焊料波喷口。

⑦ 更换助焊剂。

⑧ 设置恰当的预热温度。

2．拉尖

（1）产生原因。

① PCB 预热温度过低，使 PCB 与元器件的温度偏低，焊接时元器件与 PCB 吸热。

② 焊接温度过低或传送导轨速度过快，使熔融焊料的黏度过大。

③ 电磁泵喷射波峰焊机的波峰高度太高或引脚过长，使引脚底部不能与波峰接触，因为电磁泵喷射波峰焊机产生的是空心波，空心波的厚度为 4～5mm。

④ 助焊剂活性差。

⑤ 焊接元器件引脚直径与插装孔比例不正确，插装孔过大，大焊盘吸热量大。

（2）解决办法。

① 根据 PCB 尺寸、板层数、有无贴装元器件、元器件的多少等设置预热温度，预热温度为 90～130℃。

② 波峰温度为（250±5）℃，焊接时间为 3～5s，温度略低时，传送导轨速度应调慢一些。

③ 波峰高度一般控制在 PCB 厚度的 $\frac{2}{3}$ 处，THC/THD 引脚成形要求引脚露出 PCB 焊接面 0.8～3mm。

④ 更换助焊剂。

⑤ 插装孔的孔径比引脚直径大 0.15～0.4mm（细引脚取下限，粗引脚取上限）。

3．焊接后 PCB 阻焊膜起泡

SMA 在焊接后会在个别焊点周围出现小泡，严重时还会出现指甲盖大小的泡状物，不仅影响外观质量，严重时还会影响性能。这种缺陷是波峰焊工艺中经常出现的问题，再流焊时也会出现，如图 7-9 所示。

图 7-9　阻焊膜起泡

（1）产生原因。

阻焊膜起泡的根本原因在于阻焊膜与 PCB 基材之间存在气体或水汽，这些微量的气体或水汽会在不同工艺过程中被夹带到其中，当遇到高温时，气体膨胀而导致阻焊膜与 PCB 基材分层，焊接时，焊盘温度相对较高，故气泡首先出现在焊盘周围。

下列原因均会导致 PCB 夹带水汽。

① PCB 在加工过程中经常需要清洗、干燥后再做下道工序，如蚀刻后应先干燥再贴阻焊膜，若此时干燥温度不够，则会夹带水汽进入下道工序，在焊接时遇高温而出现气泡。

② PCB 加工前存放环境不好，湿度过高，焊接时又没有及时进行干燥处理。

③ 在波峰焊工艺中，现在经常使用含水的助焊剂，若 PCB 预热温度不够，则助焊剂中的水汽会沿通孔的孔壁进入 PCB 基材的内部，其焊盘周围首先进入水汽，遇到高温后就会产生气泡。

（2）解决办法。

① 严格控制各个生产环节，购进的 PCB 应检验后入库，通常 PCB 在 260℃10s 左右不应出现起泡现象。

② PCB 应存放在通风干燥的环境中，存放期不超过 6 个月。

③ PCB 在焊接前应放在烘箱中，在（120±5）℃下预烘 4h。

④ 波峰焊的预热温度应严格控制，PCB 在波峰焊前温度应达到 100～140℃，如果使用含水的助焊剂，那么其预热温度应达到 110～145℃，确保水汽能蒸发完。

4．针孔及气孔

针孔及气孔都代表着焊点中有气泡，只是尚未扩大至表层，大部分都发生在基板底部，当底部的气泡在完全扩散爆开前已冷凝，即形成了针孔或气孔。针孔和气孔的不同在于直径的大小，针孔的直径较小，气孔的直径较大。

（1）产生原因。

① 在基板或零件的引脚上沾有有机污染物，此类污染材料来自自动插件机、引脚成形机或储存不良等因素。

② 基板含有电镀液和类似材料所产生的水汽，若基板使用较廉价的材料，则有可能吸入此类水汽，焊接时产生足够的热，将溶液汽化因而造成针孔或气孔。

③ 基板储存太久或包装不当，吸收附近环境的水汽。

④ 助焊剂槽中含有水分。

⑤ 发泡及热风刀用的压缩空气中含有过多的水汽。

⑥ PCB 预热温度过低，无法蒸发水汽或溶剂，基板一旦进入锡炉，水汽瞬间与高温接触，产生爆裂。

⑦ 焊料温度过高，水汽或溶剂遇此高温，立刻爆裂。

（2）解决办法。

① 用普通溶剂去除引脚上的有机污染物，由于硅油及含有硅的产品难以去除，如发现问题是由硅油造成的，须考虑改变润滑油或脱模剂的来源。

② 装配前将基板在烘箱中烘烤，去除基板中含有的水汽。

③ 定期更换助焊剂。

④ 压缩空气需加装滤水器，并定期排气。

⑤ 调高预热温度。

⑥ 调低锡炉温度。

5．焊接粗糙

（1）产生原因。

① 不当的时间-温度关系。

② 焊料成分不正确。

③ 焊料冷却前机械振动。

④ 焊料被污染。

（2）解决办法。

① 调节传送导轨的速度与焊接预热温度，以建立适当的时间-温度关系。

② 检查焊料成分，以确定焊料类型和对某合金适当的焊接温度。

③ 检查传送导轨，确保基板在焊接与凝固时不会振动或摇动。

④ 检查引起污染的不纯物类型，以适当的方法减少或消除焊锡槽中已污染的焊料（稀释或更换焊料）。

6．焊接成块与焊接物突出

（1）产生原因。

① 传送导轨速度太快。

② 焊接温度太低。

③ 二次焊接波形偏低。

④ 波形不当或波形与 PCB 板面角度不当及出端波形不当。

⑤ PCB 板面污染及可焊性不佳。

（2）解决办法。

① 调慢传送导轨的速度。

② 调高锡炉温度。

③ 重新调整二次焊接波形。

④ 重新调整波形及调节传送导轨角度。

⑤ 清洁 PCB 板面，改善其可焊性。

7．焊料过多

元器件焊端和引脚被过多的焊料包围，润湿角大于 90°。

（1）产生原因。

① PCB 预热温度过低，焊接时元器件与 PCB 吸热，使实际焊接温度降低。

② 助焊剂的活性差或密度过小。

③ 焊盘、插装孔或引脚可焊性差，不能充分润湿，产生的气泡裹在焊点中。

④ 焊料中锡的含量减少，或焊料中杂质铜的含量高，使焊料黏度增加，流动性变差。

⑤ 焊料残渣太多。

⑥ 焊接温度过低或传送导轨速度过快，使熔融焊料的黏度过大。

（2）解决办法。

① 根据 PCB 尺寸、板层数、有无贴装元器件、元器件的多少等设置预热温度，PCB 底面温度为 90～130℃。

② 更换助焊剂或调整适当的助焊剂密度。

③ 提高 PCB 的加工质量，元器件先到先用，不要存放在潮湿的环境中。

④ 当锡的含量比例小于 61.4%时，可适量添加一些纯锡，杂质过高时应更换焊料。

⑤ 每天结束工作时应清理残渣。

⑥ 控制焊料波温度为（250±5）℃，焊接时间为 3～5s。

8．锡薄

（1）产生原因。

① 元器件引脚可焊性差，焊盘太大（需要大焊盘除外），焊盘孔太大。

② 焊接角度太大，传送速度过快。

③ 锡炉温度高，助焊剂涂敷不匀，焊料含锡量不足。

（2）解决办法。

① 解决引脚可焊性，设计时减小焊盘及焊盘孔。

② 减小焊接角度，调节传送速度。

③ 调节锡炉温度，检查预涂助焊剂装置，化验焊料中锡的含量。

9．连锡

（1）产生原因。

① 助焊剂预热温度太高或太低（一般在 100～110℃），预热温度太低，助焊剂活性不高；

预热温度太高，进锡炉时助焊剂已经蒸发完。

② 没有助焊剂或助焊剂不够、不均匀，熔融状态下的焊料表面张力没有被释放。

③ PCB 预热温度不够。焊接过程中由于元器件吸热量大，导致元器件无法达到焊接温度，以致脱锡不良而形成连锡；还有可能是锡炉温度低，或者焊接速度太快。

④ 铜或其他金属含量超标，导致焊料的流动性降低，容易造成连锡。

⑤ 波峰焊的传送轨道角度不合适。

⑥ PCB 受热中间下沉变形，造成连锡。

（2）解决办法。

① 调节助焊剂预热温度。

② 若助焊剂不够或不够均匀，则加大喷涂量。

③ 调节 PCB 预热温度或锡炉温度。锡炉的温度，控制在 265℃左右，最好用温度计测一下波峰打起时的波峰温度，因为设备的温度传感器可能在炉底或其他位置。

④ 定期做锡成分分析并针对分析结果进行改善。

⑤ 调节传送轨道角度（7° 最好）。

⑥ 若 PCB 变形，应及时处理。

7.5　思考与练习题

【思考】波峰焊是 THT 工艺中所普遍使用的焊接方式。在元器件尚未完全片式化之前，波峰焊机仍然是一种重要的电子产品生产设备。它与再流焊机相互配合，根据生产实际交替使用，以高质量高速度低成本完成电子产品组装为准则。两种焊接方式分别具有各自的特点与优势，不存在孰优孰劣的问题。这也是事物认知的普遍道理。

1. 试总结焊接的分类及应用场合。
2. 什么是锡焊？ 其主要特征是什么？
3. 锡焊必须具备哪些条件？
4. 简述波峰焊的工艺流程。
5. 简述波峰焊机的基本操作规程。
6. 什么叫气泡遮蔽效应？什么叫阴影效应？
7. 目前有哪些新型或改进型的波峰焊设备？其特点各是什么？
8. 画出理想的双波峰焊的焊接温度曲线。
9. 说明常见波峰焊焊接缺陷的产生原因及解决办法。

第 8 章

再流焊与再流焊设备

8.1 再流焊工作原理

再流焊也称为回流焊，是英文 Reflow Soldering 的直译，再流焊工艺是通过重新熔化预先分配到 PCB 焊盘上的膏状软焊料，实现 SMT 元器件焊端或引脚与 PCB 焊盘之间机械连接与电气连接的软钎焊。

1．再流焊工艺概述

再流焊是伴随微型化电子产品的出现而发展起来的锡焊技术，主要应用于各类 SMT 元器件的焊接。这种焊接技术的焊料是焊锡膏。先在 PCB 的焊盘上涂敷适量和适当形式的焊锡膏，再把 SMT 元器件贴装到相应的位置；焊锡膏有一定的黏性，使元器件固定；最后让贴装好元器件的 PCB 进入再流焊设备。传送系统带动 PCB 依次通过设备里各个设定好的温度区域，焊锡膏经过干燥、预热、熔化、润湿、冷却，将元器件焊接到 PCB 上。再流焊的核心环节为利用外部热源加热，使焊锡膏熔化再次流动润湿，从而完成 PCB 的焊接过程。

由于再流焊工艺有“再流动”及“自对中效应”的特点，使再流焊工艺对贴装精度的要求比较宽松，容易实现焊接的高度自动化与高速度。同时，也正因为再流动及自对中效应的特点，再流焊工艺对焊盘设计、元器件标准化、元器件焊端与 PCB 质量、焊锡膏质量及工艺参数的设置有更严格的要求。

再流焊的操作方法简单、效率高、质量好、一致性好且节省焊锡膏（仅在元器件的引脚下有很薄的一层焊锡膏），是一种适合自动化生产的电子产品装配技术。再流焊工艺目前已经成为 SMB 安装技术的主流。

再流焊工艺的一般流程如图 8-1 所示。

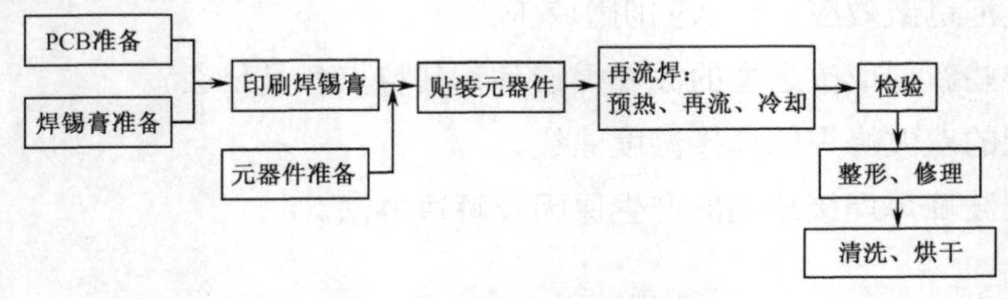

图 8-1　再流焊工艺的一般流程

2. 再流焊工艺的特点

与波峰焊工艺相比，再流焊工艺具有以下特点。

① 元器件不直接浸在熔融的焊料中，所以元器件受到的热冲击小（由于加热方式不同，有些情况下施加给元器件的热应力也会比较大）。

② 能在前导工序里控制焊锡膏的施放量，减少了虚焊、桥接等焊接缺陷，所以焊接质量好，焊点的一致性好，可靠性高。

③ 假如前导工序在 PCB 上施放焊锡膏的位置正确而贴装元器件的位置有一定偏离，在再流焊过程中，当元器件的全部焊端、引脚及其相应的焊盘同时润湿时，由于熔融焊锡膏表面张力的作用，产生自对中效应，能够自动校正偏差，把元器件拉回到近似准确的位置。

④ 再流焊的焊料是商品化的焊锡膏，能够保证正确的组分，一般不会混入杂质。

⑤ 可以采用局部加热的热源，因此能在同一块 PCB 上采用不同的焊接方法进行焊接。

⑥ 工艺简单，返修的工作量很小。

3. 再流焊工艺的焊接温度曲线

控制与调整再流焊设备内焊接对象在加热过程中的时间-温度函数关系（常简称为焊接温度曲线），是决定再流焊效果与质量的关键。各类设备的演变与改善，其目的是便于更加精确地调整焊接温度曲线。

再流焊的加热过程可以分成预热区、焊接区（再流区）和冷却区三个最基本的温度区域，主要有两种实现方法：一种是沿着传送系统的运行方向，让 PCB 顺序通过隧道式再流焊炉内的各个温度区域；另一种是把 PCB 停放在某一固定位置上，在控制系统的作用下，按照各个温度区域的梯度规律调节、控制温度的变化。温度曲线主要反映 SMA 的受热状态，再流焊的理想焊接温度曲线如图 8-2 所示。

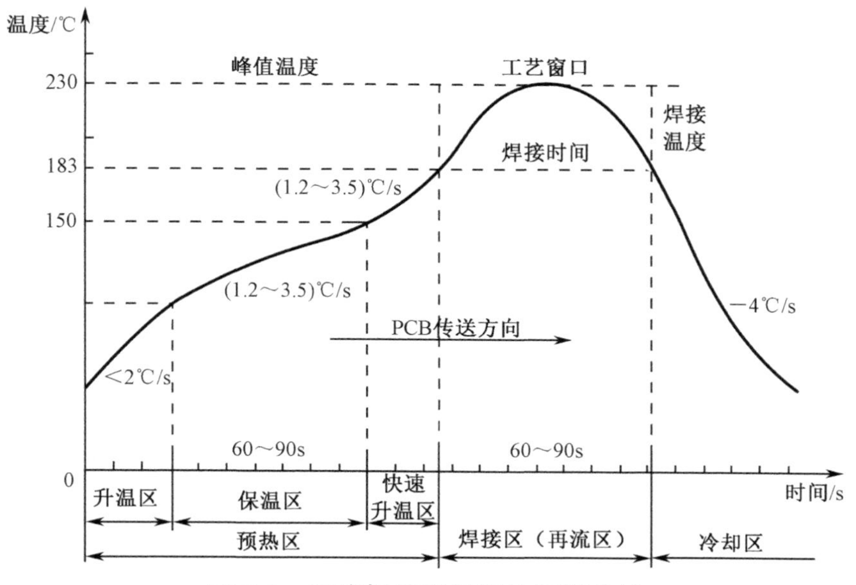

图 8-2 再流焊的理想焊接温度曲线

典型的温度变化过程通常由三个温区组成，分别为预热区（含升温区、保温区及快速升温区三部分）、焊接区（再流区）与冷却区。

（1）预热区：PCB 在 100～160℃的温度下均匀预热 2～3min，焊锡膏中的低沸点溶剂和抗氧化剂挥发，化成烟气排出；同时，焊锡膏中的助焊剂润湿，焊锡膏软化塌落，覆盖了焊盘和元器件的焊端或引脚，使它们与氧气隔离；并且，PCB 和元器件得到充分预热，以免它们进入焊接区因温度突然升高而损坏。

预热后进入保温区：温度维持在 150～160℃，焊锡膏中的活性剂开始发挥作用，去除焊接对象表面的氧化层。

（2）焊接区（再流区）：温度逐步上升，超过焊锡膏熔点温度的 30%～40%（一般锡铅合金焊锡膏的熔点为 183℃，比熔点高约 47～50℃），峰值温度达到 220～230℃的时间短于 10s，焊锡膏在热空气中再次熔融，润湿元器件焊端与焊盘，时间为 30～90s。这个范围一般称为工艺窗口。

（3）冷却区：当焊接对象从炉膛内的冷却区通过，使焊锡膏冷却凝固，全部焊点同时完成焊接。

由于元器件的品种、大小与数量不同，以及 PCB 尺寸等诸多因素的影响，要获得理想而一致的焊接温度曲线并不容易，需要反复调整设备各温区的加热器，才能达到最佳焊接温度曲线。

为调节最佳工艺参数而测定焊接温度曲线，是通过温度测试记录仪实现的，这种测试记录仪一般由多个热电偶与记录仪组成。5～6 个热电偶分别固定在小元器件、大器件、BGA 芯片内部、PCB 边缘等位置，连接记录仪，一起随 PCB 进入炉膛，记录时间-温度函数。在炉子的出口处取出后，把函数导入计算机，用专用软件处理并描绘曲线。

4．再流焊的工艺要求

再流焊的工艺要求主要有以下几点。

① 要设置合理的焊接温度曲线。再流焊是 SMT 生产中的关键工序，假如焊接温度曲线设置不当，会引起焊接不完全、虚焊、元器件翘立（“立碑”现象）、锡珠飞溅等焊接缺陷，影响产品质量。

② SMB 在设计时就要确定焊接方向，并应当按照设计方向进行焊接。一般情况下，应该保证主要元器件的长轴方向与 SMB 的运行方向垂直。

③ 在焊接过程中，要严格防止传送带振动。

必须对第一块 PCB 的焊接效果进行判断，实行首件检查制。首件检查的内容为焊接是否完全，有无焊锡膏熔融不充分或虚焊和桥接的痕迹，焊点表面是否光亮，焊点形状是否向内凹陷，是否有锡珠飞溅和残留物等现象，还要检查 PCB 的表面颜色是否改变。在批量生产过程中，要定时检查焊接质量，及时对焊接温度曲线进行修正。

8.2　再流焊炉的结构和技术指标

8.2.1　再流焊炉的主要结构

目前的再流焊设备大体分为热风再流焊炉、气相再流焊炉和激光再流焊炉三大类。无论哪种形式的再流焊炉，一般都由以下几部分组成：炉体、上下加热源、PCB 传送装置、空气循环装置、冷却装置、排风装置、温度控制装置及计算机控制系统。现以热风再流焊炉为例介绍再流焊炉的结构。

1．外部结构

① 电源开关。主电源来源一般为 380V 三相五线制电源。

② PCB 传输系统有三种：一是四氟乙烯玻璃纤维布传送带，它以 0.2mm 厚的四氟乙烯玻璃纤维布为传送带，运行平稳，导热性好。二是不锈钢网传送带，它把不锈钢网张紧后成为传送带，刚性好，运行平稳。三是链条导轨，这是目前普遍采用的方法，链条的宽度可实现机调或电调，PCB 放置在链条导轨上，能实现 SMA 的双面焊接。

③ 信号指示灯。指示设备当前状态，共有三种颜色。绿色灯亮表示设备各项检测值与设定值一致，可以正常使用；黄色灯亮表示设备在设定中或尚未启动；红色灯亮表示设备有故障。

④ 抽风口。生产过程中将助焊剂烟气等废气抽出，保证炉内气体干净。

⑤ 显示器、键盘及设备操作接口。

⑥ 散热风扇。

⑦ 紧急开关按钮。按紧急开关按钮可关闭各电动机电源，同时关闭发热器电源，设备进入紧急停止状态。

2．内部结构

热风再流焊炉的内部结构如图 8-3 所示。

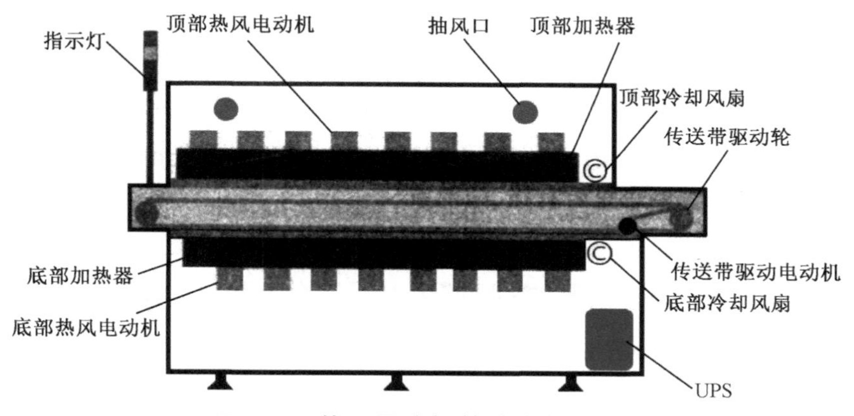

图 8-3　热风再流焊炉的内部结构

① 加热器。一般为石英发热管组，提供炉体所必需的热量。

② 热风电动机。驱动风泵将热量传输至 PCB 表面，保持炉内热量均匀。

③ 冷却风扇。冷却焊后的 PCB。

④ 传送带驱动电动机。给传送带提供驱动动力。

⑤ 传送带驱动轮。传送带驱动轮起传动网链作用。

⑥ UPS（不间断电源）。在主电源突然停电时，由 UPS 提供电能，传动网链运动，将 PCB 运送出炉。

再流焊炉还可以用来焊接 PCB 的两面：先在 PCB 的 *A* 面漏印焊锡膏，贴装 SMT 元器件后入炉完成焊接；再在 *B* 面漏印焊锡膏，贴装元器件后再次入炉焊接。这时，PCB 的 *B* 面朝上，在正常的温度控制下完成焊接，*A* 面朝下，受热温度较低，已经焊好的元器件不会从 PCB 上脱落下来。再流焊时 PCB 两面的温度不同如图 8-4 所示。

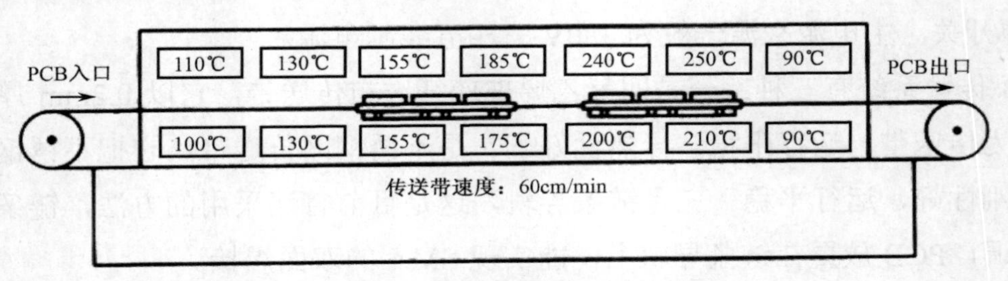

图 8-4　再流焊时 PCB 两面的温度不同

8.2.2　再流焊炉的主要技术指标

（1）温度控制精度（传感器灵敏度）：温度控制精度应该达到±（0.1～0.2）℃。

（2）温度均匀度：±（1～2）℃，炉膛内同一温区不同点的温差应该尽可能小。

（3）传送带横向温差：要求±5℃以下。

（4）焊接温度曲线调试功能：如果设备无此装置，要外购温度曲线采集器。

（5）最高加热温度：一般为 210～235℃，如果考虑温度更高的无铅焊接或金属基板焊接，那么温度应该选择 250℃以上。

（6）加热区数量和长度：加热区数量越多，长度越长，越容易调整和控制焊接温度曲线。一般中小批量生产，选择 4 个或 5 个温区，加热长度为 1.8m 左右的设备，就能满足要求。

（7）焊接工作尺寸：根据传送带宽度确定，一般为 30～400mm。

8.3　再流焊种类及加热方式

再流焊的核心环节是将预敷的焊锡膏熔融、再流、润湿。再流焊对焊锡膏加热有不同的方法，就热量的传导方式来说，主要应用辐射和对流两种方式。按照加热区域不同，可以分为对 PCB 整体加热和局部加热两大类：整体加热的方法主要有红外辐射加热法、气相加热法、热风加热法和热板加热法；局部加热的方法主要有激光加热法、红外辐射聚焦加热法、热气流加热法和光束加热法。

8.3.1 红外辐射再流焊

红外辐射加热法的主要工作原理是在设备内部，通电的陶瓷发热板（或石英发热管）辐射出远红外辐射，PCB 通过数个温区，接受辐射转化为热能，达到再流焊所需的温度，焊锡膏润湿完成焊接，而后冷却。红外辐射再流焊是最早、使用最广泛的 SMT 焊接方法之一，其原理示意图如图 8-5 所示。

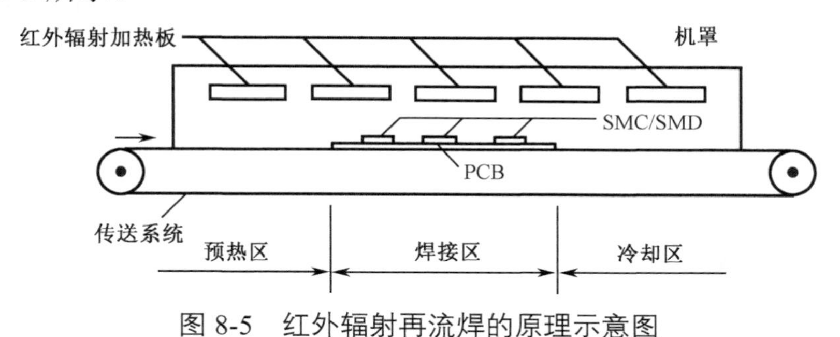

图 8-5 红外辐射再流焊的原理示意图

红外辐射再流焊炉设备成本低，适用于低安装密度产品的批量生产，调节温度范围较宽的炉子也能用于点胶贴装后固化贴片胶。炉内有远红外辐射与近红外辐射两种热源，通常前者多用于预热，后者多用于再流加热。整个加热炉可以分成几段温区，分别控制温度。

红外辐射再流焊炉的优点是热效率高，温度变化梯度大，焊接温度曲线容易控制，焊接双面 PCB 时，上、下温差大。缺点是 PCB 同一面上的元器件受热不够均匀，温度设定难以兼顾，阴影效应较明显；当元器件的封装、颜色深浅、材质差异不同时，各焊点吸收的热量不同；体积大的元器件会对体积小的元器件造成阴影，使之受热不足。

8.3.2 红外热风再流焊

20 世纪 90 年代后，元器件进一步小型化，SMT 的应用不断扩大。为使不同颜色、不同体积的元器件（如 QFP、PLCC 和 BGA 封装的集成电路）能同时完成焊接，必须改善再流焊炉的热传导效率，减小元器件之间的峰值温差，在 PCB 通过温度隧道的过程中维持稳定一致的焊接温度曲线，设备制造商开发了新一代再流焊炉，改进加热器的分布与空气的循环流向，增加温区划分，使之能进一步精确地控制炉内各部位的温度分布，便于焊接温度曲线的理想调节。

在对流、辐射和传导这三种热的传导机制中，前两者容易控制。红外辐射加热的效率高，而强制对流可以使加热更均匀。红外热风再流焊工艺结合了红外辐射与热风对流两者的优点，用波长稳定的红外辐射（波长约 8μm）发生器作为主要热源，利用热风对流的均衡加热特性减小元器件与 PCB 之间的温差。

这种工艺的特点是，在炉体内，热空气不停流动，均匀加热，有极高的热传递效率，并且不单纯依靠红外辐射加热。各温区可以独立调节热量，通过减小热风对流和在 PCB 下面采取制冷措施来保证加热温度均匀稳定。由于 PCB 表面和元器件之间的温差小，焊接温度曲线容易控制。红外热风再流焊炉的生产能力高，操作成本低。

现在，随着温度控制技术的进步，高档的强制对流热风再流焊炉的温度隧道细分了不同的温度区域，如把预热区细分为升温区、保温区和快速升温区等。在国内设备条件好的企业里，已经能够见到 8～12 个温区的再流焊炉。当然，再流焊炉的强制对流加热方式和加热器形式也在不断改进，使对流传导给电路板热量的效率更高，加热更均匀。图 8-6 所示为红外热风再流焊炉。

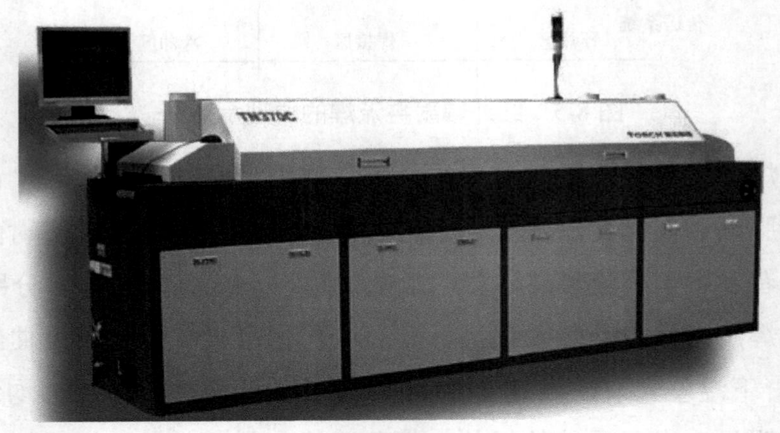

图 8-6　红外热风再流焊炉

8.3.3　气相再流焊

气相再流焊又称气相焊（Vapor Phase Soldering，VPS），这种焊接方法是 20 世纪 70 年代开发研究成功的。起初主要用于厚膜集成电路的焊接，由于 VPS 具有升温速度快，温度均匀恒定的优点，因此被广泛用于一些高难度电子产品的焊接。但由于在焊接过程中需要大量使用形成“气相场”的传热介质——FC-70，它价格昂贵，又是典型的消耗臭氧层物质（ODS），故 VPS 未能在 SMT 生产线中全面推广应用。

VPS 的原理是利用加热 FC-70 类高沸点的液体作为转换介质，利用它们沸腾后产生的饱和蒸汽，遇到冷工件后放出汽化潜热，从而使工件升温并达到焊接所需要的温度，蒸汽本身转化为同温度的流体。利用相变热来实现 SMA 焊接的方法，称为 VPS。

1. VPS 的优点

与红外再流焊相比，VPS 具有如下优点。

① 由于 SMA 置于恒定温度的气相场中，汽化潜热释放对 SMA 的结构和几何形状不敏感，所以可使SMA均匀地加热到焊接温度，特别是对于超大型的BGA器件及形状复杂的SMA的焊接十分有利。

② 焊接温度保持一定，无须采用复杂的控温手段就可以精确地保持焊接温度，不会发生过热，并可以采用不同沸点的传热介质，以满足不同焊接温度的需要。例如，采用低熔点的焊锡膏实现对热敏元器件的焊接，确保 SMA 的可靠性。

③ VPS 的气相场中是传热介质的饱和蒸汽，密度比空气大得多，即氧含量低，有利于形成高质量的焊点，这对 BGA、CSP 和 FC 等器件的焊接都是十分有利的。

④ 在相变传热中，热转换效率高。蒸汽的热转换系数 α 是静止空气热转换系数的 1 000 倍，因此加热速度快。

VPS 工艺尽管由于传热介质价格昂贵而难以广泛推广应用，但由于它具有独特的特点，仍是一种重要的焊接手段，可用于特殊场合下的焊接，如航天、军工电子产品的 SMA 焊接。

2. VPS 的传热介质

实现 VPS 的关键是选择适合的传热介质。它必须满足 VPS 的工艺条件，并能满足下列要求。

① 必须具有较高的沸点，沸点应高于所用焊锡膏的熔化温度 30～40℃。

② 应具有高的化学稳定性和热稳定性，不会与 SMA 所用的材料发生化学反应，也不会与不锈钢等金属发生化学反应。

③ 应与目前常见的电子材料之间有良好的润湿性，但不会在 SMA 上留下导电的或有腐蚀性的残留物。

④ 不易燃，无气味，低毒性。

⑤ 低制造成本。

早期用于 VPS 的传热介质是 1975 年美国 3M 公司推出的全氟化液体 FC-70，其化学名称是全氟三胺，FC-70 具有较高的化学稳定性和优良的焊接工艺性，曾是 VPS 中首选的传热介质。

尽管 FC-70 有较高的热稳定性和化学稳定性，但在长时间的高温下（通常在 VPS 设备运行 80h 以后），会或多或少发生低级别的分解。因此，FC-70 不仅是一种 ODS，还会因热分解出现对人体有害的物质（全氟异丁烯气体），因而限制了 VPS 在 SMT 生产中的广泛应用。

3．VPS 设备

（1）立式 VPS 炉。典型的立式 VPS 炉的结构原理如图 8-7 所示。

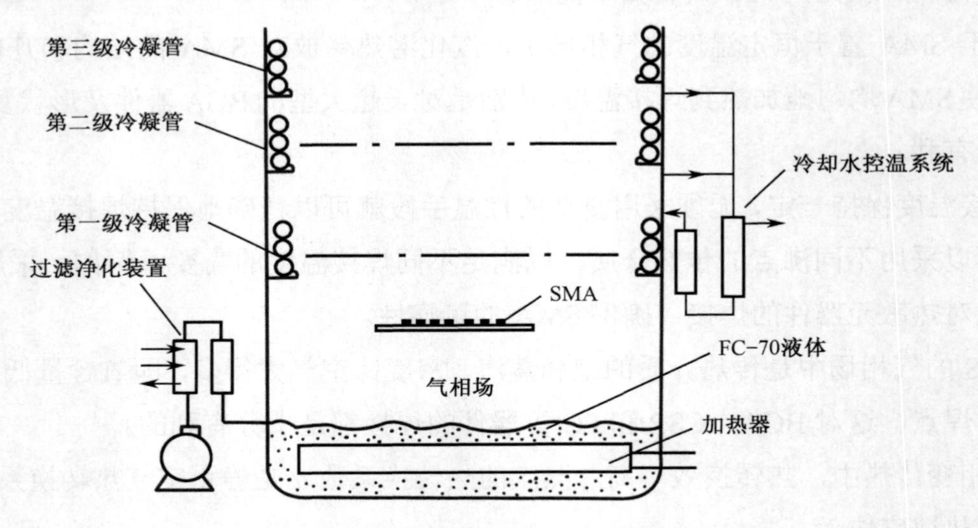

图 8-7　典型的立式 VPS 炉的结构原理

典型的立式 VPS 炉由加热器、过滤净化装置、冷凝管、冷却水控温系统等组成，加热器浸在 FC-70 液体中，由其提供热量使 FC-70 沸腾，形成气相场。

① 立式 VPS 炉的技术特点。最初的立式 VPS 炉直接将 FC-70 在敞开的加热设备中加热至沸腾，但由于 FC-70 蒸汽的大量挥发，导致成本过高，难以实现商业化，后来由美国 Western 电气公司研制出一种防 FC-70 蒸汽逃逸的技术，即在立式 VPS 炉的蒸汽上方安放第一级冷凝管，并通入冷却水，有效地使 FC-70 蒸汽回流到主溶液中。同时还将低沸点的 FC-113 投放到 FC-70 中。通常 FC-113 的沸点为 47℃左右，故 FC-113 迅速汽化，并在 FC-70 蒸汽场上方形成一个“汽盖”，将 FC-70 密封在下方。通常第一级冷凝管的温度保持在 50℃，它一方面可以使过热的 FC-70 蒸汽冷却回流，另一方面又能使 FC-113 加热汽化并形成“汽盖”。此外，还在第一级冷凝管（50℃）的上方，即在“汽盖”的上方设立第二级冷凝管，并在其中通入低温（7～15℃）冷却水，这样又可以防止“汽盖”逃逸，始终稳定在 FC-70 蒸汽的上方。同样的道理，第三级冷凝管可以进一步起到冷却降温的功能，这就是所谓的防 FC-70 蒸汽逃逸技术，采用该技术后，大大降低了 FC-70 的挥发。

② 液体处理系统。它用来去除设备运行过程中 FC-70 的分解物，包括各种金属氯化物、氟化物及焊锡膏中的助焊剂残留物。

③ 焊接工艺。焊接时，先将 SMA 在外加的辅助烘道或烘箱中预热至 130～150℃（约 1～1.5min），再放入立式 VPS 炉的吊篮中，浸到主气相区，根据设定的时间再由吊篮回升到外界，VPS 焊接温度曲线如图 8-8 所示。

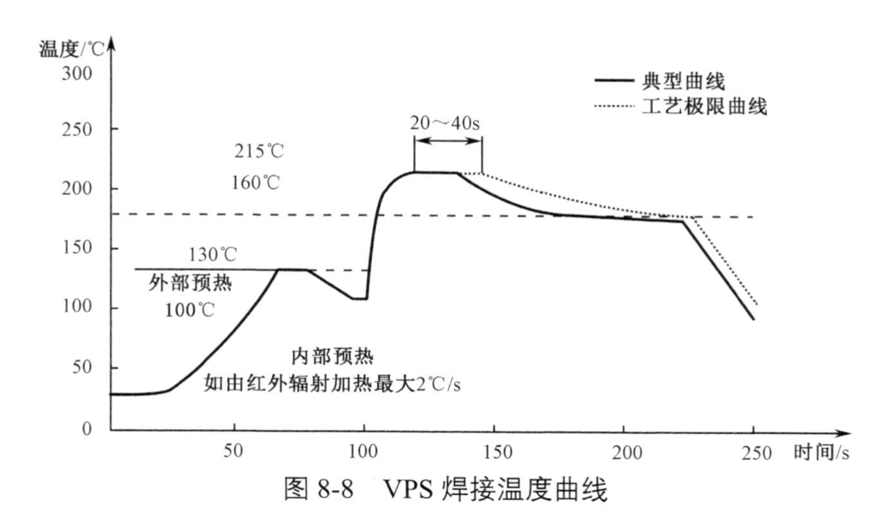

图 8-8　VPS 焊接温度曲线

由于这种设备仅能实现间歇式生产，故仅能供小批量生产或在特殊场合下使用。

（2）传送带式 VPS 设备。传送带式 VPS 设备能实现连续式生产，典型的产品由 HTC 公司开发成功，其原理如图 8-9 所示。

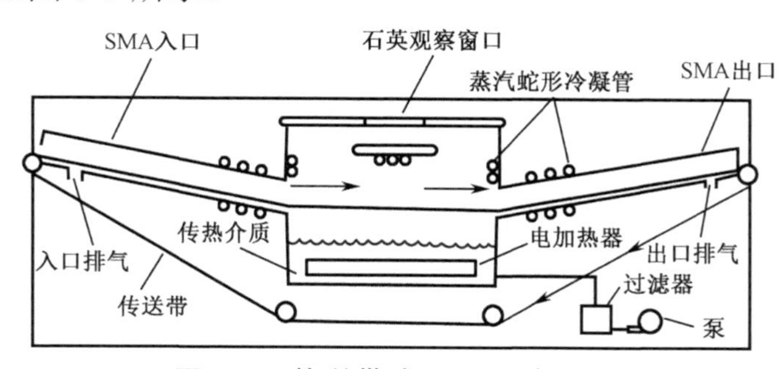

图 8-9　传送带式 VPS 设备原理

传送带式 VPS 设备的主要特点是传送带装载 SMA 直接经过主气相区，并实现连续操作，FC-70 加热槽原理同间歇式 VPS 设备类似，但冷却系统的设置比间歇式要复杂得多，效果却比较差，因为 SMA 进出口部分就在主气相区，冷凝管安装在传送带出入口附近，其难度明显增大，以及二次“汽盖”的形成也很困难。因此，必须设计液体的补给系统并防“干烧”，因此传送带式 VPS 设备中传热介质的使用量会明显增加。

传送带式 VPS 设备在使用中同样应配备预热烘道，SMA 进行预热后才能送入 VPS 炉中，否则过高的温差会导致焊锡膏的助焊剂汽化而出现锡珠过多及元器件立碑现象。此外，VPS 过程中元器件快速加热，升温速率无法控制，因而会导致元器件开裂，故在生产中应特别注意元器件的防潮问题。

（3）VPS 炉操作中的注意事项。由于 VPS 炉需要加入传热介质，它的管理与操作明显要比红外再流焊炉复杂得多，下列事项应加以注意。

① 传热介质应超过加热器的高度，并要定期过滤以保持传热介质的清洁。

② 冷却系统及冷却介质要定期检查和更换，保证冷却系统安全工作。

③ 应连续监控蒸汽和液体沸点，确保焊接质量的可靠性。

④ 更换下来的传热介质及冷却介质应妥善处理（与供货厂家商定），不应随意丢弃。

8.3.4 激光再流焊

激光再流焊利用激光束直接照射焊接部位，焊点吸收光能转变为热能，使焊接部位加热，至焊锡膏熔化，光照停止后焊接部位迅速冷却，焊料凝固，其原理如图 8-10 所示。

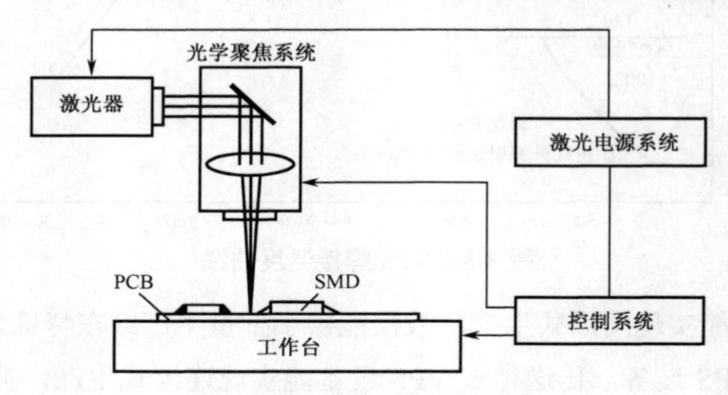

图 8-10　激光再流焊原理

图 8-10 中激光束发出后，经过调节反光镜、扩束器、聚光镜使光束聚焦后照在焊盘上实现焊接。另外，由摄像机、中继透镜组成控制系统，实现对中精度的控制。

激光再流焊利用激光束良好的方向性及功率密度高的特点，通过光学系统将 CO_2 或 YAG 激光束聚集在很小的区域内，在很短的时间内使焊接对象形成一个局部加热区。

激光再流焊的加热具有高度局部化的特点，不产生热应力，热冲击小，热敏元器件不易损坏，但设备投资大，维护成本高。

8.3.5 通孔红外再流焊工艺

通孔插装元器件（THC/THD）一般是采用波峰焊工艺实现与 PCB 的连接的，由于波峰焊工艺的不良焊点率通常要高于焊锡膏-再流焊工艺近 10 倍，在一些微型化产品的生产中，如彩电电子调谐器的生产中，随着外形尺寸的减小，采用波峰焊工艺的产品故障率要高出许多倍。特别是在电子调谐器中因一些线圈要调节电感量，又很难片式化，为了提高电子调谐器的合格率，必须对其中的 THC/THD 采用焊锡膏-再流焊工艺。

1. 通孔红外再流焊工艺流程

常见的通孔红外再流焊工艺有下列几种。

（1）THC/THD 和 SMC/SMD 分别在 PCB 两侧的单面板。图 8-11 所示为单面板贴插混装形式示意图。其工艺流程如下。

① 在 *B* 面采用焊锡膏-再流焊工艺，实现 SMC/SMD 的焊接。

② 在 *B* 面 THC/THD 焊盘上涂敷焊锡膏。

③ 反转 PCB。

④ 插入 THC/THD。

⑤ 第二次在 THC/THD 焊盘上实施再流焊，如图 8-12 所示。

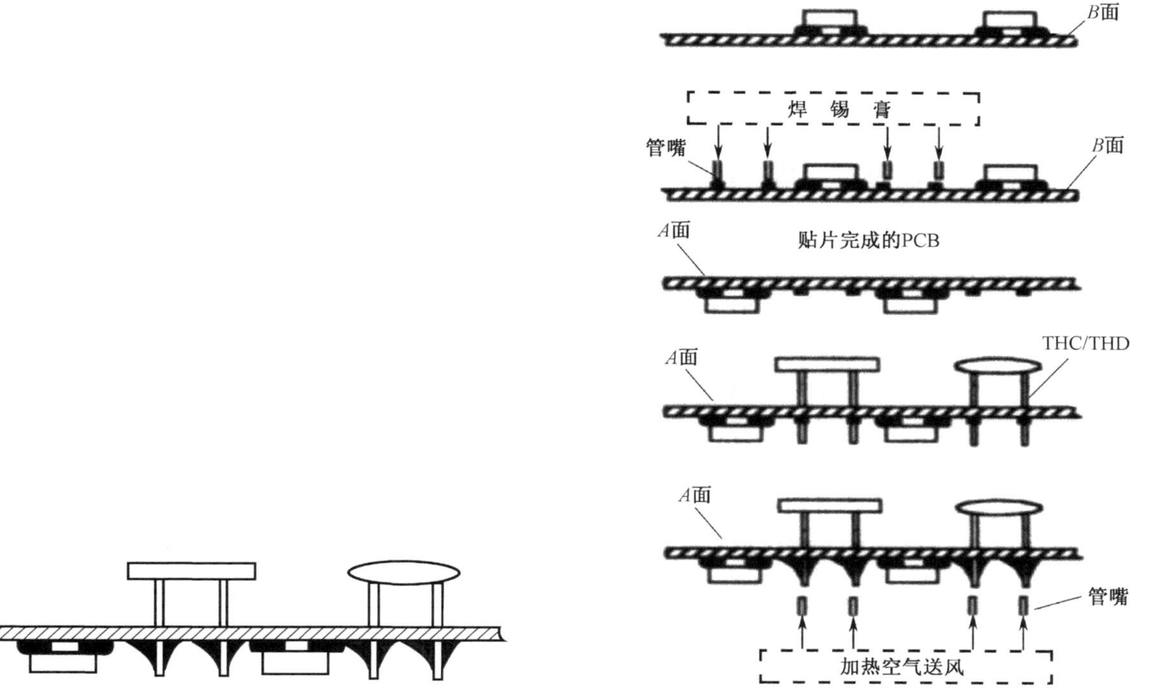

图 8-11 单面板贴插混装形式示意图

图 8-12 单面板（THC/THD 和 SMC/SMD 分别在 PCB 两侧）工艺流程

（2）THC/THD 和 SMC/SMD 在 PCB 同一侧的单面板。该工艺方法需在进行 PCB 设计时将所有元器件（SMC/THC/SMD/THD）与焊盘设计在 PCB 的一侧，THC/THD 与 SMC/SMD 使用同样的设备、同样的方法，在同样的条件下，一次焊接就可以实现装联，具有可靠性最高、热应力最小的优点，在通孔红外再流焊工艺中应作为首选工艺。其工艺流程如下。

① 在 SMC/SMD 焊盘和 THC/THD 焊盘上同时印刷焊锡膏。

② 贴装 SMC/SMD。

③ 插装 TMC/TMD。

④ 一次再流焊，完成所有元器件的装联。

（3）双面板通孔红外再流焊。双面板通孔红外再流焊的工艺流程如下。

① 先用焊锡膏-再流焊工艺完成双面 SMC/SMD 的焊接。

② 然后在 *B* 面的 THC/THD 焊盘上涂敷焊锡膏。

③ 反转 PCB 并插入 THC/THD。

④ 第三次再流焊，完成所有元器件的装联。

THC/THD 再流焊的关键技术是无论单面板还是双面板的 THC/THD 再流焊，主要难点在于如何在 THC/THD 焊盘上涂敷焊锡膏，以及如何实现再流焊。

2．THC/THD 焊盘上焊锡膏的涂敷

① 对于 THC/SMC 布置在 PCB 同一侧的产品可以实现所有焊盘一次性印刷焊锡膏，采用这种方法时，THC/THD 焊盘设计应严格控制焊盘孔径，通常取 THC/THD 引脚直径加 0.2～0.25mm。若焊盘孔为方孔，则方孔对角线加长 0.1～0.15mm，其原则是将孔径尺寸收紧。焊盘外直径为孔径的 2～2.5 倍。模板厚度应考虑到 SMD 焊盘的焊锡膏量，通常可取 0.2～0.25mm，即尽可能增加模板厚度。

用于通孔焊盘的模板窗口，应取焊盘直径减 0.1mm，确保模板窗口落在焊盘之上。

② 对于其他类型的产品，由于 PCB 两面已经焊接好了 SMC/SMD，无法采用一次性印刷焊锡膏的方法来实现对 THC/THD 焊盘涂敷焊锡膏，可采用点胶机逐点涂敷焊锡膏，焊锡膏的形状与大小都能准确控制。这种方法具有灵活方便，无须再制作模板的优点，但生产速度相对较慢，仅适合多品种、小批量产品的生产。

③ 采用管状针模板印刷法。这种方法通过带管状针的模板来实现对 THC/THD 焊盘的焊锡膏涂敷，形状、大小都能像点胶机一样准确控制，而且速度也很快。它通常在专用印刷机下进行操作，即在传统的模板窗口处安放针管，由于针管的高度一般都超过已经贴装 SMD 的高度，故可不考虑 SMD 厚度的障碍，其工作原理如图 8-13 所示。

当模板上的针管对准焊盘后，采用刮轮滚压焊锡膏，强制焊锡膏更多地印刷到 THC/THD 焊盘上。焊锡膏的印刷量由刮轮运行速度、压力来调控。这种方法可实现各种情况下的焊锡膏印刷，包括机插 THC/THD 后的焊锡膏涂敷，特别适用于长线产品大批量生产的需要。

④ 使用焊料预制片。预制片是一种环形的焊料合金，尺寸可以根据需要来选择，它可以事先放置在元器件的引脚上，也可以在元器件插装后再放置到引脚上，此方法能获得满意的焊接效果，但由于施工速度慢，仅适合在试制品或小批量生产中使用。

3．通孔再流焊

通孔再流焊常用以下两种方法。

① 采用局部加热法，即对 THC/THD 焊盘部位进行局部加热。这种方法的优点是对已经再流焊的 SMC/SMD 可以避免再次加热，对于不耐高温的 THC/THD（如铝电解电容），也不会影响其性能，其原理如图 8-14 所示。

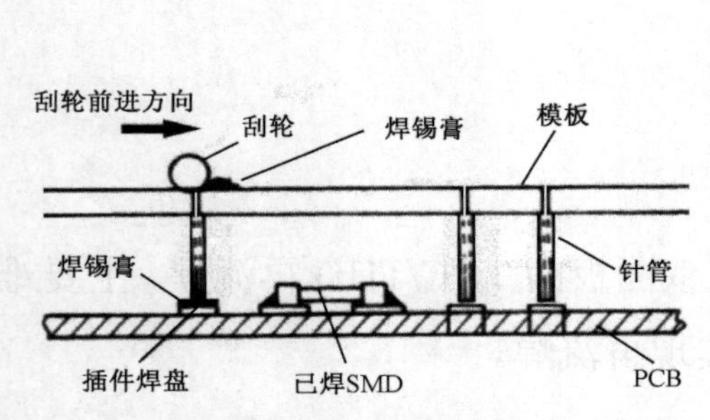

图 8-13 管状针模板印刷法的工作原理

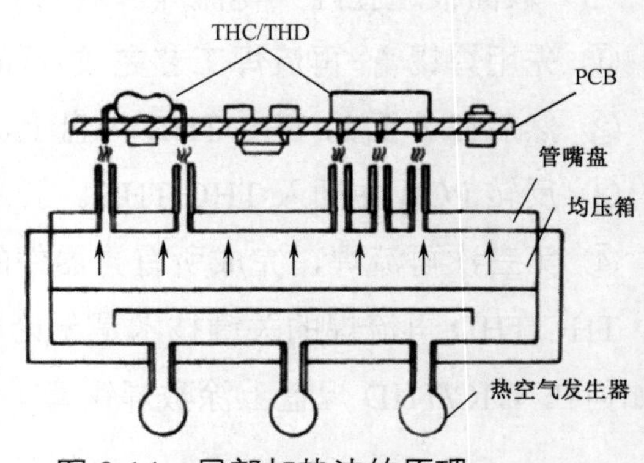

图 8-14 局部加热法的原理

热空气发生器先将热风送入均压箱，均压箱可以使压力更均匀，再通过对准焊盘的管嘴，实现对焊点的加热，故对焊盘周围的影响很小。但这种加热方法需要制作专用的加热器，不能满足大批量生产的需要。

② 采用现有的再流焊炉，对整个工件全面加热，即第二次再流焊。通常已焊接好的阻容元器件会再次熔化，但由于表面张力的作用元器件不会脱落，问题的难点是对一些 THC/THD（如铝电解电容），以及一些不耐热塑料材料，不耐受炉中的高温，故应采取保护措施，如调低再流焊炉上加热板的温度，而应用下加热板加热为主（有的再流焊炉不适用），必要时可以在被焊 SMA 上增加隔热罩以降低高温对元器件的影响，对少量的元器件也可以采取补焊的方法来解决，当然最好采用耐热元器件。

8.3.6 各种再流焊设备及工艺性能比较

1. 各种再流焊工艺主要加热方式的优缺点

各种再流焊工艺主要加热方式的优缺点如表 8-1 所示。

表 8-1 各种再流焊工艺主要加热方式的优缺点

加热方式	原理	优点	缺点
气相	利用惰性溶剂的蒸汽凝聚时释放的汽化潜热加热	（1）加热均匀，热冲击小； （2）升温快，温度控制准确； （3）在无氧环境下焊接，氧化少	（1）设备和传热介质费用高； （2）不利于环保
热板	利用热板的热传导加热	（1）减小对元器件的热冲击； （2）设备结构简单，操作方便，价格低	（1）对 PCB 热传导性能影响大； （2）不适用于大型 PCB、大型元器件； （3）温度分布不均匀
红外	吸收红外辐射加热	（1）设备结构简单，价格低； （2）加热效率高，温度可调范围宽； （3）减少焊料飞溅、虚焊及桥接等缺陷	元器件材料、颜色与体积不同，吸收热量不同，温度控制不够均匀
热风	高温气体在炉内循环加热	（1）加热均匀； （2）温度控制容易	（1）容易产生氧化； （2）能耗大
激光	利用激光的光能转化为热能加热	（1）聚光性好，适用于高精度焊接； （2）非接触加热； （3）用光传送能量	（1）激光在焊接面上反射率大； （2）设备昂贵
红外+热风	强制对流加热	（1）温度分布均匀； （2）热传递效率高	设备价格高

2. SMT 焊接设备与工艺性能比较

用波峰焊设备与再流焊设备焊接 SMT 电路板的有关工艺要求、焊接设备结构及各种加热焊接方法等内容，前面已经分别介绍，这里结合 SMT 电路板的安装方式做进一步比较。表 8-2 比较了各种设备焊接 SMT 电路板的性能。

表 8-2　各种设备焊接 SMT 电路板的性能比较

焊接方法		初始投资	生产费用	生产效率	温度稳定性	工作适应性				
						温度曲线	双面装配	工装适应性	温度敏感元器件	焊接误差率
再流焊	气相	中→高	高	中→高	极好	不定①	能	很好	会损坏	中等
	热板	低	低	中→高	好	极好	不能	差	影响小	很低
	红外	低	低	中	取决于吸收	尚可	能	好	要屏蔽	低②
	热风	高	高	高	好	缓慢	能	好	会损坏	很低
	激光	高	中	低	要精确控制	实验确定	能	很好	极好	低
波峰焊		高	高	高	好	难建立	能③	差	会损坏	高

注：① 调整温度曲线，停顿时改变温度容易，不停顿时改变温度困难。
② 经适当夹持固定后，焊接误差率低。
③ 一面插装普通元器件，一面贴装 SMC。

除了上述一些焊接方法，在微电子器件安装中，超声焊、热超声金丝球焊、机械热脉冲焊都有各自的特点。

随着计算机技术的发展，在电子焊接中使用微处理器控制的焊接设备已经普及。例如，微型计算机控制电子束焊接在我国已研制成功。还有一种光焊技术，已经应用在互补金属氧化物半导体器件（CMOS）集成电路的全自动生产线上，其特点是采用光敏导电胶代替焊料，将电路芯片粘在 PCB 上用紫外线固化焊接。

随着电子工业的不断发展，传统的方法将不断改进和完善，新的高效率的焊接方法也将不断涌现。

8.4　再流焊炉操作指导与焊接缺陷分析

8.4.1　全自动热风再流焊炉操作指导

1．开机

（1）开机前检查准备。

① 检查电源供给（三相五线制电源）是否为本机的额定电源。

② 检查设备是否接地良好。

③ 检查紧急停止按钮（机器前电箱上面左右各有一个红色按钮）是否弹开。

④ 查看炉体是否紧密关闭。

⑤ 查看传送链条及网带是否有刮、碰现象。

（2）合上主机电源开关。按控制面板的电源延时开关 2s 以上，电源指示灯亮，同时听到“哔”的声音，即成功开启，计算机自动进入再流焊主操作界面。

（3）待机器加热温度达到设定值时 10min 后，装配好的 PCB 才能过炉焊接或固化。

2．再流焊接编程

再流焊接编程需设定的主要参数如表 8-3 所示。

表 8-3　再流焊接编程需设定的主要参数

项　目	参　数		功　能
设置	参数设定	炉温	设定各温区的炉温
		PCB 传送速度	设定 PCB 过炉的速度
		上、下风机速度	设定上、下风机速度大小，改善每个温区热量分布的均匀程度
	温度报警设定		设定各温区控温偏差上、下限值
	定时设定		设定系统在一周内每天各个时间段开关机时间
	运输速度补偿值		若实际运输速度大于显示速度，则减小运输系数；若实际运输速度小于显示速度，则增大运输系数
	机器参数设定		设定运输方向、加油周期、产量检测、自动调宽窄等参数
操作	宽度调节		手动或自动进行导轨宽度调节
	面板操作		选择系统在手动或自动状态下运行。选择手动运行时，依次单击“开机”“加热打开”“打开热风机”“运输启动”键；选择自动运行时，先在“定时器”键中设定好系统运行的开关机时间，再单击“自动”键即可启动整个系统自动运行。单击加热区“开关”键，可单独控制每个加热区的加热状态
	I/O 检测		可进行 I/O 检测
	产量清零		清除再流焊炉当前的生产记录

3．再流焊接首件检验

（1）目的。首件检验的目的是确保在无品质异常的情况下投入生产，防止批量性品质问题的发生。

（2）内容。

① 取最先加工完成的 SMA 1～5 件，由检验员进行外观、尺寸、性能等方面的检查和测试。

② 按照标准对 SMA 焊接效果进行检查。

③ 要检查集成电路和有极性的 SMA，判断极性方向是否正确。

④ 要检查是否有偏移、缺件、错件、多件、锡多、锡少、连锡、立碑、虚焊、冷焊等缺陷。

⑤ 检验员将外观图或样本作为首件检查及检验的依据。

⑥ 检查板面是否有异物残留、多件、缺件、PCB 刮伤等不良现象。

⑦ 检查 SMD 偏移是否超出标准。

4．关机

手动状态下，关闭加热，20min 后关闭风机，退出主界面，关闭电源；自动状态下，关闭自动运行，20min 后关闭冷却指示，退出主界面，关闭电源。

5．操作注意事项

① UPS 应处于常开状态。

② 若遇紧急情况，则按机器两端的“紧急停止”按钮。

③ 控制用计算机禁止用于其他用途。

④ 在开启炉体进行操作时，务必要用支撑杆支撑上下炉体。

⑤ 在安装程序完毕后，对所有支持文件不要随意删改，以防程序运行时出现不必要的故障。

⑥ 同机种的 PCB，要求一天测试一次焊接温度曲线。不同机种的 PCB 在转线时，必须测试一次焊接温度曲线。

⑦ 再流焊炉为高温设备，并有挥发性气体排放，应注意防止操作人员接触高温区域，保持排风顺畅。

8.4.2 再流焊常见质量缺陷及解决办法

再流焊的品质受诸多因素的影响，最重要的因素为再流焊炉的焊接温度曲线及焊锡膏的成分及其相应的含量。现在常用的高性能再流焊炉，已能比较方便地精确控制、调整焊接温度曲线，相比之下，在高密度与小型化的趋势中，焊锡膏的印刷质量就成了再流焊质量的关键，焊锡膏成分、模板设计与印刷工艺三个因素均能影响焊锡膏的印刷质量。

1．立碑现象

在再流焊工艺中，片式元器件常出现立起的现象，称为立碑，又称为吊桥、曼哈顿现象，如图 8-15 所示。这是再流焊工艺中经常发生的一种缺陷。

产生原因：立碑产生的根本原因是元器件两边的润湿力不平衡，因此元器件两端的力矩也不平衡，从而导致立碑，如图 8-16 所示。若 $M_1>M_2$，则元器件将向左侧立起；若 $M_1<M_2$，则元器件将向右侧立起。

图 8-15　立碑

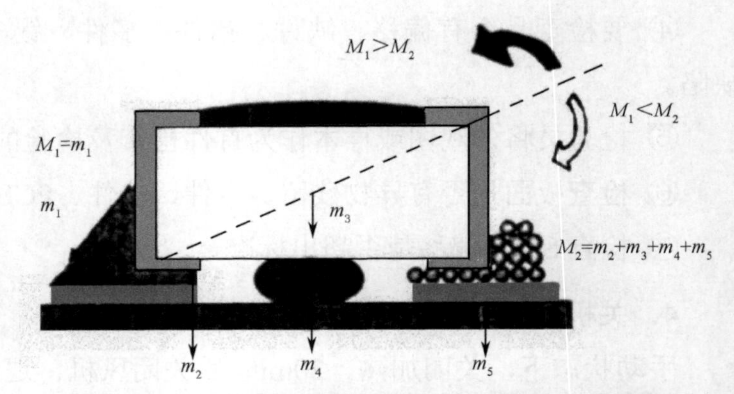

图 8-16　元器件两端的力矩不平衡导致立碑现象

下列情形均会导致再流焊时元器件两边的润湿力不平衡。

（1）焊盘设计与布局不合理。焊盘设计与布局若有以下缺陷，则会引起元器件两边的润湿力不平衡。

① 元器件有一侧焊盘与接地线相连或有一侧焊盘面积过大，焊盘两端热容量不均匀。

② PCB 表面各处的温差过大以致元器件焊盘两边吸热不均匀。

③ 大型 QFP 器件、BGA 器件、散热器周围的小型片式元器件焊盘两端温度不均匀。

解决办法：改善焊盘设计与布局。

（2）焊锡膏与焊锡膏印刷。焊锡膏的活性不高或元器件的可焊性差，焊锡膏熔化后，表面张力不一样，同样会引起焊盘润湿力不平衡。两焊盘的焊锡膏印刷量不均匀，多的一边会因焊锡膏吸热增多，熔化时间滞后，以致润湿力不平衡。

解决办法：选用活性较高的焊锡膏，改善焊锡膏印刷参数，特别是模板的窗口尺寸。

（3）贴片。*Z* 轴方向受力不均匀，会导致元器件浸入到焊锡膏中的深度不均匀，熔化时会因时间差而导致两边的润湿力不平衡。元器件偏离焊盘而产生立碑如图 8-17 所示。

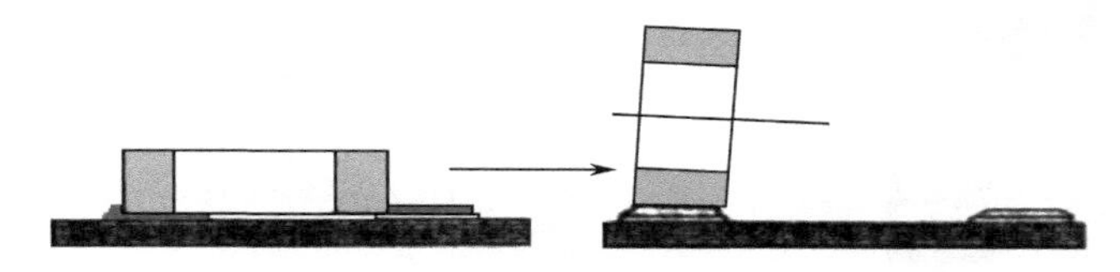

图 8-17　元器件偏离焊盘而产生立碑

解决办法：调节贴片机工艺参数。

（4）炉温曲线。对 PCB 加热的工作曲线不正确，以致板面上温差过大，通常再流焊炉炉体过短和温区太少就会出现这种缺陷，有缺陷的炉温工作曲线如图 8-18 所示。

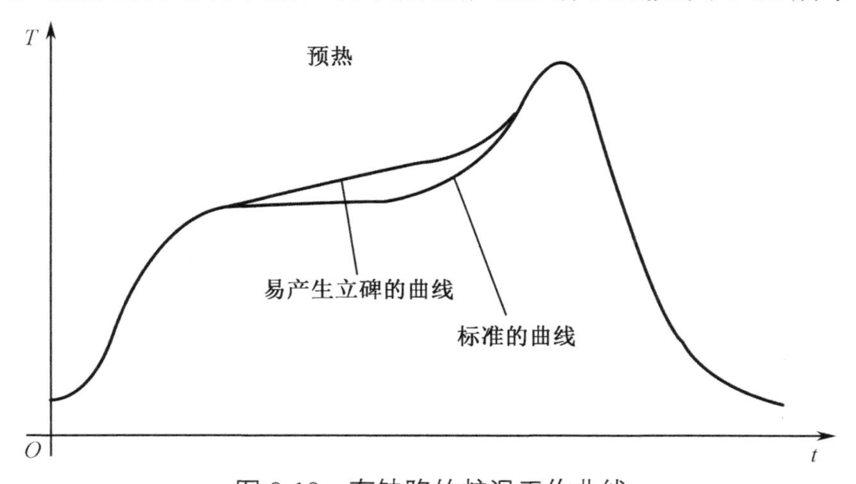

图 8-18　有缺陷的炉温工作曲线

解决办法：根据每种产品调整合适的焊接温度曲线。

（5）氮气保护的再流焊中的氧浓度。采用氮气保护的再流焊会增加焊料的润湿力，但越来越多的报道说明，在氧含量过低的情况下发生立碑的现象反而增多。通常认为氧含量控制在（100～500）$\times 10^{-6}$ mg/m^3 为宜。

2. 锡珠

锡珠是再流焊常见的缺陷之一，其原因是多方面的，锡珠不仅影响外观还会引起桥接。

锡珠可分为两类：一类出现在片式元器件一侧，呈一个独立的大球状；另一类出现在集成电路引脚四周，呈分散的小珠状，如图 8-19 所示。

（1）产生原因：焊接温度曲线不正确。再流焊焊接温度曲线可以分为三个区段，分别是预热区（包括保温区）、再流区和冷却区。预热、保温的目的是使 PCB 表面温度在 60～90s 升到 150℃，并保温约 90s，这不仅可以降低 PCB 及元器件的热冲击，还可以确保焊锡膏的溶剂能部分挥发，从而避免再流焊时因溶剂太多引起飞溅，造成焊锡膏冲出焊盘而形成锡珠。

解决办法：注意升温速率，并采取适当的预热，使 PCB 有一个很好的平台让焊锡膏的溶剂大部分挥发。升温速率及保温时间控制曲线如图 8-20 所示。

图 8-19　锡珠

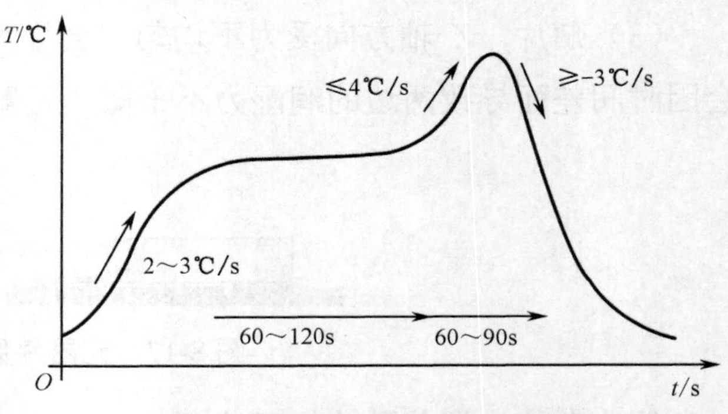

图 8-20　升温速率及保温时间控制曲线

（2）焊锡膏的质量。

① 焊锡膏中金属含量通常在（90±0.5）%，金属含量过低会导致助焊剂过多，过多的助焊剂会因预热阶段不易挥发而引起锡珠。

② 焊锡膏中水蒸气和氧含量增加也会引起锡珠。由于焊锡膏通常冷藏，当从冰箱中取出时，没有确保恢复足够长的时间，会导致水蒸气进入。此外，焊锡膏瓶的盖子每次使用后要盖紧，若没有及时盖严，也会导致水蒸气的进入。

放在模板上印刷的焊锡膏在完工后，剩余的部分应另行处理，再放回原来瓶中会引起瓶中焊锡膏变质，也会产生锡珠。

解决办法：选择优质的焊锡膏，注意焊锡膏的保管与使用要求。

（3）印刷与贴片。

① 在焊锡膏的印刷工艺中，由于模板与焊盘对中会发生偏移，若偏移过大则会导致焊锡膏流到焊盘外，加热后容易出现锡珠。此外，印刷工作环境不好也会导致锡珠的生成，理想的印刷环境温度为（25±3）℃，相对湿度为 50%～65%。

解决办法：仔细调整模板的装夹，防止松动。改善印刷工作环境。

② 贴片过程中 Z 轴的压力也是引起锡珠的一项重要原因，往往不易引起人们的注意，部

分贴片机 Z 轴高度是根据元器件的厚度来定位的，如 Z 轴高度调节不当，会引起元器件贴装到 PCB 上的一瞬间将焊锡膏挤压到焊盘外的现象，这部分焊锡膏会在焊接时形成锡珠。这种情况下产生的锡珠尺寸稍大，如图 8-21 所示。

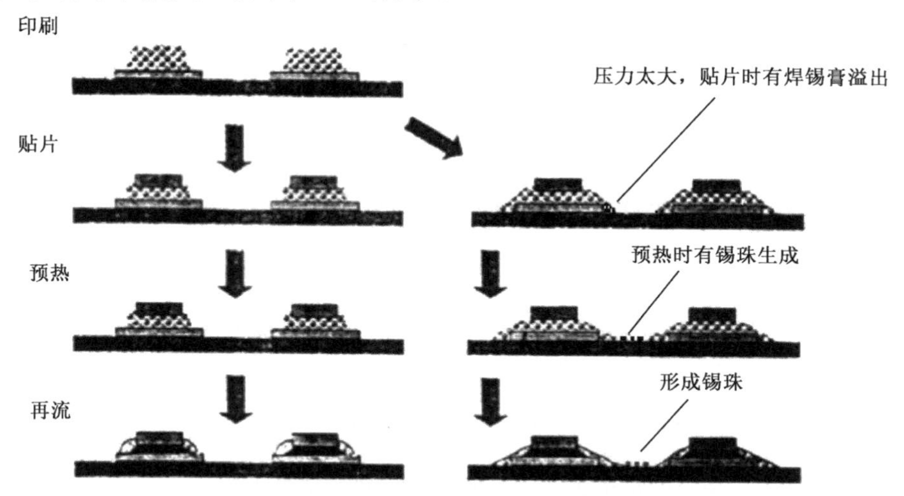

图 8-21　贴片压力过大容易产生锡珠的示意图

解决办法：重新调节贴片机的 Z 轴高度。

③ 模板的厚度与窗口尺寸。模板厚度与窗口尺寸过大，会导致焊锡膏用量增大，也会引起焊锡膏漫流到焊盘外，特别是用化学腐蚀方法制造的模板。

解决办法：选用适当厚度的模板和适宜的窗口尺寸设计，一般模板窗口面积为焊盘尺寸的 90%，建议使用如图 8-22 所示的模板窗口形状。右侧模板尺寸改进后，不再出现锡珠。

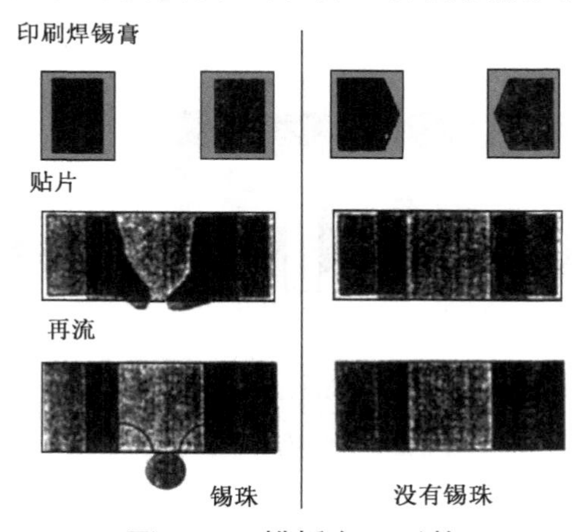

图 8-22　模板窗口形状

3．芯吸现象

芯吸现象又称抽芯现象，是常见焊接缺陷之一，多见于 VPS 工艺中。芯吸现象是焊料脱离焊盘而沿引脚上行到引脚与元器件本体之间，通常会形成严重的虚焊现象。

产生原因：主要原因是元器件引脚的热导率大，故升温迅速，以致焊料优先润湿引脚，焊料与引脚之间的润湿力远大于焊料与焊盘之间的润湿力。此外，引脚的上翘会加剧芯吸现象的发生。图 8-23 所示为芯吸现象，包括芯吸现象的示意图和发生芯吸现象的陶瓷电容引脚。

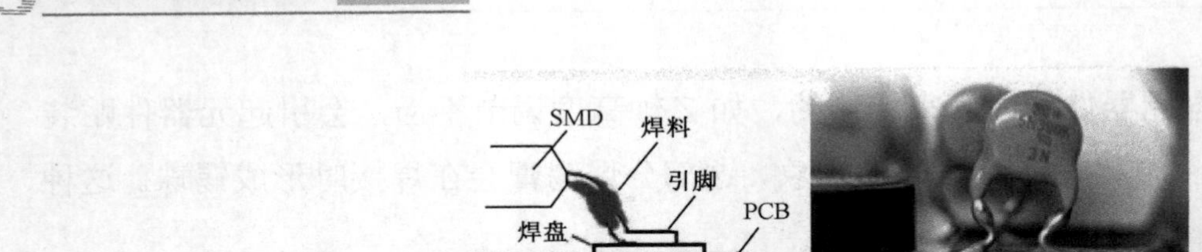

（a）　　（b）

图 8-23　芯吸现象

解决办法。

① 对于 VPS，应将 SMA 充分预热后再放入 VPS 炉中。

② 应认真检查 PCB 焊盘的可焊性，可焊性不好的 PCB 不应用于生产。

③ 充分重视元器件的共面性，对共面性不良的元器件也不应用于生产。

在红外再流焊中，PCB 基材与焊料中的有机助焊剂是红外辐射良好的吸收介质，而引脚却能部分反射红外辐射，相比而言焊料优先熔化，焊料与焊盘的润湿力就会大于焊料与引脚之间的润湿力，故焊料不会沿引脚上升，从而发生芯吸现象的概率就小得多。

4．桥接

桥接是 SMT 生产中常见的缺陷之一，它会引起元器件之间的短路，遇到桥接必须返修。桥接产生的过程如图 8-24 所示。

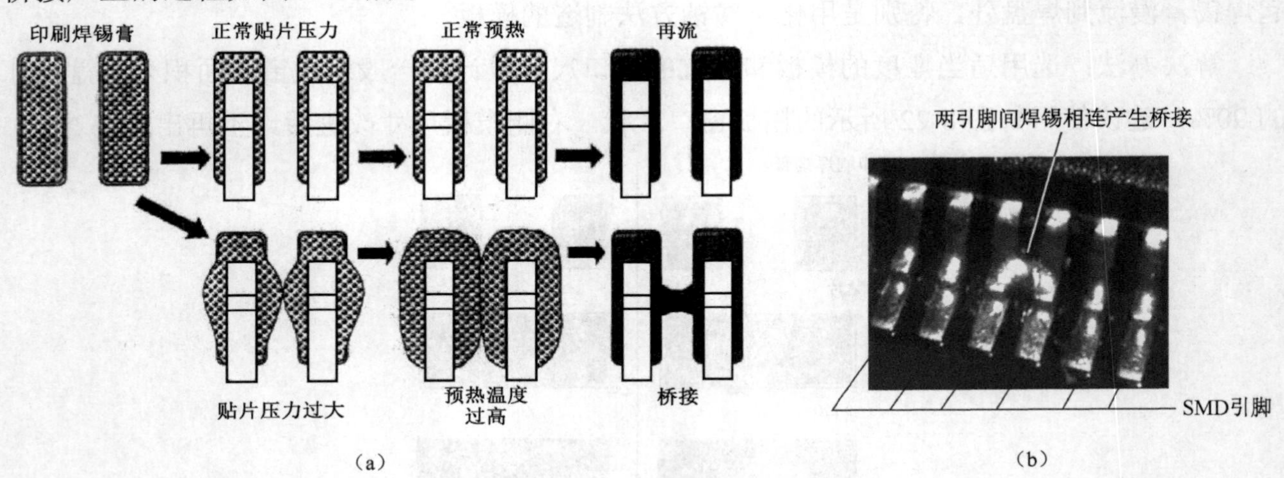

（a）　　（b）

图 8-24　桥接产生的过程

产生原因：引起桥接的原因很多，常见的有以下四种。

（1）焊锡膏质量问题。

① 焊锡膏中金属含量偏大，特别是印刷时间过长，使焊锡膏中金属含量增大，导致集成电路引脚桥接。

② 焊锡膏黏度低，预热后焊锡膏漫流到焊盘外。

③ 焊锡膏坍落度差，预热后焊锡膏漫流到焊盘外。

解决办法：调整焊锡膏配比或改用质量好的焊锡膏。

（2）印刷系统。

① 印刷机重复精度差，对位不齐（模板对位不好，PCB 对位不好），致使焊锡膏印刷到焊盘外，多见于 FQFP 器件的生产。

② 模板窗口尺寸与厚度设计不对，以及 PCB 焊盘锡铅合金镀层不均匀，导致焊锡膏印刷量偏多。

解决办法：调整模板窗口尺寸与厚度，改善 PCB 焊盘镀层。

（3）贴装。贴装压力过大，焊锡膏受压后漫流是生产中多见的原因。另外，贴片精度不够，元器件位置偏移，集成电路引脚变形等也易导致桥接。

（4）预热。再流焊炉升温速度过快，焊锡膏中溶剂来不及挥发。

解决办法：调整贴片机 Z 轴高度及再流焊炉升温速度。

8.4.3　再流焊与波峰焊均会出现的焊接缺陷

8.4.2 节和 7.4 节分别介绍了再流焊与波峰焊过程中容易出现的一些焊接缺陷，有一些焊接缺陷是两种焊接方式中均会出现的，现归纳如下。

1. 片式元器件开裂

在 SMT 生产中，片式元器件的开裂常见于 MLCC，主要是热应力与机械应力所致，如图 8-25 所示。

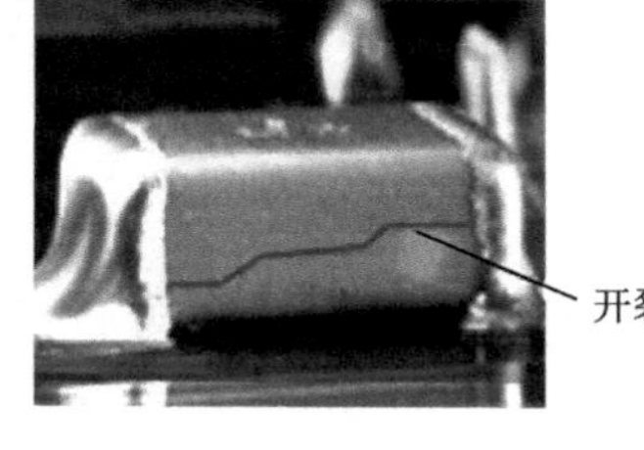

图 8-25　MLCC 开裂

（1）产生原因。

① 对于 MLCC 类电容，其结构上存在着很大的脆性，通常 MLCC 由多层陶瓷电容叠加而成，故强度低，极易受热应力与机械应力的冲击，特别是在波峰焊中尤为明显。

② 贴片过程中，片式元器件也易受贴片机 Z 轴的吸放高度影响，特别是一些不具备 Z 轴软着陆功能的贴片机。由于贴片机 Z 轴的吸放高度是由片式元器件的厚度决定的，而不是由压力传感器决定的，因此会因为元器件厚度公差而造成开裂。

③ PCB 的曲翘应力，特别是焊接后曲翘应力很容易造成元器件的开裂。

（2）解决办法。

① 认真调节焊接温度曲线，特别是预热区温度不能过低。

② 贴片中应认真调节贴片机 Z 轴的吸放高度。

③ 注意拼板分割时的割刀形状，检查 PCB 的曲翘度，尤其对焊接后 PCB 的曲翘度应进行针对性校正。

2．焊点不光亮或残留物多

通常焊锡膏中氧含量多时会出现焊点不光亮现象，有时焊接温度不到位（峰值温度不到位）也会出现焊点不光亮现象。

SMA 出炉后，未能强制风冷也会出现焊点不光亮或残留物多的现象。焊点不光亮还与焊锡膏中金属含量低有关，阻焊剂等其他介质不容易挥发，颜色深，也会出现残留物过多的现象。

不同人对焊点的光亮度有不同的理解，大多数人认为焊点以光亮为佳，但也有人认为焊点光亮反而不利于目视检验，故有的焊锡膏中会使用消光剂。

3．PCB 扭曲

PCB 扭曲是 SMT 生产中经常出现的问题，它会给装配及测试带来相当大的影响，因此在生产中应尽量避免出现这个问题。

（1）产生原因。

① PCB 本身材料选用不当，如 PCB 的玻璃化温度低，特别是纸基 PCB，如果加工温度过高，PCB 就容易扭曲。

② PCB 设计不合理，元器件分布不均会造成 PCB 受到的热应力过大，外形较大的连接器和插座也会影响 PCB 的膨胀和收缩，以致出现永久性扭曲。

③ PCB 设计问题，如双面 PCB 一面的铜箔面积保留过大（如大面积接地线），而另一面铜箔面积过小，也会造成两面收缩不平衡而出现扭曲。

④ 夹具使用不当或夹具距离太小。如波峰焊中，PCB 因焊接温度的影响而膨胀，由于夹具夹持太紧没有足够的膨胀空间而出现扭曲。其他如 PCB 太宽，PCB 预热不均，预热温度过高，波峰焊时锡炉温度过高，传送速度慢等因素也会引起 PCB 扭曲。

（2）解决办法。

① 在价格和利润空间允许的情况下，选用玻璃化温度高的 PCB 或增加 PCB 的厚度。

② 合理设计 PCB，以取得最佳长宽比；PCB 双面的铜箔面积应均衡，在没有电路的地方布满铜层，并以网格形式呈现，增加 PCB 的刚度。

③ 在贴片前对 PCB 进行预烘，其条件是在 125℃下预烘 4h。

④ 调整夹具或夹持距离，保证 PCB 受热膨胀的空间；焊接温度尽可能调低。当 PCB 已经出现轻度的扭曲时，可以放在定位夹具中升温复位，以释放应力，一般会取得满意的效果。

4．集成电路引脚焊接后开路或虚焊

集成电路引脚焊接后出现部分引脚虚焊是 SMT 生产中常见的焊接缺陷。

（1）产生原因。

① 共面性差，特别是 FQFP 器件，由于保管不当造成引脚变形，如果贴片机没有检查共面性的功能，那么这种情况不易被发现。因器件共面性差焊接后产生开路或虚焊的过程如图 8-26 所示，其中图 8-26（b）所示为翼形引脚开路的放大照片。

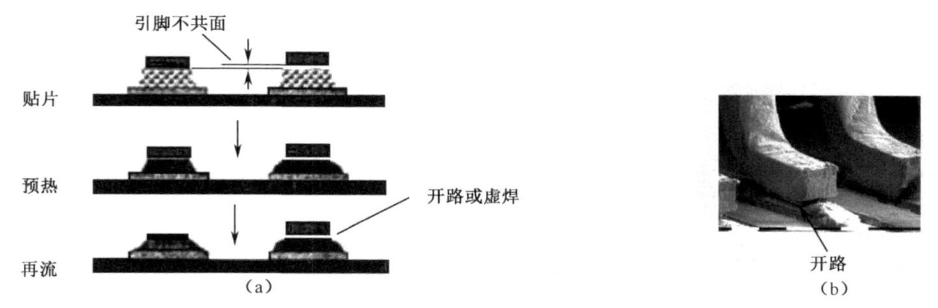

图 8-26　因器件共面性差焊接后产生开路或虚焊的过程

② 集成电路存放时间长，引脚发黄，导致可焊性变差，这是引起虚焊的主要原因。

③ 焊锡膏质量差，金属含量低，可焊性差，通常用于 FQFP 器件焊接的焊锡膏，金属含量应不低于 90%。

④ 预热温度过高，易引起集成电路引脚氧化，使其可焊性变差。

⑤ 印刷模板窗口尺寸小，以致焊锡膏印刷量不够。

（2）解决办法。

① 注意元器件的保管，不要随便拿取元器件或打开包装。

② 生产中应检查元器件的可焊性，特别注意集成电路存放期不应过长（自制造日期起一年内），保管时应避免高温、高湿环境。

③ 仔细检查模板窗口尺寸，不应太大也不应太小，并且注意要与 PCB 焊盘尺寸相匹配。

8.5　思考与练习题

【思考】再流焊是第四代电子产品组装工艺中实现元器件焊接的主流技术，目前已部分取代了传统的波峰焊接。虽然经过多年的发展，出现了各种不同类型的再流焊炉，技术已日臻成熟。但任何新生事物都有一个发展完善的过程。

在我们日后的学习与实践过程中，应该充分了解各种不同类型再流焊炉的特性与它们在使用中容易出现的问题，改进操作技术，防范与避免出现焊接不良品。

1. 什么是再流焊？再流焊工艺有哪些特点？
2. 简述再流焊工艺的一般流程。
3. 目前的再流焊设备大体可分为几类？再流焊炉一般都由哪几部分组成？
4. 简述红外热风再流焊炉的工作原理。画出理想的再流焊焊接温度曲线。
5. 简述 VPS 炉的工作原理。
6. 简述激光再流焊的工作原理。
7. 常见的通孔红外再流焊工艺有几种方式？写出工艺步骤。
8. 再流焊常见的质量缺陷有哪些？如何解决？
9. 再流焊与波峰焊均会出现的焊接缺陷有哪些？如何解决？

第 9 章

SMT 手工焊接与实训

9.1 SMT 手工焊接与拆焊

9.1.1 手工焊接 SMT 元器件的基本要求与条件

1．手工焊接 SMT 元器件的基本要求

在企业生产中，焊接 SMT 元器件主要依靠自动焊接设备，但在维修电子产品或研发部门制作样机的时候，检测、焊接 SMT 元器件都可能需要手工操作。

在高密度的 SMT 电路板上，对于微型 SMT 元器件，如 BGA、CSP、FC 等器件，完全依靠手工已无法完成焊接任务，有时必须借助半自动的维修设备和工具。

（1）焊接材料：使用更细的焊锡丝，一般要使用直径为 0.5～0.8mm 的活性焊锡丝，也可以使用膏状焊料（焊锡膏），但要使用腐蚀性小、无残渣的免清洗助焊剂。

（2）工具设备：使用更小巧的专用镊子和电烙铁，电烙铁的功率不超过 20W，烙铁头是尖细的锥状，如图 9-1 所示。在要求较高的场合，应该备有热风工作台、SMT 维修工作站和专用工装。

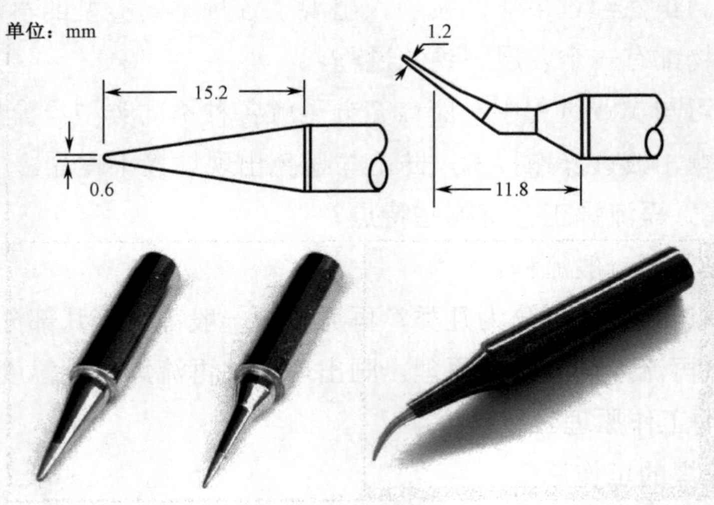

图 9-1　锥状烙铁头

（3）要求操作者熟练掌握 SMT 元器件的检测、焊接技能，积累一定的工作经验。

（4）要有严格的操作规程。

2．检修及手工焊接 SMT 元器件的常用工具及设备

（1）检测探针。一般测量仪器的表笔或探头不够细，可以配用检测探针，检测探针前端是针尖，末端是套筒，使用时将检测探针插入表笔或探头，用检测探针测量电路会比较方便、安全。检测探针外形如图 9-2（a）所示。

（2）电热镊子。电热镊子是一种专用于拆焊 SMC 的高档工具，它相当于两把组合在一起的电烙铁，只是两个电热芯独立安装在两侧，接通电源后，捏合电热镊子夹住 SMC 的两个焊端，加热头的热量熔化焊点，很容易就可以把 SMC 取下来。电热镊子的示意图如图 9-2（b）所示。

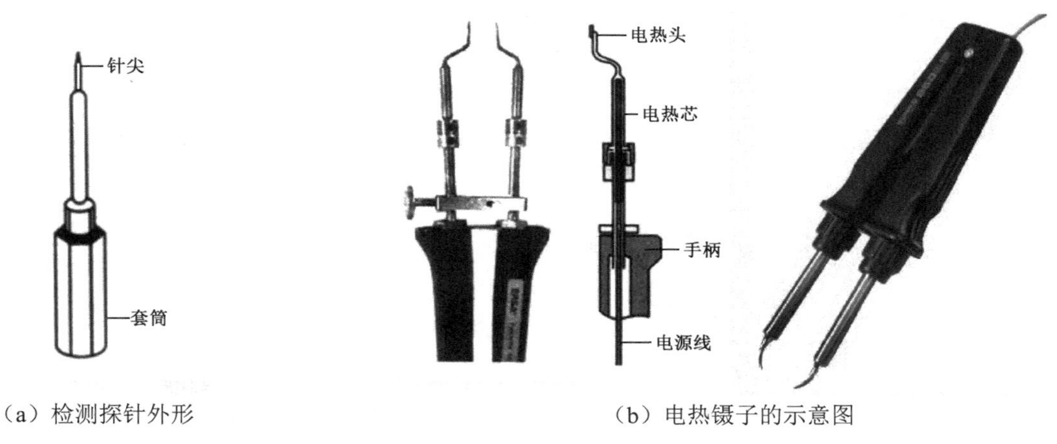

（a）检测探针外形　　（b）电热镊子的示意图

图 9-2　检测探针与电热镊子

（3）恒温电烙铁。SMT 元器件对温度比较敏感，维修时必须注意温度不能超过 390℃，因此最好使用恒温电烙铁。恒温电烙铁如图 9-3 所示。

图 9-3　恒温电烙铁

恒温电烙铁的烙铁头温度可以控制，根据控制方式不同，分为电控恒温电烙铁和磁控恒温电烙铁两种。

电控恒温电烙铁采用热电偶来检测和控制烙铁头的温度。当烙铁头的温度低于设定值时，温控装置控制开关使继电器接通，给电烙铁供电，使温度上升。当温度达到设定值时，控制电路就形成反动作，停止向电烙铁供电。如此循环往复，使烙铁头的温度基本保持在一个恒定值。

目前，采用较多的是磁控恒温电烙铁。它的烙铁头上装有一个磁传感器，利用它在温度达到某一点时磁性消失这一特性，作为磁控开关，来控制加热电路的通断从而控制温度。因为恒温电烙铁采用断续加热，所以它比普通电烙铁节电 $\frac{1}{2}$ 左右，并且升温速度快。由于烙铁头始终保持恒温，在焊接过程中焊锡不易氧化，可减少虚焊，提高焊接质量。烙铁头也不会产生过热现象，延长使用寿命。

由于 SMT 元器件的体积小，烙铁头的尖端应该略小于焊接面，为防止感应电压损坏集成电路，电烙铁的金属外壳要接地。

（4）电烙铁专用加热头。在电烙铁上配用各种不同规格的专用加热头后，可以用来拆焊引脚数目不同的 QFP 集成电路或 SO（小外形）封装的二极管、晶体管、集成电路等。专用加热头外形如图 9-4 所示。

图 9-4　专用加热头外形

（5）真空吸锡枪。真空吸锡枪主要由吸锡枪和真空泵两大部分构成。吸锡枪的前端是中间空心的烙铁头，带有加热功能。按动吸锡枪手柄上的微动开关，真空泵通过烙铁头中间的孔，将熔化了的焊锡吸到后面的锡渣储罐中。取下锡渣储罐，可以清除锡渣。真空吸锡枪的外观如图 9-5 所示。

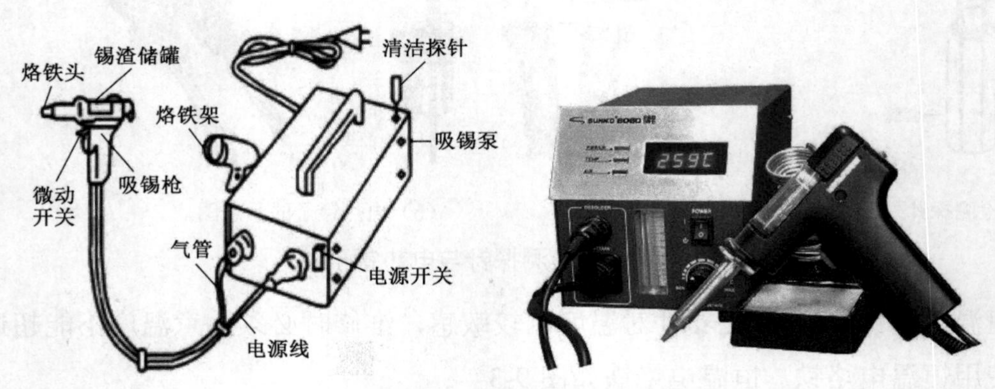

图 9-5　真空吸锡枪的外观

（6）热风焊台。热风焊台是一种用热风作为加热源的半自动设备，用热风焊台可以很容易地拆焊 SMT 元器件，比使用电烙铁方便得多，且能够拆焊更多种类的元器件，热风焊台也能够用于焊接。热风焊台如图 9-6 所示。

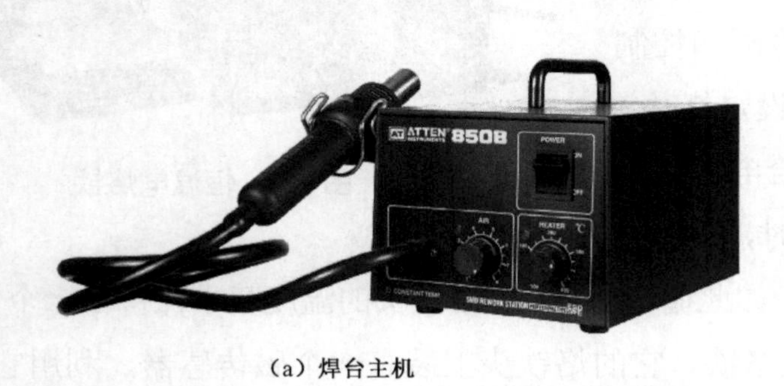

（a）焊台主机

（b）热风嘴

图 9-6　热风焊台

热风焊台的热风筒内装有电热丝，软管连接热风筒和热风焊台内置的吹风电动机。按热风焊台前面板上的电源开关，电热丝和吹风电动机同时开始工作，电热丝被加热，吹风电动机压缩空气，通过软管从热风筒前端吹出来，电热丝达到足够的温度后，就可以用热风进行焊接或拆焊；断开电源开关，电热丝停止加热，但吹风电动机仍要继续工作一段时间，直到热风筒的温度降至规定值才自动停止。

热风焊台的前面板上除了有电源开关，还有“HEATER”（加热温度）和“AIR”（吹风强度）两个旋钮，分别用来调节、控制电热丝的温度和吹风电动机的吹风强度。两个旋钮的刻度都是从 1～8，分别指示热风的温度和吹风强度的等级。一般在使用热风焊台焊接 SMT 电路板的时候，应该把“HEATER”旋钮置于刻度“4”左右，“AIR”旋钮置于刻度“3”左右。

热风焊台热风筒的前端可以装配各种专用的热风嘴，用于拆焊不同尺寸、不同封装方式的 SMT 元器件。

3. 电烙铁的焊接温度设定

焊接时，对电烙铁焊接温度的设定非常重要。最适合的焊接温度，是让焊点上焊料的温度比焊料的熔点高 50℃左右。由于焊接对象的大小、电烙铁的功率和性能、焊料的种类和规格不同，在设定烙铁头的温度时，一般要求在焊料熔点温度的基础上增加 100℃左右。

（1）手工焊接或拆焊下列元器件时，电烙铁的温度设定为 250～270℃或（250±20）℃。

① 1206 以下所有的电阻、电容、电感等 SMC。

② 所有电阻排、电感排、电容排元件。

③ 面积在 5mm×5mm（包含引脚长度）以下并且少于 8 个引脚的 SMD。

（2）除上述元器件外，焊接温度设定为 350～370℃或（350±20）℃。

9.1.2 SMT 元器件手工焊接与拆焊工艺

1. 用电烙铁进行焊接

用电烙铁焊接 SMT 元器件，最好使用恒温电烙铁，电烙铁的金属外壳应该接地，防止感应电压损坏 SMT 元器件。由于 SMT 元器件的体积小，烙铁头尖端的截面积应该比焊接面小一些，如图 9-7 所示。焊接时要注意随时擦拭烙铁头，保持烙铁头洁净；焊接时间要短，一般不要超过 2s，看到焊锡丝开始熔化就立即抬起烙铁头；焊接过程中烙铁头不要碰到其他元器件；焊接完成后，要用带照明灯的 2～5 倍放大镜仔细检查焊点是否牢固，有无虚焊现象；假如焊件需要镀锡，先将烙铁头接触待镀锡处约 1s，再放焊锡丝，焊锡丝熔化后立即撤回电烙铁。

（a）合适　（b）太小　（c）太大

图 9-7　选择大小合适的烙铁头

① 焊接电阻、电容、二极管类两个焊端的 SMC 时，在一个焊盘上镀锡后，电烙铁不要离开焊盘，保持焊锡处于熔融状态，立即用镊子夹着元器件放到焊盘上，先焊好一个焊端，再焊接另一个焊端，如图 9-8 所示。

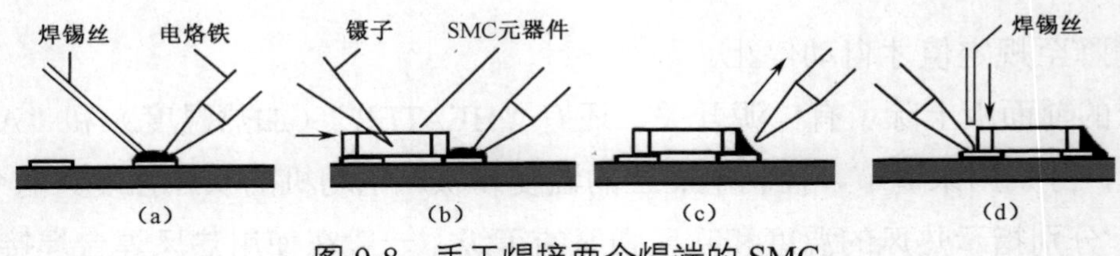

图 9-8　手工焊接两个焊端的 SMC

另一种焊接方法是先在焊盘上涂敷助焊剂，并在基板上点一滴不干胶，再用镊子将元器件粘放在预定的位置上，先焊好一个引脚，再焊接其他引脚。安装钽电解电容时，要先焊接正极，再焊接负极，以免电容损坏。

② 焊接 QFP 芯片的集成电路，先把芯片放在预定的位置上，用少量焊锡焊住芯片角上的 3 个引脚，如图 9-9（a）所示，使芯片被准确地固定，然后给其他引脚均匀地涂上助焊剂，逐个焊牢，如图 9-9（b）所示。焊接时，如果引脚之间发生焊锡粘连现象，可按照如图 9-9（c）所示的方法清除粘连：在粘连处涂上少许助焊剂，用烙铁头轻轻地沿引脚向外刮抹。

有经验的技术工人会采用 H 形烙铁头进行“拖焊”——沿着 QFP 芯片的引脚，把烙铁头快速向后拖，此方法能得到很好的焊接效果，如图 9-9（d）所示。

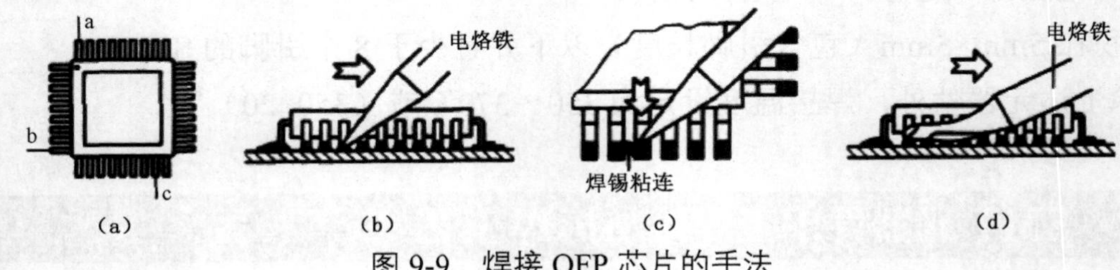

图 9-9　焊接 QFP 芯片的手法

焊接 SOT 或 SO、SOL 封装的集成电路与此相似，先焊住集成电路的两个对角，再给其他引脚均匀地涂上助焊剂，逐个焊牢。

如果使用含松香或助焊剂的焊锡丝，也可一只手持电烙铁，另一只手持焊锡丝，烙铁头与焊锡丝尖端同时对准欲焊接器件的引脚，在焊锡丝被融化的同时将引脚焊牢，焊前不必涂助焊剂。

2．用专用加热头拆焊元器件

在热风焊台普及之前，仅使用电烙铁拆焊 SMC/SMD 是很困难的。同时用两把电烙铁只能拆焊电阻、电容等两个焊端的元器件或二极管、晶体管等引脚数目少的元器件，如图 9-10 所示。如果拆焊集成电路，那么要使用专用加热头。

采用长条加热头可以拆焊翼形引脚的 SO、SOL 封装的集成电路，操作方法如图 9-11 所示。

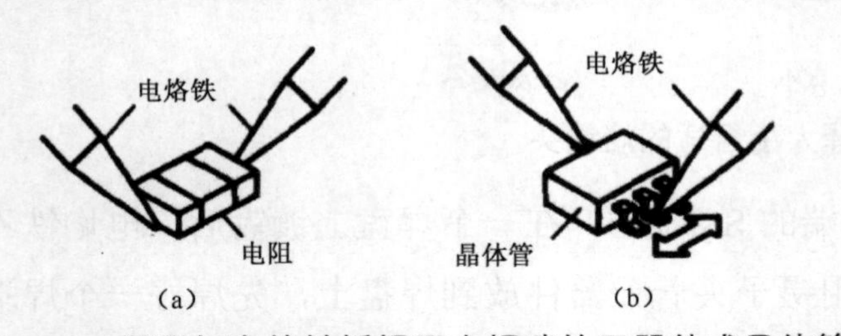

图 9-10　用两把电烙铁拆焊两个焊端的元器件或晶体管

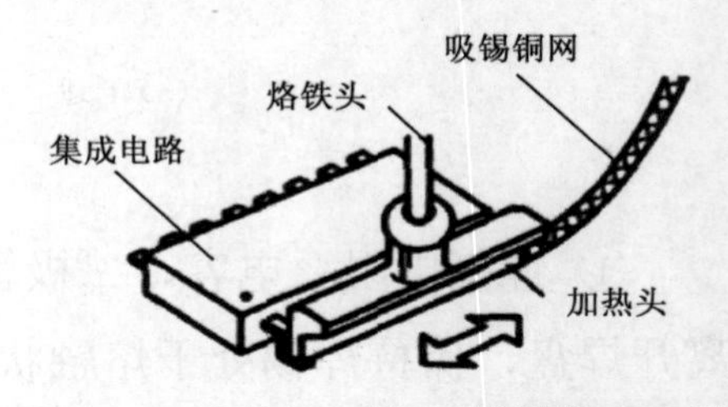

图 9-11　用长条加热头拆焊集成电路

首先将加热头放在集成电路的一排引脚上，按图 9-11 中的箭头方向来回移动加热头，以便将整排引脚上的焊锡全部熔化。注意当所有引脚上的焊锡都熔化并被吸锡铜网吸走，引脚与 PCB 之间已经没有焊锡后，用专用起子或镊子将集成电路的一侧撬离 PCB。然后用同样的方法拆焊集成电路的另一侧引脚，集成电路就可以被取下来。但是，用长条加热头拆焊下来的集成电路，即使电气性能没有损坏，一般也不再重复使用，这是因为集成电路的引脚变形比较大，把它们恢复到 PCB 上的焊接质量不能保证。

S 形、L 形加热头配合相应的固定基座，可以用来拆焊 SOT 和 SO、SOL 封装的集成电路。头部较窄的 S 形加热头用于拆焊 SOT，头部较宽的 L 形加热头用于拆焊集成电路。使用时，首先选择两片合适的 S 形或 L 形加热头用螺丝固定在基座上，接着把基座接到电烙铁发热芯的前端，然后在加热头的两个内侧面和顶部加上焊锡，并把加热头放在器件的引脚上面，约 3～5s 后，焊锡熔化，最后用镊子轻轻将器件夹起来，如图 9-12 所示。

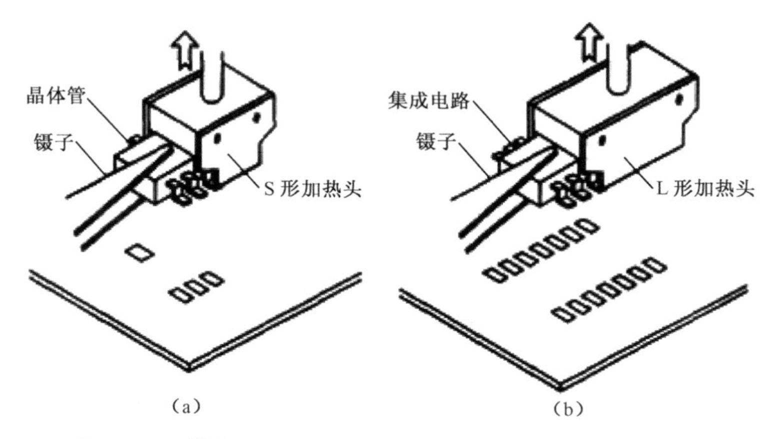

图 9-12 使用 S 形、L 形加热头拆焊集成电路的方法

使用专用加热头拆焊 QFP 集成电路，根据集成电路的大小和引脚数目选择不同规格的加热头，将烙铁头的前端插入加热头的固定孔。先在加热头的顶端涂上焊锡，再把加热头放在集成电路的引脚上，约 3～5s 后，在镊子的配合下，轻轻转动集成电路并轻轻提起，如图 9-13 所示。

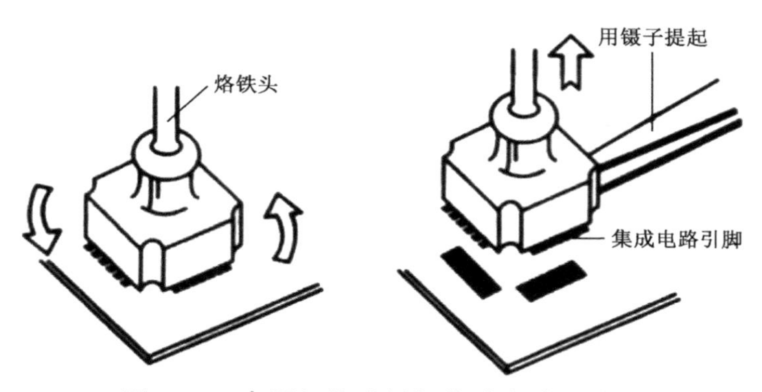

图 9-13 专用加热头拆焊集成电路的方法

3. 用热风焊台焊接或拆焊 SMC/SMD

使用热风焊台拆焊 SMC/SMD 比使用电烙铁方便得多，不但操作简单，而且能够拆焊的元器件种类也更多。

（1）用热风焊台拆焊。按热风焊台的电源开关，就同时接通了吹风电动机和电热丝的电源，调节热风焊台面板上的旋钮，使热风的温度和吹风强度适中。这时，热风嘴吹出的热风就能够用来拆焊 SMC/SMD。

热风焊台的热风筒上可以装配各种专用的热风嘴，用于拆焊不同尺寸、不同封装方式的芯片。

图 9-14 所示为用热风焊台拆焊集成电路示意图，其中，图 9-14（a）所示为拆焊 PLCC 封装芯片的热风嘴，图 9-14（b）所示为拆焊 QFP 芯片的热风嘴，图 9-14（c）所示为拆焊 SO、SOL 封装芯片的热风嘴，图 9-14（d）所示为一种针管状的热风嘴。针管状的热风嘴使用比较灵活，不仅可以用来拆焊两个焊端的元器件，有经验的操作者还可以用它来拆焊其他多种集成电路。在图 9-14 中，虚线箭头描述了用针管状的热风嘴拆焊集成电路时，热风嘴沿着芯片周边迅速移动，同时加热全部引脚焊点的操作方法。

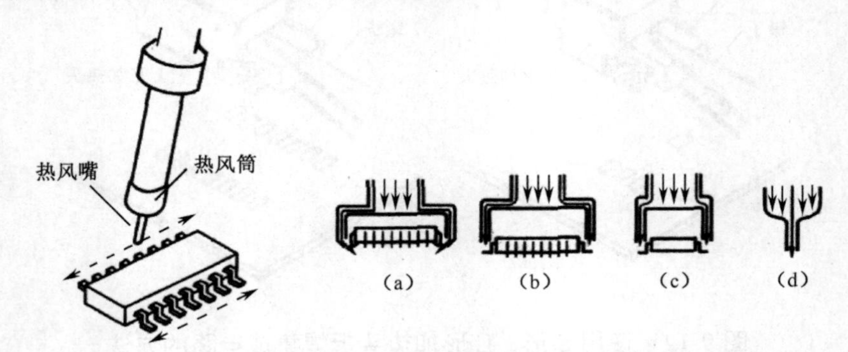

图 9-14　用热风焊台拆焊集成电路示意图

使用热风焊台拆焊元器件时，要注意调节热风温度的高低和吹风强度的大小：温度低，熔化焊点的时间过长，让过多的热量传到芯片内部，反而容易损坏元器件；温度高，可能烤焦 PCB 或损坏元器件；吹风强度大，可能把周围的其他元器件吹跑；吹风强度小，加热的时间明显变长。初学者在使用热风焊台时，应该把“HEATER”和“AIR”旋钮都置于中间位置（“HEATER”旋钮置于刻度“4”左右，“AIR”旋钮置于刻度“3”左右）。如果担心周围的元器件会受热风影响，可以把待拆焊芯片周边的元器件粘上胶带，用胶带把它们保护起来。必须注意：全部引脚的焊点都被热风充分熔化以后，才能用镊子夹取元器件，以免 PCB 上的焊盘或印制导线受力脱落。

（2）用热风焊台焊接。使用热风焊台也可以焊接集成电路，不过，焊料应该使用焊锡膏，不能使用焊锡丝。可以先用手工点涂的方法往焊盘上涂敷焊锡膏，贴装元器件以后，用热风嘴沿着芯片周围迅速移动，均匀加热全部引脚焊点，就可以完成焊接。

假如用电烙铁焊接时，发现有引脚桥接短路或者焊接质量不好，也可以用热风焊台进行修整：先往焊盘上滴涂免清洗助焊剂，再用热风加热焊点使焊料熔化，短路点在助焊剂的作用下分离，让焊点表面变得光亮圆润。使用热风枪要注意以下几点。

① 热风嘴应距欲焊接或拆焊的焊点 1～2mm，并保持稳定，不能直接接触元器件的引脚，也不要距离过远。

② 焊接或拆焊元器件时，一次不要连续吹热风超过 20s，同一位置使用热风不要超过 3 次。

③ 针对不同的焊接或拆焊对象，可参照设备生产厂家提供的温度曲线，通过反复试验，优选出适宜的热风温度与吹风强度设置。

9.2　实训——SMT 电调谐 FM 收音机的安装

9.2.1　实训目的

通过安装 SMT 电调谐 FM（调频）收音机，体验 SMT 的技术特点，掌握手工 SMT 中的手动印刷焊锡膏，SMC、SMD 贴装，以及再流焊所用设备和操作方法。

9.2.2　实训场地要求与实训器材

本实训产品共有 23 个 SMT 元器件，实训室应至少设有 23 个工位的手工 SMT 贴装操作台，操作台布置请参考图 9-15。

图 9-15　实训场地——贴装操作台

① 实训产品中的元器件、零部件清单如表 9-1 所示。

表 9-1　实训产品中的元器件、零部件清单

类　别	代　号	规　格	型号/封装	数　量	备　注
电阻	R_1	222	2012（2125） RJ1/8W	1	—
	R_2	154		1	—
	R_3	122		1	—
	R_4	562		1	—
	R_5	681		1	—

续表

类　别	代　号	规　格	型号/封装	数　量	备　注
电容	C_1	222	2012（2115）	1	—
	C_2	104		1	—
	C_3	221		1	—
	C_4	331		1	—
	C_5	221		1	—
	C_6	332		1	—
	C_7	181		1	—
	C_8	681		1	—
	C_9	683		1	—
	C_{10}	104		1	—
	C_{11}	223		1	—
	C_{12}	104		1	—
	C_{13}	471		1	—
	C_{14}	330		1	—
	C_{15}	820		1	—
	C_{16}	104		1	—
	C_{17}	332	CC	1	—
	C_{18}	100	CD	1	—
印制电路板	SMB	—	—	1	—
芯片	IC	—	SC1088	1	—
电感	L_1	—	—	1	—
	L_2	—	—	1	—
	L_3	—	70mH	1	8 匝
	L_4	—	78mH	1	5 匝
晶体管	VL	—	LED	1	发光
	VD	—	BB910	1	变容
	V_1	9014	SOT-23	1	—
	V_2	9012	SOT-23	1	—
塑料件		前盖		1	—
		后盖		1	—
		电位器钮（内、外）		各 1	—
		开关钮（有缺口）		1	Scan 键
		开关钮（无缺口）		1	Reset 键
		卡子		1	—
金属件		电池片		3	—
		自攻螺钉		1	—
		电位器螺钉		1	—
其他	耳机	32Ω×2	—	1	附耳机插座 XS
	RP	51kΩ	—	1	带开关的电位器
	SB_1、SB_2	—	—	各 1	轻触开关
	J_1、J_2	多股塑料绝缘线	—	若干	电源连接线

② 焊锡膏印刷机（全班共用）1 台。

③ 小型台式再流焊机（全班共用）1 台。

④ 手工焊接工具 1 套/人。

⑤ 万用表 1 只/人。

⑥ 放大镜台灯（全班共用）2 只。

⑦ 元器件盘、镊子 1 套/人。

9.2.3　实训步骤及要求

SMT 工艺流程如图 9-16 所示。

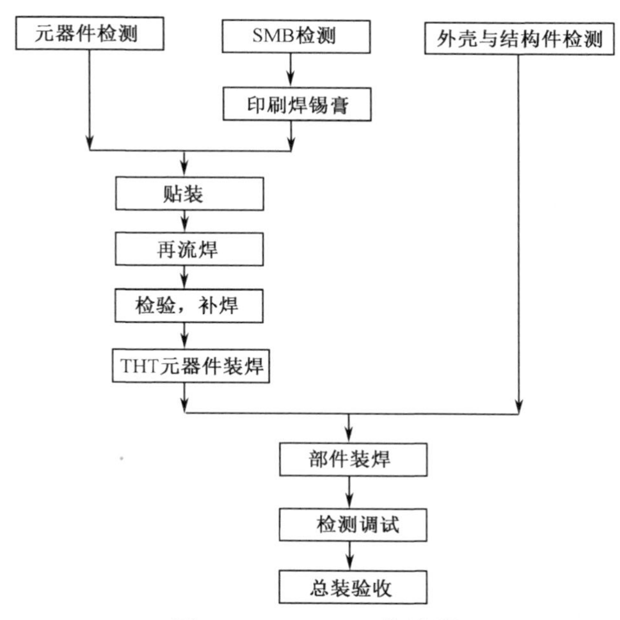

图 9-16　SMT 工艺流程

1. 安装前检测

（1）SMB 检测。对照图 9-17 所示的贴装焊接 SMB 板图检测。

① 图形是否完整，有无短路、断路缺陷。

② 孔位及尺寸是否准确。

③ 表面涂覆（阻焊层）是否均匀。

（2）外壳及结构件检测。

① 按材料清单清查元器件、零部件品种、规格及数量。

② 检查外壳有无缺陷及外观损伤。

③ 耳机是否正常。

（3）元器件检测。用万用表检测 THT 元器件，图 9-18 所示为 THT 元器件安装于 SMB 板图。

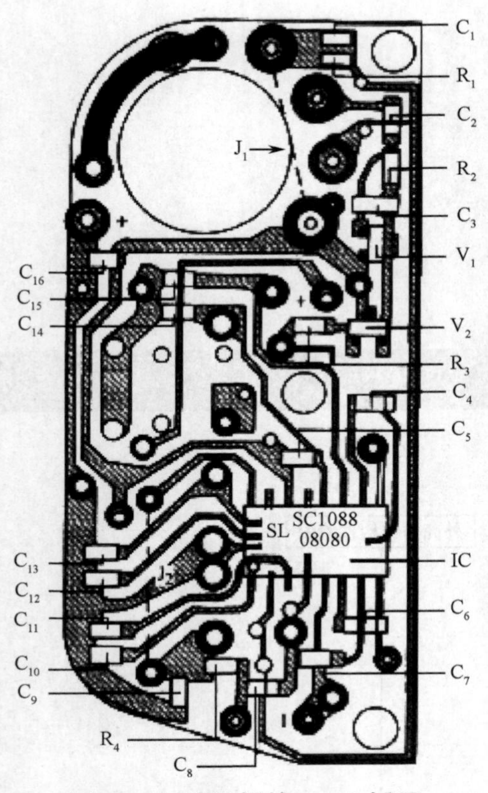

图 9-17　贴装焊接 SMB 板图

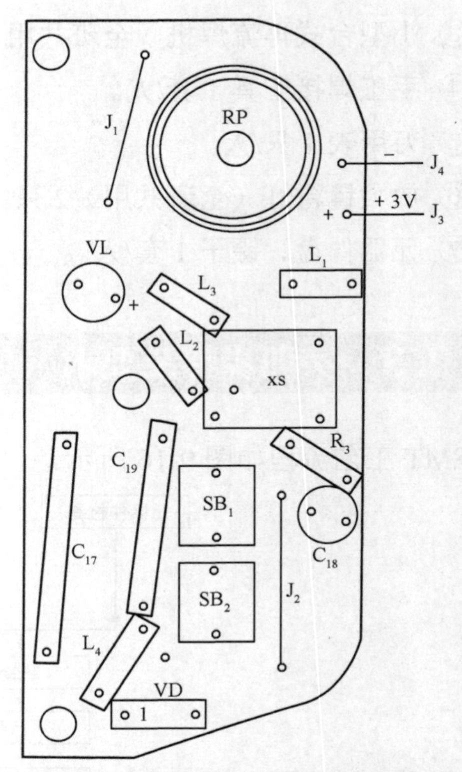

图 9-18　THT 元器件安装于 SMB 板图

① 电位器阻值调节特性是否正常。

② LED、线圈、电解电容、插座、开关是否正常。

③ 变容二极管是否正常及判断其极性。

2．贴装及焊接

焊锡膏印刷及焊接所用的手动安装设备可参考图 9-19。

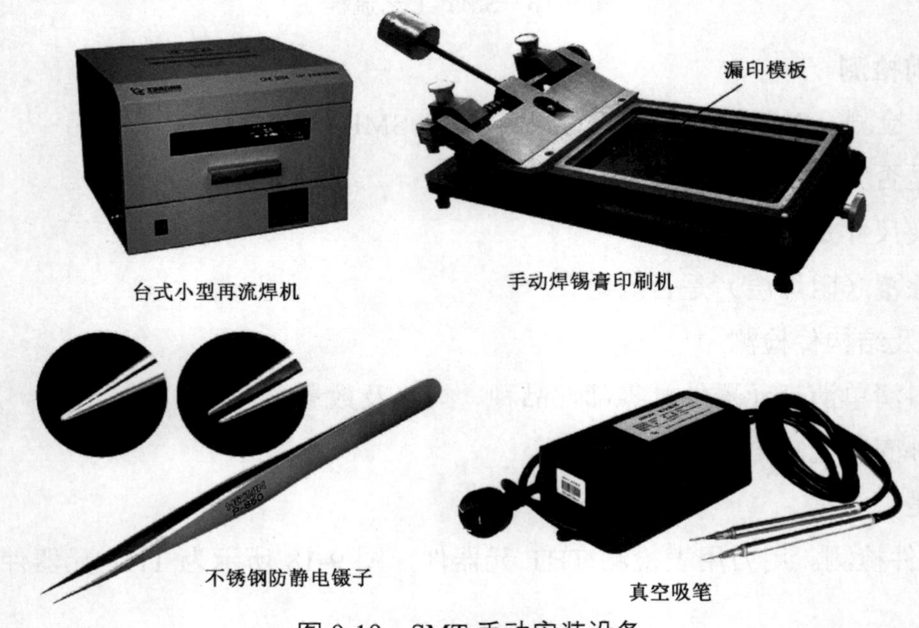

图 9-19　SMT 手动安装设备

（1）用焊锡膏印刷机在 SMB 上印刷焊锡膏，并检查印刷情况。印刷焊锡膏的操作方法如图 9-20 所示。将 SMB 安放在焊锡膏印刷机上，刮板均匀涂上焊锡膏，与模板成 60° 刮过。注意漏过模板的焊锡膏要均匀，防止焊锡膏过量或不足。

（2）按工序流程贴装。模拟工厂流水作业，不同的元器件放在不同的工位，每个工位均应配有相应的工位图。将印刷好焊锡膏的 SMB 放在平底托盘上，按以下顺序在 SMB 上用真空吸笔或镊子依次贴装：C_1,R_1,C_2,R_2,C_3,V_1,C_4,V_2,C_5,R_3,C_6,SC1088,C_7,C_8,R_4,C_9,C_{10},C_{11},C_{12},C_{13},C_{14},C_{15},C_{16}。

注意：

① SMC 和 SMD 不得用手直接拿取。

② 用镊子夹持元器件时不可夹到引脚上。

③ 注意 SC1088 的标记方向。

④ 片式电容表面没有标志，一定要保证准确贴装到指定位置。

⑤ 贴装时不能颠倒顺序。

（3）用放大镜台灯检查贴装的数量及位置。确认无缺漏和错误。

（4）使用小型台式再流焊机进行 SMC 和 SMD 的焊接。注意已印刷焊锡膏并经过贴装的 SMB 不要用手拿，应使用镊子夹到焊炉的托盘上，如图 9-21 所示。开启再流焊机，观察焊接温度曲线的变化，焊接完成，冷却后取出 SMB。

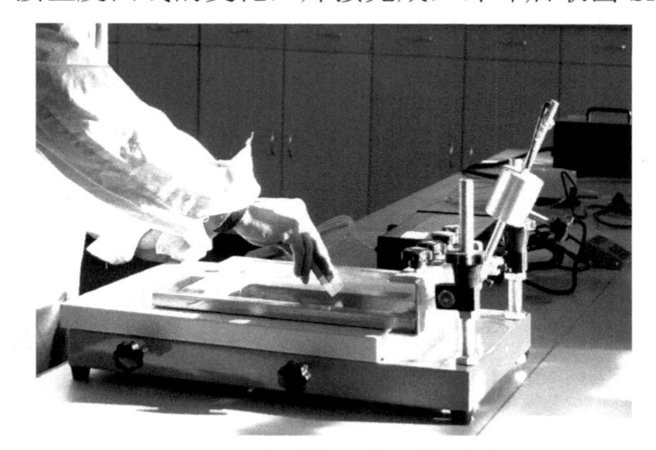

图 9-20　印刷焊锡膏的操作方法

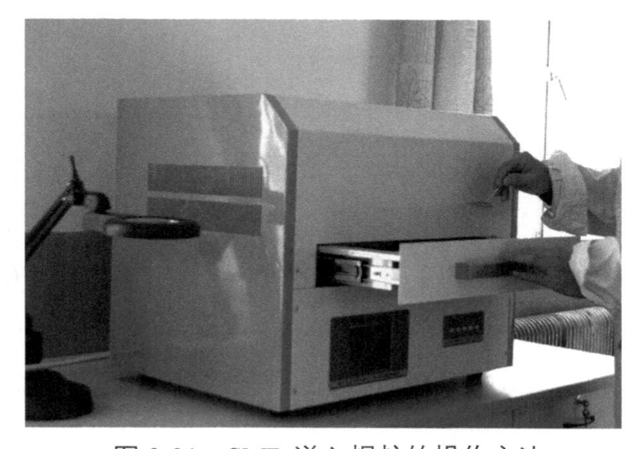

图 9-21　SMB 送入焊炉的操作方法

图 9-21 中的台式小型再流焊机是内部只有一个温区的小型加热炉，能够焊接的电路板最大面积为 400mm×400mm（小型设备的有效焊接面积会小一些）。炉内的加热器和风扇受计算机控制，温度随时间变化，电路板在炉内处于静止状态，连续经历预热、再流和冷却的过程，完成焊接。这种简易设备适用于生产批量不大的小型企业。

（5）检查焊接质量。看有无虚焊、漏焊及桥接、飞溅、立碑等缺陷并进行修补。

3．安装 THT 元器件

检查焊接质量及修补后，在 SMB 上安装 THT 元器件，安装位置参考图 9-18。

① 安装并焊接电位器 RP，注意电位器与 SMB 平齐。

② 安装耳机插座 XS。注意焊接时要将耳机插头插入插座帮助散热，以防塑料变形。

③ 安装轻触开关 SB_1、SB_2（可用剪下的组件引脚）。

④ 安装变容二极管 VD（注意极性方向标记）。

⑤ 安装电感线圈 L_1～L_4（L_1 为磁环电感线圈，L_2 为红色电感线圈，L_3 为 8 匝电感线圈，L_4 为 5 匝电感线圈）。

⑥ 安装 R_5、C_{17}、C_{18}，电解电容 C_{18}（100μF）要贴板安装。

⑦ 安装发光二极管 VL，注意高度、极性。

⑧ 焊接电源连接线 J_1、J_2，注意正负连线颜色。

9.2.4 调试及总装

1．调试

（1）所有元器件焊接完成后目视检查。

① 元器件检查：型号、规格、数量及安装位置、方向是否与图纸相符。

② 焊点检查：有无虚焊、漏焊及桥接、飞溅、立碑等缺陷。

（2）测整机总电流。

① 检查无误后将电源线焊到电池片上。

② 在电位器开关断开的状态下装入电池。

③ 插入耳机。

④ 将万用表 200mA 挡（数字表）或 50mA 挡（指针表）跨接在电源开关两端测电流，使用万用表时注意表笔极性。正常电流应为 7～30mA（与电源电压有关）并且 LED 正常点亮。当电源电压为 3V 时，电流约为 24mA。若电流为零或超过 35mA，则检查电路。

（3）搜索电台广播。如果电流在正常范围内，那么按“SB_1”按钮搜索电台广播。只要元器件质量完好，安装正确，焊接可靠，不用调任何部分即可收到电台广播。若收不到电台广播，应仔细检查电路，特别要检查有无错装、虚焊等缺陷。

（4）调接收频段（俗称调覆盖）。我国 FM 广播的频率范围为 87～108MHz，调试时可找一个当地频率最低的 FM 电台，适度改变 L_4 的匝间距，使按“Reset”键后第一次按“Scan”键可收到这个电台。由于 SC1088 集成度高，元器件一致性较好，一般收到低端电台后即可覆盖 FM 全频段，故可不调高端电台而仅做检查（可用一个成品 FM 收音机对照检查）。

（5）调灵敏度。本机灵敏度由电路及元器件决定，一般不用调整，调好覆盖后即可正常收听。

2. 总装

（1）蜡封线圈。调试完成后将适量泡沫塑料填入线圈内（注意，不要改变线圈的形状及匝间距），滴入适量蜡液使线圈固定。

（2）固定SMB和安装外壳。

① 将外壳面板平放到桌面上（注意不要划伤面板）。

② 将两个按键帽放入外壳上的孔内，注意Scan键帽上有缺口，放键帽时对准外壳上的凸起，Reset键帽上无缺口。

③ 将SMB对准位置放入外壳内，注意对准LED位置，若有偏差可轻轻掰动，注意SMB的3个孔与外壳螺柱的配合及电源线不要妨碍外壳装配。

④ 装上中间螺钉，注意螺钉的旋入手法。

⑤ 装电位器旋钮，注意旋钮上凹点的位置。

⑥ 装后盖，装两边的两个螺钉，装卡子。

3. 检查

总装完毕，装入电池，插入耳机进行试听检查，要求如下。

① 电源开关手感良好。

② 音量正常可调。

③ 收听正常。

④ 表面无损伤。

9.2.5 实训报告

总结安装、调试的过程，并将安装步骤及出现的问题填入实训报告。

附：实训产品工作原理简介

实训产品电路的核心是单片集成电路SC1088，它采用先进的低中频（70kHz）技术，外围电路省去了中频变压器和陶瓷滤波器，使电路简单可靠，调试方便。SC1088采用16个引脚的SOT封装，表9-2所示为SC1088的引脚功能，图9-22所示为电调谐FM收音机电原理图。如图9-22所示，FM信号由耳机线馈入，经C_{13}、C_{14}、C_{15}和L_1的输入电路进入集成电路的引脚11、引脚12的混频电路。此处的FM信号是没有调谐的FM信号，即所有FM电台均可进入。

表 9-2　SC1088 的引脚功能

引　脚	功　能	引　脚	功　能
1	静噪输出	9	IF 输入
2	音频输出	10	IF 限幅放大器的低通电容
3	AF 环路滤波	11	射频信号输入
4	V_{CC}	12	射频信号输出
5	本振调谐回路	13	限幅器失调电压电容
6	IF 反馈	14	接地
7	1dB 放大器的低通电容	15	全通滤波电容搜索调谐输入
8	IF 输出	16	电调谐 AFC 输出

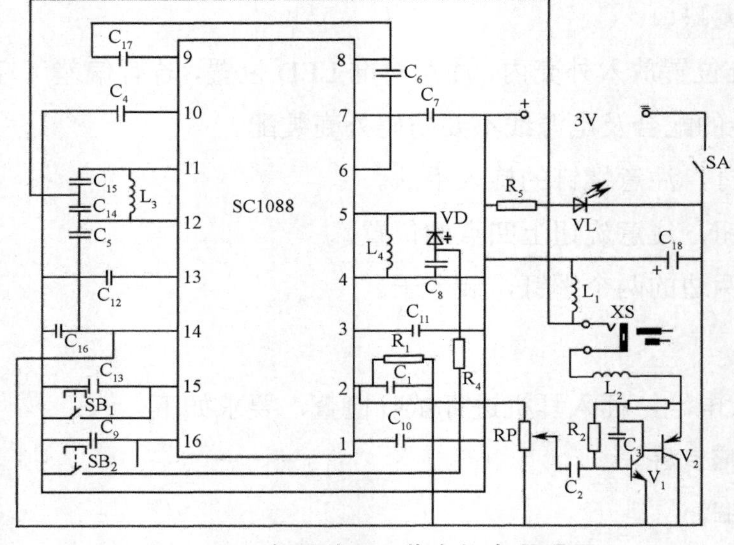

图 9-22　电调谐 FM 收音机电原理图

本振电路中关键元器件是变容二极管，它是利用 PN 结的电容量与电压有关的特性制成的“可变电容”。本电路中，控制变容二极管 VD 的电压由集成电路的引脚 16 输出。当按下扫描开关“SB_1”时，集成电路的内部的 RS 触发器打开恒流源，由引脚 16 向 C_9 充电，C_9 两端电压不断上升，VD 电容量不断变化，由 VD、C_8、L_4 构成的本振电路的频率随之不断变化而进行调谐。当收到电台信号后，信号检测电路使集成电路的内的 RS 触发器翻转，恒流源停止对 C_9 充电，同时在 AFC 电路的作用下，锁住所接收的广播节目频率，从而可以稳定地接收电台广播，直到再次按下“SB_1”按钮开始新的搜索。当按下 Reset 开关“SB_2”时，C_9 放电，本振频率回到低端。

电路的中频放大电路、限幅电路及鉴频电路的有源器件及电阻均在集成电路内。FM 广播信号和本振电路信号在集成电路内混频器中混频产生 70kHz 的中频信号，经内部 1dB 放大器、中频限幅器，送到鉴频器检出音频信号，经内部环路滤波后由引脚 2 输出音频信号。电路中与引脚 1 相连的 C_{10} 为静噪电容，与引脚 3 相连的 C_{11} 为 AF（音频）环路滤波电容，与引脚 6 相连的 C_6 为中频反馈电容，与引脚 7 相连的 C_7 为低通电容，引脚 8、引脚 9 之间的

C_{17} 为中频耦合电容，与引脚 10 相连的 C_4 为限幅器的低通电容，与引脚 13 相连的 C_{12} 为限幅器失调电压电容，与引脚 15 相连的 C_{13} 为滤波电容。

由于用耳机收听，所需功率很小，本机采用了简单的晶体管放大电路，引脚 2 输出的音频信号经电位器 RP 调节后，由 V_1、V_2 组成的复合管甲类放大电路放大。R_1 和 C_1 组成音频输出负载，线圈 L_1 和 L_2 为射频与音频隔离线圈。

9.3　思考与练习题

【思考】熟练地掌握手工焊接与元器件拆焊技术，是电子技术人员的基本技能。坚持勤学苦练，才能循序渐进。要怀抱匠心，练就精湛技艺，对工作保持精益求精和追求卓越的态度。

“执着专注、作风严谨、精益求精、敬业守信、推陈出新。”这是中车戚墅堰机车车辆工艺研究所有限公司高级技师刘云清对工匠精神的切身体会，凭着这种精神，他从一名普通的机械设备维修工成为了智能设备制造专家。如今，他带领团队研制的数控珩磨机已经发展到了第七代，得到国内外同行的认可。

1．手工焊接 SMT 元器件与 THT 元器件有哪些不同？

2．如何正确焊接电阻、电容、二极管类两个焊端的 SMC 和 QFP 芯片的集成电路？

3．简述用专用加热头拆焊元器件的方法。

4．简述用热风焊台焊接或拆焊 SMC/SMD 的方法。

5．根据 SMT 电调谐 FM 收音机安装实训，回答以下问题。

① 安装前要检查的项目和内容。

② 装配的工艺流程（画出流程图）。

③ 装配中要注意哪些问题。

④ 调试及总装的过程。

⑤ 实训产品的工作原理。

第 10 章

检测与返修工艺

随着电子技术的飞速发展，专业化生产对生产线上的各类设备和工艺有了更高的要求，从而检测成为电子产品生产中不可缺少的一环。它最大限度地提高了电子产品的生产效率和产品的质量，对解决生产中元器件故障，插装、贴装故障，线路板故障及线路板整板的功能故障有着十分重要的作用。

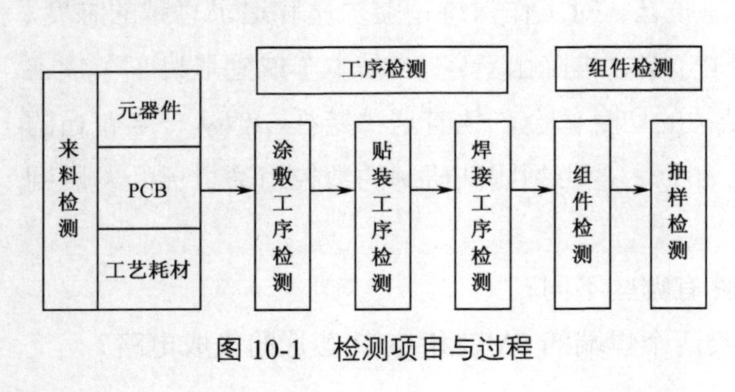

图 10-1　检测项目与过程

SMT 检测工艺内容包括安装前来料检测、安装工艺过程检测（工序检测）和安装后的组件检测三大类，检测项目与过程如图 10-1 所示。

检测方法主要有目视检验、自动光学检测（AOI）、自动 X 射线检测（AXI）、超声波检测、电路内测试（ICT）和功能测试（FCT）等。

具体采用哪一种方法，应根据 SMT 生产线的具体条件及 SMA 的安装密度而定。

10.1　来料检测

来料检测是保障 SMA 可靠性的重要环节，它不仅是保证 SMT 工艺质量的基础，还是保证 SMA 产品可靠性的基础，因为只有原材料合格，产品才有可能合格。

来料检测的对象主要有 PCB、元器件和工艺耗材（如焊锡膏）。PCB 的来料检测是 SMT 工艺中不可缺少的组成部分，PCB 的质量检测包括 PCB 尺寸测量、外观缺陷检测和破坏性检测，应根据实际生产确定检测项目。其中，应特别注意 PCB 的边缘尺寸是否符合漏印边对准精度的要求；阻焊膜是否流到焊盘上；阻焊膜与焊盘对准如何；还要注意焊盘图形尺寸是否符合要求。

元器件的检测是来料检测的关键部分。对安装工艺性、可靠性影响比较大的是元器件的引脚共面性、可焊性和片式元器件的制造工艺。

焊锡膏的检测，首先要根据设计时所选定的焊锡膏进行采购，必须注意焊锡膏的金属含量百分比、黏度、粉末氧化均量，焊锡的金属污染量，助焊剂的活性、密度，黏结剂的黏结强度等。来料检测项目如表 10-1 所示。

表 10-1　来料检测项目

来料类别		检测项目	检测方法
元器件		可焊性	润湿平衡试验、浸渍测试仪
		引脚共面性	光学平面检查、贴片机共面性测试装置
		使用性能	抽样——专用仪器检测
PCB		尺寸与外观检查	目测，专业量具
		阻焊膜质量	
		翘曲与扭曲	热应力试验
		可焊性	旋转浸渍测试、波峰焊料浸渍测试、焊料球测试
		阻焊膜完整性	热应力试验
工艺耗材	焊锡膏	金属含量百分比	加热分离称重法
		润湿性、焊料球	再流焊
		黏度与触变系数	旋转式黏度计
		粉末氧化均量	俄歇分析法
	焊锡	金属污染量	原子吸附测试
		活性	铜镜试验
	助焊剂	密度	比重计
		活性	铜镜试验
		变质	目测颜色
	黏结剂	黏结强度	黏结强度试验
		黏度与触变系数	旋转式黏度计
		固化时间	固化试验
	清洗剂	组成成分	气体色谱分析仪

10.2　工序检测

工序检测主要包括涂敷工序检测、贴装工序检测、焊接工序检测等工艺过程的检测。

目前，生产厂家在批量生产过程中检测 SMT 电路板的焊接质量时，广泛使用目视检验、AOI、AXI 等方法。

10.2.1　目视检验

人工进行目视检验简便直观，是检验评定焊点外观质量的主要方法。目视检验借助带照明或不带照明的、放大倍数为 2～5 倍的放大镜（见图 10-2），用肉眼观察检验 SMA 焊点质量。目视检验可以对单个焊点缺陷、线路异常及元器件劣化等同时进行检验，是采用最广泛的一种非破坏性检验方法。但它无法发现空隙等焊接内部缺陷，因此很难进行定量评价。目视检验的速度和精度同检验人员对焊接有关知识的掌握程度和识别能力有关。该检验方法的优点是简单，成本低；缺点是效率低，漏检率高，还与操作人员的经验和认真程度有关。

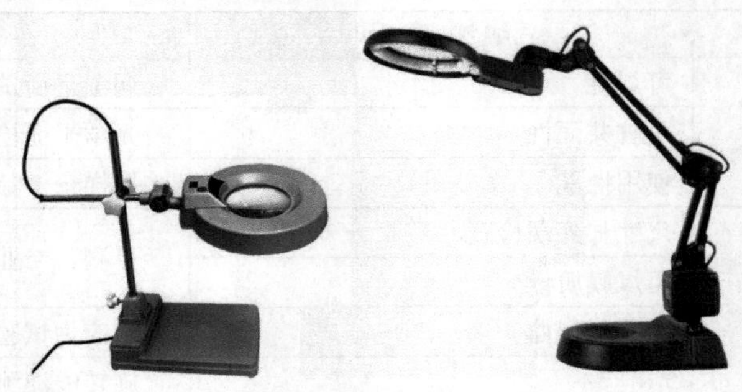

图 10-2　放大镜台灯

无论具备什么检测条件，目视检验都是基本的检测方法，是 SMT 工艺和检验人员必须掌握的内容之一。

1. 印刷工艺目视检验标准

焊锡膏印刷质量要执行标准 SJ/T 10670－1995《表面组装工艺通用技术要求》中 6.1.1.2 的规定。一般要求焊锡膏印刷要与焊盘图形重合，并呈立方体；焊盘上至少有 75%的面积有焊锡膏，焊锡膏超出焊盘，不应大于焊盘尺寸的 10%。印刷工艺目视检验标准如表 10-2 所示。

表 10-2　印刷工艺目视检验标准

序　号	印 刷 状 态	检 验 标 准
1		焊锡膏与焊盘对齐且尺寸及形状符合要求；焊锡膏表面光滑，不带有受扰区域或空穴；焊锡膏最佳厚度为模板厚度±0.03mm
2		过量的焊锡膏延伸出焊盘，但未与相邻焊盘接触；焊锡膏超出焊盘区域小于焊盘尺寸的 10%，判合格
3		焊锡膏量较少，但焊锡膏覆盖住焊盘 75%以上的面积，判合格
4		焊锡膏未和焊盘对齐，但焊盘 75%以上的面积覆盖有焊锡膏，判合格
5		焊锡膏量太少，不合格
6		焊锡膏溢出粘连在一起，不合格
7		焊锡膏呈凹形，焊锡膏量太少，不合格

续表

序　号	印刷状态	检验标准
8		焊锡膏边缘不清，有拉尖，不合格
9		焊锡膏有粘连，不合格
10		焊锡膏错位，不合格

2. 贴装工艺目视检验标准

元器件贴装位置精度要求执行标准 SJ/T 10670—1995《表面组装工艺通用技术要求》中 6.3.1 的规定。元器件电极应与相应焊盘对准，片式元器件焊端宽度有一半或一半以上处于焊盘上，元器件引脚应全部处于焊盘上。贴装工艺目视检验标准如表 10-3 所示。

表 10-3　贴装工艺目视检验标准

序　号	贴片状态	检验标准
1		元器件全部位于焊盘上，居中，无偏移，为最佳
2	M	元器件焊端与焊盘交叠后，焊盘伸出部分 M 不小于焊端高度的 1/3，判合格
3		元器件焊端宽度一半或一半以上位于焊盘上（仅在印制导线阻焊情况下适用），判合格
4	D	有旋转偏差，$D \geqslant$ 元器件宽度的一半，判合格
5	0.5mm	元器件焊端宽度一半或一半以上位于焊盘上，且与相邻焊盘或元器件相距 0.5mm 以上，判合格
6		元器件全部位于焊盘上，居中，无偏移，为最佳
7		有旋转偏移，但引脚全部位于焊盘上，判合格
8		X 轴、Y 轴方向有偏移，但引脚（含趾部和跟部）全部位于焊盘上，判合格
9	集成电路	引脚趾部及跟部全部位于焊盘上，所有引脚对称居中，为最佳

续表

序　号	贴片状态	检验标准
10	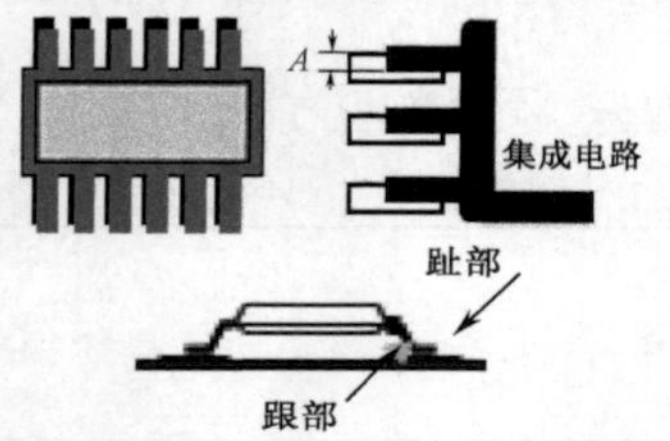	X 轴、Y 轴方向有偏差，但 A≥引脚宽度的一半且引脚趾部和跟部位于焊盘上，判合格
11	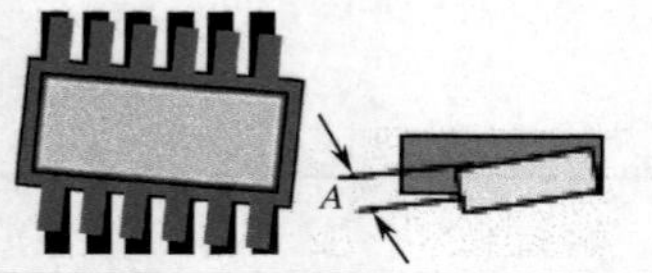	有旋转偏差，但 A≥引脚宽度的一半，且引脚趾部和跟部位于焊盘上，判合格

3. 再流焊工艺目视检验标准

由于诸多因素的影响，SMA 经再流焊后，有可能出现桥接、短路等缺陷，影响 SMA 的性能和可靠性，所以在焊接后，应对 SMA 进行全检，焊点质量的评定执行标准 SJ/T 10666－1995《表面组装组件的焊点质量评定》中的规定。一般要求在焊盘上形成完整、均匀、连续的焊点，接触角不大于 90°，焊料量适中，焊点表面光滑，元器件焊端或引脚在焊盘上的位置偏差应在规定范围内。再流焊工艺目视检验标准如表 10-4 所示。

表 10-4　再流焊工艺目视检验标准

序　号	再流焊状态	检验标准
1	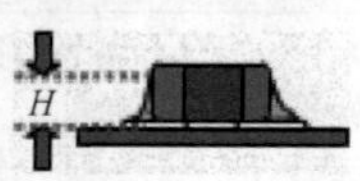	焊接面呈弯月状，且当元器件高度>1.2mm 时，焊接面高度 H≥0.4mm；当元器件高度≤1.2mm 时，焊接面高度 H≥元器件高度的 1/3，为最佳
2	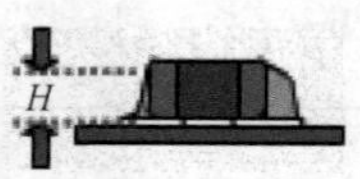	当元器件高度>1.2mm 时，焊接面高度 H≥0.4mm；当元器件高度≤1.2mm 时，焊接面高度 H≥元器件高度的 1/3，且焊接面有一端为凸圆球状，判合格
3	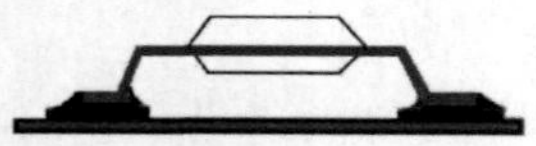	SOP/QFP 器件引脚内侧形成的弯月形焊接面，高度至少等于引脚的厚度，且整个引脚均被焊接，为最佳
4	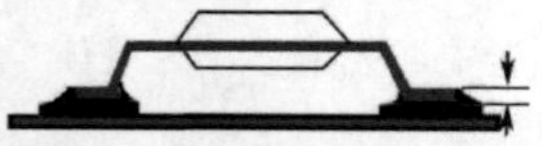	SOP/QFP 器件引脚内侧形成弯月形焊接面的高度大于或等于引脚厚度的一半，且引脚长度至少有 75%被焊接，判合格
5		SOJ/PLCC 器件引脚两边所形成弯月形焊接面的高度至少等于引脚两边弯度的厚度，为最佳
6		SOJ/PLCC 器件引脚两边所形成弯月形焊接面的高度至少等于引脚两边弯度厚度的一半，判合格
7	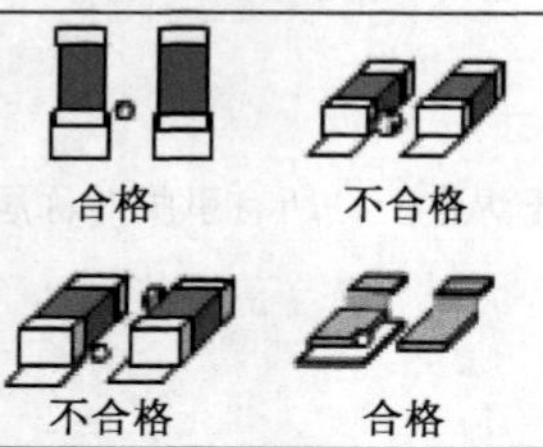	残存于 PCB 上的孤立焊球最大直径应小于相邻导体或元器件焊盘最小间距的一半，或直径小于 0.15mm；残留在 PCB 上的焊球每平方厘米不超过一个；较小直径多个焊球，总体积不允许超过上述孤立焊球的体积

10.2.2　自动光学检测

SMT 电路的小型化和高密度化，使检验的工作量越来越大，依靠人工目视检验的难度越来越高，判断标准也不能完全一致。目前，生产厂家在大批量生产过程中检测 SMT 电路板的焊接质量，广泛使用 AOI 或 AXI。AOI 主要用于工序检验，包括焊锡膏印刷质量、贴装质量及再流焊质量检验。

1. AOI 分类

AOI 是 Automated Optical Inspection 的英文缩写，中文含义为自动光学检测，可泛指自动光学检测技术或自动光学检测设备。

AOI 一般可分为在线式（在生产线中）和桌面式两大类。

（1）根据在生产线上的位置不同分类。在线 AOI 通常可分为三种。

① 放在焊锡膏印刷机后的 AOI。将 AOI 放在焊锡膏印刷机之后，可以用来检测焊锡膏印刷的形状、面积及焊锡膏的厚度。

② 放在贴片机后的 AOI。把 AOI 放在高速贴片机之后，可以发现元器件的贴装缺漏、种类错误、外形损伤、极性方向错误，包括引脚（焊端）与焊盘上焊锡膏的相对位置。

③ 放在再流焊炉后的 AOI。将 AOI 放在再流焊炉之后，可以检查焊接质量，发现有缺陷的焊点。

图 10-3 所示为 AOI 在生产线中不同位置的检测示意图。显然，在上述每一道工序后都设置 AOI 是不现实的，AOI 最常见的位置是在再流焊炉之后。

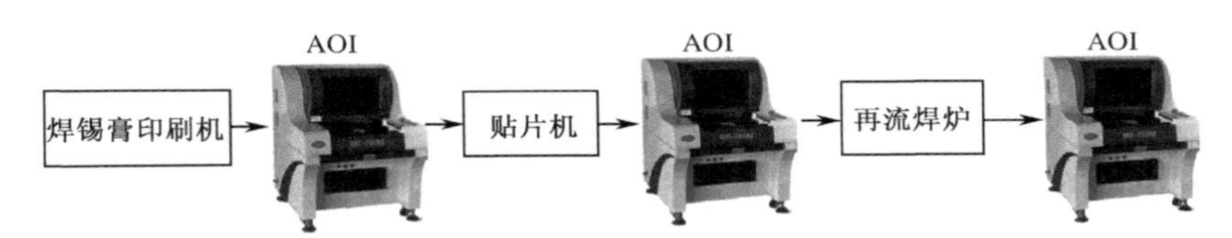

图 10-3　AOI 在生产线中不同位置的检测示意图

（2）根据相机位置的不同分类。AOI 可分为纯粹垂直式相机和倾斜式相机的 AOI。

（3）根据 AOI 使用光源情况的不同分类，AOI 可分为两种。

① 使用彩色镜头的 AOI，光源一般使用红、绿、蓝三色，计算机处理的是色比。

② 使用黑白镜头的 AOI，光源一般使用单色，计算机处理的是灰度比。

2. AOI 的工作原理

AOI 的工作原理与贴片机、焊锡膏印刷机所用的光学视觉系统的原理相同，基本有设计规则检查（DRC）和图形识别两种方法。

AOI 通过光源对 PCB 进行照射，用光学镜头将 PCB 的反射光采集进计算机，通过计算机软件对包含 PCB 信息的色比或灰度比进行分析处理，从而判断 PCB 上焊锡膏印刷质量、元器件放置位置、焊点焊接质量等情况。可以完成的检查项目一般包括元器件缺漏检查、元器件识别、SMD 方向检查、焊点检查、引脚检查、反接检查等。在记录缺陷类型和特征的同时通过显示器把缺陷显示或标示出来，向操作人员发出信号，或者触发执行机构自动取下不良部件送回返修系统。AOI 还能对缺陷进行分析和统计，为调整制造过程的工艺参数提供依据。

图 10-4 所示为 AOI 的工作原理模型。

现在 AOI 采用了高级视觉系统、新型给光方式、高放大倍数和复杂算法，从而能够实现以高测试速度获得高缺陷检出率。

3. AOI 的基本组成

目前 AOI 常见的品牌有 OMRON（欧姆龙）、Agilent（安捷伦）、Teradyne（泰瑞达）、MVP（安维普）、TRI（德律）、JVC（胜利）、SONY（索尼）、Panasonic（松下）等。

AOI 一般由照明单元、伺服驱动单元、图像获取单元、图像分析单元及设备接口单元等组成。图 10-5 所示为 MF-760VT 型自动光学检测仪。

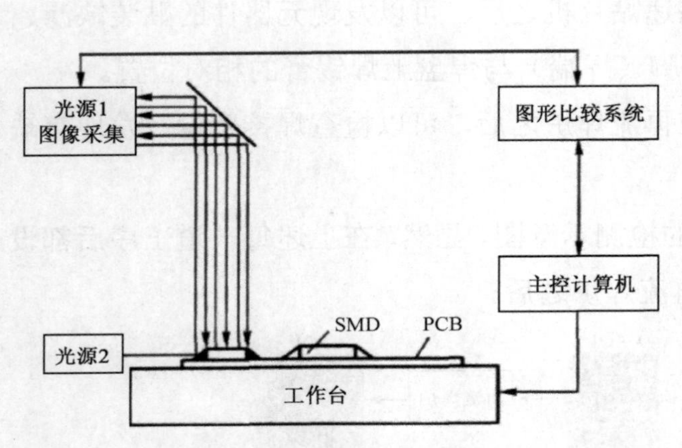

图 10-4　AOI 的工作原理模型

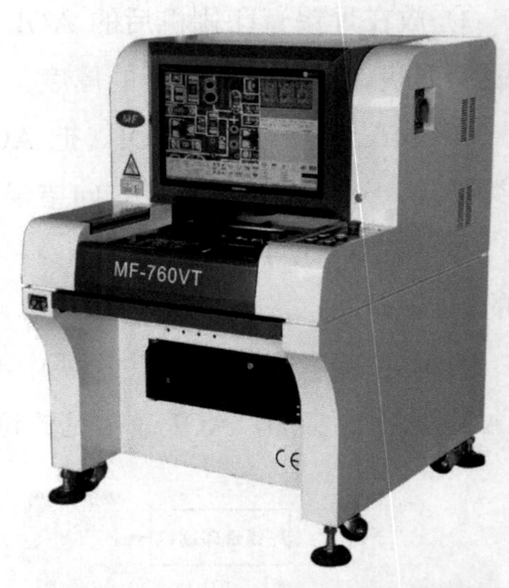

图 10-5　MF-760VT 型自动光学检测仪

MF-760VT 型自动光学检测仪的技术特点如下。

① 照明系统：彩色环形四色 LED 光源。

② 自主研发的图像算法，检出率高。

③ CAD 数据导入后可自动寻找与元器件库匹配的元器件数据。

④ 智能高清晰度数字 CCD 相机，图像质量稳定可靠。

⑤ 检测速度满足 1.5 条高速贴装生产线的需求。

⑥ 细小间距 0201 的检测能力，对应 01005 的升级方案。

⑦ 软件系统：操作系统为 Windows 10 或以上（早期出厂的机器分别与同时期的 Windows 版本相对应），可选中文、英文界面。

⑧ 基板尺寸：20mm×20mm～300mm×400mm。基板上下净高：上方≤30mm，下方≤40mm。

⑨ X/Y 分辨率为 1μm，定位精度为 8μm，移动速度为 700mm/s（max）。轨道调整：手动或自动。

⑩ 检测方法：彩色运算、颜色抽取、灰阶运算、图像比对等。检测结果输出：基板 ID、基板名称、元器件名称、缺陷名称、缺陷图片等。

MF-760VT 型自动光学检测仪适用于 PCB 再流焊制程的检测，检查项目：再流焊后缺件、错件、坏件、锡珠、偏移、侧立、立碑、反贴、极反、桥接、虚焊、无焊锡、少焊锡、多焊锡、元器件浮起、集成电路引脚浮起、集成电路引脚弯曲；再流焊前缺件、多件、错件、坏件、偏移、侧立、反贴、极反、桥接、异物。

4. AOI 的操作模式

（1）自动模式。提供自动检测，也就是所有检测动作都是由系统本身完成的，不需要任何人工干预。这个模式通常用在高产量的生产线上。它是一种无停止的检测模式，当出现缺陷、次品（NG）时也不能进行编辑。

（2）排错模式。基本上与自动模式一样，只是它允许用户在检测到缺陷、次品时可以人工判断及编辑。

（3）监视模式。它允许检测出缺陷、次品时停止检测，提供给用户更多的关于缺陷、次品的信息。

（4）人工模式。完全由用户进行每一步操作（如进板、扫描、检测、退板等）。

（5）通过模式。在这种模式下 PCB 不进行检测，只进板、出板。它特别适用于某些不需要做光学检测的 PCB。

每一个操作都由人工模式开始，人工模式结束。也就是说，所有的操作都是在人工模式下从数据库中打开一个文件，用户可以根据检测要求（如重新扫描、重新检测、进板、出板或编辑缺陷、次品的数据）设置自动模式或通过模式。所有的文件必须在系统中由人工存储。

5. AOI 操作指导

（1）启动系统。打开系统电源之前确认 AOI 系统安装完毕。启动系统分为三个步骤：打开电源（注意打开电源之前不可将 PCB 放入 AOI）；显示 Windows 界面；先启动检测应用程序，关闭 AOI 的上盖及前门，再按重启键来初始化硬件并读取最新的检测数据。注意：当硬件初始化时，AOI 的传送带会运转，LED 会闪亮几秒。

（2）检查 AOI 轨道与检测程序。检查 AOI 轨道是否与 PCB 宽度一致，确认 AOI 检测程序（名称和版本）是否正确。

（3）检测。接住再流焊炉传送出的 PCB，置于台面冷却后，将板的定位孔靠向 AOI 操作台一侧，放入 AOI 进行检测。

（4）AOI 检测结果判定。

① 若屏幕右上角显示“OK”，表明 AOI 判定此板为合格品。

② 若屏幕右上角显示“NG”，表明 AOI 判定此板为次品或 AOI 误测。AOI 测试员应将 AOI 判断为 NG 的板取出，对照屏幕显示红色的位置逐一目视检验确认。无法确认时交目视检验工位确认。若为误测，则将此板按合格品处理；若为次品，则标识不良位置并挂上不良品跟踪卡，传给下一工位（AOI 后目视检验）。

③ 测试合格的板，在规定的位置用箱头笔打上记号。

（5）注意事项。

① 每次上班前制程质量控制（IPQC）的工作人员用 NG 样板来确认检测程序有效性，将检测结果记录在 AOI 样板检测表中，如有异常，应及时通知 AOI 技术员调试程序。

② AOI 测试员必须佩戴防静电腕带作业，每次下班前须清理机器的外表面，并保持机器周围清洁。

③ AOI 测试员严禁在测试时按“ALLOK”窗口，必须对所有红色窗口认真确认，防止漏检。

④ 若发生异常情况或 AOI 漏测时，应及时通知 AOI 技术员调试处理，必要时按“Emergency Stop”（紧急停止）按钮。

⑤ 当 AOI 误测较多时，AOI 测试员应及时通知 AOI 技术员调试程序。

（6）退出系统。先选择程序中的“退出”命令，保存当前数据后退出系统，回到 Windows 界面，然后关闭 Windows 系统，当 Windows 显示关闭信息后，关闭 AOI 主电源和总电源，计算机主机及显示器也会自动关闭。

10.2.3 自动 X 射线（X-Ray）检测

AOI 系统的不足之处是只能进行图形的直观检验，检测的效果依赖光学系统的分辨率，它不能检测不可见的焊点和元器件，也不能从电性能上进行定量测试。

AXI 利用 X-Ray 可穿透物质并在物质中衰减的特性来发现缺陷，主要检测焊点内部缺陷，如 BGA、CSP 和 FC 中芯片的焊点检测。尤其对 BGA 组件的焊点检查，AXI 的作用无可替代，但对错件的情况不能判别。

1. AXI 工作原理

X-Ray 透视图可以显示焊点的厚度、形状及质量的密度分布；能充分反映出焊点的焊接质量，包括开路、短路、孔洞（焊料凝固后出现针孔或空洞）、内部气泡及锡量不足，并能做到定量分析。AXI 的最大特点是能对 BGA 等部件的内部进行检测。AXI 的基本工作原理如图 10-6 所示。

当安装好的线路板（SMA）沿导轨进入机器内部后，位于SMA下方有一个X-Ray发射管，其发射的X-Ray穿过SMA后被置于上方的探测器（一般为摄像机）接收，由于焊点中含有可以大量吸收X-Ray的铅，照射在焊点上的X-Ray被大量吸收。因此，与穿过其他材料的X-Ray相比，焊点呈现黑点，产生良好的图像，使对焊点的分析变得非常直观，故用简单的图像分析算法便可自动且可靠地检测焊点缺陷。

近几年AXI设备有了较快的发展，已从过去的二维检测发展到三维检测，具有SPC统计控制功能，能够与装配设备相连接，实现实时监控装配质量。

二维检测法为透射X-Ray检测法，对于单面PCB上的元器件焊点可产生清晰的图像，但对于目前广泛使用的双面PCB，效果就会很差，会使两面焊点的图像重叠而极难分辨。而三维检测法采用分层技术，即将光束聚焦到任何一层并将相应图像投射到一高速旋转的接受面上。由于接受面高速旋转使位于焦点处的图像非常清晰，而其他层的图像被消除，故三维检测法可对PCB两面的焊点独立成像，其工作原理如图10-7所示。

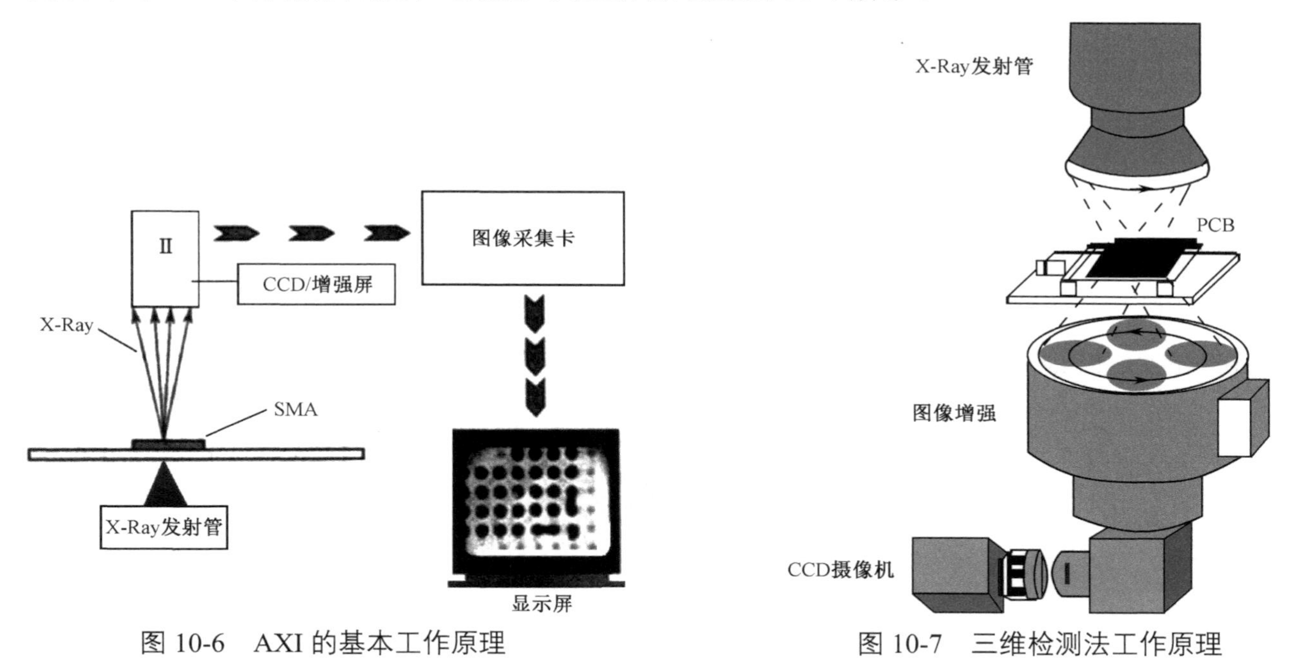

图10-6　AXI的基本工作原理

图10-7　三维检测法工作原理

三维X-Ray检测技术除了可以检验双面PCB，还可以对那些不可见焊点，如BGA器件等进行多层图像“切片”检测，即对BGA器件焊接连接处的顶部、中部和底部进行彻底检测。同时，利用此方法还可检测通孔焊点，检测通孔中焊料是否充实，从而极大地提高焊点连接质量。

2. AXI检测作业指导

（1）操作步骤。

① 检查机器并确认其前、后门都已完全关闭。

② 打开电源。

③ 等待机器真空度达到使用标准：真空状态指示灯变绿后，开始进行机器预热。

④ 装入样板。

⑤ 扫描并调节图像。

⑥ 调出要检测部位的图像。

⑦ 保存或打印所需图像文件。

⑧ 移动检测部位或更换样板进行检测，只需重复上述步骤③～步骤⑥即可。

⑨ 检测完毕后，关闭全部电源。

（2）注意事项。

① 每天第一次开机必须做一次预热；两次使用间隔超过 1h，也必须做一次预热。

② 开启 X-Ray 后，等 X-Ray 功率上升到设定值并稳定后再开始扫描。

③ 机器完成初始化设置后，不要立即关闭 X-Ray 应用软件，不要将钥匙开关打到 Power on（开启主机电源），也不要连续做两次初始化操作。

④ 关闭应用程序时，单击“关闭”按钮后请等待程序完全关闭，不要再次单击“关闭”按钮。

⑤ 在紧急情况下应及时按紧急停止开关。

⑥ 放入的样板高度不能超过 50mm。

⑦ 禁止非此设备的操作员操作。

⑧ 开后门时应注意不要将手放在门轴处，防止挤伤。

⑨ 开关门时请注意轻关轻开，避免由于碰撞导致内部机构损伤。

10.3 电路内测试

ICT 是英文 In Circuit Test 的简称，中文含义是电路内测试。在线测试仪可分为针床式在线测试仪和飞针式在线测试仪两种。飞针式在线测试仪基本只进行静态的测试，优点是不需要制作夹具，程序开发时间短。针床式在线测试仪可进行器件功能模拟和数字器件逻辑功能测试，故障覆盖率高；但对每种 PCB 需制作专用的针床夹具，夹具制作和程序开发周期长。

在 SMT 实际生产中，除了焊点质量不合格导致产品缺陷，元器件极性贴错，元器件品种贴错，数值超过标称值允许的范围，也会导致产品缺陷，因此生产中不可避免地要通过在线测试仪进行性能测试，检查出影响其性能的相关缺陷，并根据暴露出的问题及时调整生产工艺，这对于新产品生产的初期就更为必要。

10.3.1 针床式在线测试仪

1. 针床式在线测试仪的功能与特点

针床式在线测试仪是通过对电路内元器件的电性能及电气连接进行测试来检查生产制造缺陷及元器件不良的一种标准测试仪器。针床式在线测试仪使用专门的针床与已焊接好的 PCB 上的元器件焊点接触，并用数百毫伏（mV）的电压和 10mA 以内的电流进行分立隔离测试，从而精确地测量所装电阻、电感、电容、二极管、晶闸管、场效应管、集成块等通用和特殊元器件的漏装、错装、参数值偏差、焊点连焊、PCB 断/短路等故障，并将故障元器件或断路点准确地显示给用户。如图 10-8 所示为针床式在线测试仪的外观照片。

由于在线测试仪的测试速度快，并且相比于 AOI 和 AXI 能够提供较为可靠的电性能测试，所以在一些大批量生产电子产品的企业中，在线测试仪成为测试的主流设备。

但随着 PCB 安装密度的提高，特别是细间距 SMT 元器件的安装及新产品开发生产周期越来越短，PCB 品种越来越多，针床式在线测试仪存在一些难以克服的问题：测试用针床夹具的制作、调试周期长，价格贵；对于一些高密度 SMT 线路板，由于测试精度问题无法进行测试。图 10-9 所示为针床式在线测试仪的内部结构图。

图 10-8 针床式在线测试仪的外观照片

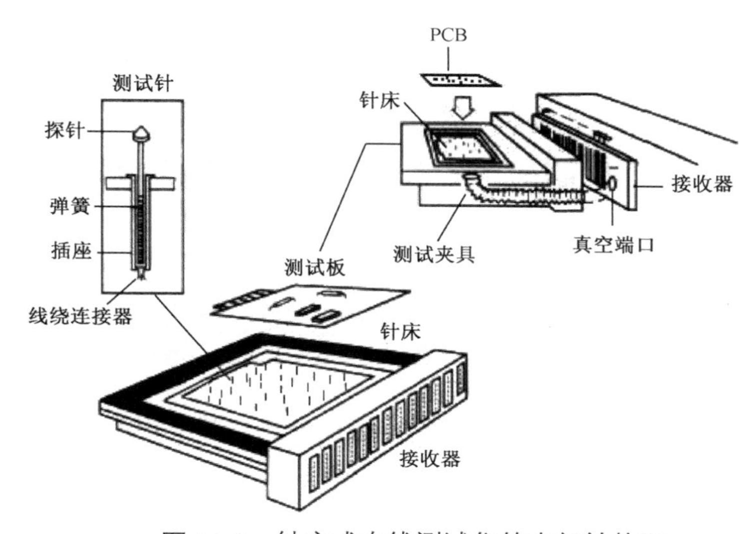

图 10-9 针床式在线测试仪的内部结构图

2. 针床式在线测试仪操作指导

（1）操作步骤。

① 打开针床式在线测试仪电源，针床式在线测试仪自动进入测试画面，打开测试程序。ICT 技术员须用 ICT 标准样板检测针床式在线测试仪的测试功能和测试程序，用 ICT 不良品样板核对针床式在线测试仪检测不良品的功能，确认无误后，才可通知 ICT 测试员开始测试。ICT 测试员开始测试时须再次确认测试程序名称及程序版本是否正确。

② 取目检合格的 SMA，双手拿住板边，放置于测试工装内，以定柱为基准，将 PCB 正确安装于治具上，定位针与定位孔对准安装，定位针不可有松动现象。

③ 双手同时按气动开关“DOWN”和“UP/DOWN”。

④ 气动头下降到底部后，开始自动测试。

⑤ 确认测试结果，若屏幕出现“PASSED”或“GO”则为良品，用记号笔在规定位置做标识，并转入下一道工序；若屏幕上出现“FAIL”或整个屏幕变成红色，则为不良品，打印出不良品的内容贴于板面上，置于不良品放置架中，待电子工程部分析不良原因后，送修理工位统一修理。同种不良原因出现三次以上必须通知生产线 PIE、ICT 技术员、品质工程师确认，并要采取相应对策。

⑥ 测试不良板经两次再测后合格，则判为良品；若仍不合格，则判为不良品。

⑦ 按一下“UP/DOWN”开关，气动头上升，双手拿住板边取下 SMA，放到工作台面上。

⑧ 重复步骤②～步骤④，测试另一个 SMA。

（2）注意事项。

① 操作时必须戴上手指套及防静电腕带作业，拿取板边时，不可碰到部件。

② 每天接班时必须先用标准测试良品及不良品对测试架进行检测，结果相符后方可开始检测，若发现问题则通知 ICT 技术员检修，并做好测试架的状况记录。

③ 未经 ICT 技术员允许，不可变更程序。

④ 注意 SMA 的放置方向及定位针的位置，防止放错方向损坏 SMA。

⑤ 每测试完 30 块 SMA 后，应用钢刷刷一次测试针。

⑥ 针床式在线测试仪周围 10cm 内严禁摆放物品。

⑦ 针床式在线测试仪上不可放状态纸、手套等杂物。

10.3.2 飞针式在线测试仪

现今电子产品的设计和生产承受着上市时间的巨大压力，产品更新的周期越来越短，因此，在最短时间内开发新产品和实现批量生产对电子产品制作是至关重要的。飞针测试技术是目前一些主要电气测试问题的最新解决办法，它用测试探针（飞针）取代针床，使用多个由电动机驱动，能够快速移动飞针同器件的引脚进行接触并进行电气测量。由于飞针测试不用制作和调试在线测试仪的针床夹具，以前需要几周时间开发的测试现在仅需几个小时就可完成，大大缩短了产品设计周期和投入市场的时间。

1. 飞针式在线测试仪的结构与功能

飞针式在线测试仪是对传统针床式在线测试仪的一种改进，它用飞针代替针床，在 X 轴、Y 轴方向的机构上分别装有可高速移动的 4～8 根飞针，最小测试间隙为 0.2mm。

工作时在测单元（UUT）通过传送带或其他传送系统输送到飞针式在线测试仪内并被固定，飞针式在线测试仪的飞针根据预先编好的坐标位置程序移动并接触测试焊盘（Test Pad）和过孔，从而测试 UUT 的单个元器件，飞针通过多路传输系统连接到驱动器（信号发生器、电源等）和传感器（数字万用表、频率计数器等）来测试 UUT 上的元器件。当一个元器件正在测试时，UUT 上的其他元器件通过飞针在电气上屏蔽以防读数干扰。工作中的飞针式在线测试仪如图 10-10 所示。

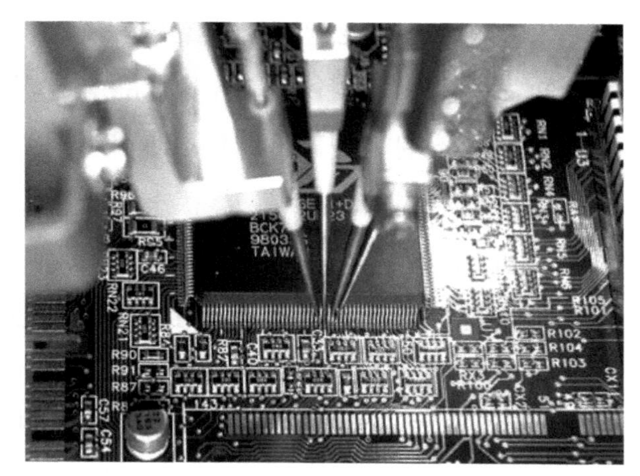

图 10-10　工作中的飞针式在线测试仪

飞针式在线测试仪可以检测电阻的电阻值、电容的电容量、电感的电感量、器件的极性及短路（桥接）和开路（断路）等参数。

2．飞针式在线测试仪的特点

① 较短的测试开发周期，系统接收到 CAD 文件后几小时就可以开始生产，因此，原型 PCB 在装配后数小时即可测试。

② 较低的测试成本，不需要制作专门的测试夹具。

③ 由于设定、编程和测试操作简单，一般技术装配人员即可胜任测试工作。

④ 较高的测试精度，飞针式在线测试仪的定位精度（10μm）、重复精度（±10μm）及尺寸极小的触点和间距，使测试系统可探测到针床夹具无法到达的 PCB 节点。与针床式在线测试仪相比，飞针式在线测试仪在测试精度、最小测试间隙等方面均有较大幅度地提高。以目前使用较多的四测头飞针式在线测试仪为例，测头由 3 台步进电动机以同步轮与同步带协同组成三维运动。X 轴、Y 轴运动精度达 2mil，足以测试目前国内最高密度安装的 PCB，Z 轴飞针与 PCB 之间的距离为 160～600mil 且可调，可适应厚度为 0.6～5.5mm 的各类 PCB。每个飞针每秒可检测 3～5 个测试点。

⑤ 和任何事物一样，飞针测试也有其缺点，因为飞针与过孔和测试焊盘上的焊点发生物理接触，可能会在焊点上留下小凹坑。对于某些客户来说，这些小凹坑可能被认为是外观缺陷，拒绝接受。因为有时在没有测试焊盘的地方飞针会接触到元器件引脚，所以飞针可能会检测不到松脱或焊接不良的元器件引脚。

⑥ 飞针测试时间过长是另一个不足，传统的针床测试探针有 500～3 000 只，针床与 PCB 一次接触即可完成 ICT 的全部要求，测试时间只要几十秒，针床一次接触所完成的测试，飞针需要许多次运动才能完成，时间显然要长得多。

另外，针床式在线测试仪可使用顶面夹具同时测试双面 PCB 的顶面与底面元器件，而飞针式在线测试仪要求操作员先测试完一面，翻转后再测试另外一面，由此看出飞针式在线测试仪并不能很好地适应大批量生产的要求。

3．飞针式在线测试仪的维护保养

① 每天检查设备的清洁度，特别是 *Y* 轴系统。应该使用真空吸尘器进行大型部件清洁，并使用酒精浸泡小型部件。不要使用压缩空气进行清洁，以免将灰尘吹入设备内部而影响使用。

② 周期性地检查过滤器状态。检查频率应根据设备使用的空气类型而定，空气含有杂质越多检查应越频繁，并及时更换过滤器。为评价过滤器的工作状态，关闭开关并拧开过滤器外壳。过滤器应干燥并颜色一致。若有痕迹则表示有油或有水。若污染痕迹比较明显，则应更换过滤器并检查气源。

③ 通过运行自检程序能够检查设备状态。在“VIVA”主窗口单击“SELFTEST”（自检）图标启动该程序，将在左边显示出对话窗口。在这个窗口中，操作者可以设置不同的选项来检查设备状态。

④ 定期检查飞针及飞针座的磨损情况，将其更换后，必须执行校准程序。

⑤ *Y* 轴系统出现油或其他液体痕迹，表示空气过滤器出现问题。应停止设备操作并联系设备维护人员。

⑥ 重要的计算机软件及数据应当有备份；不得在计算机内安装其他应用软件；使用外盘时应进行杀毒，防止计算机被病毒感染；确保计算机与主机连线正确可靠。

10.4 功能测试

安装阶段的测试包括制造缺陷分析（MDA）、ICT 和功能测试（FCT，产品在应用环境下工作时的测试）及三者的组合。

ICT 能够有效地查找在安装过程中发生的各种缺陷和故障，但不能评估整个 SMA 所组成的系统在时钟速度时的性能。FCT 就是用来测试整个系统是否能够实现设计目标的。

FCT 用于 SMA 的电性能测试和检验，先将 SMA 或 SMA 上的 UUT 作为一个功能体输入电信号，再按照功能体的设计要求检测输出信号，大多数 FCT 都有诊断程序，可以鉴别和确定故障。最简单的 FCT 是将 SMA 连接到该设备相应的电路上通电，看设备能否正常运行。这种方法简单，投资少，但不能自动诊断故障。

功能测试仪（Functional Tester）通常包括三个基本单元：加激励、收集响应和根据标准组件的响应评价被测试组件的响应。通常采用的 FCT 技术有以下两种。

1．特征分析（SA）测试技术

SA 测试技术是一种动态数字测试技术，SA 测试必须采用针床夹具，在进行 FCT 时，功能测试仪通常通过边缘连接器（Edge Connector）同被测组件实现电气连接，从输入端口输入信号，并监测输出端口输出信号的幅值、频率、波形和时序。功能测试仪通常有一个探针，当某个输出端口输出信号不正常时，就通过这个探针同组件上特定区域的电路进行电气接触来进一步找出缺陷。

2．复合测试仪

复合测试仪是把 ICT 和 FCT 集成到一个系统的仪器，是近年来广泛采用的自动测试设备（ATE），它能包括或部分包括边界扫描功能软件和非矢量测试相关软件，特别能适应高密度安装及含有各种复杂集成电路芯片组件板的测试。对于引脚级的故障检测可达 100%的覆盖率，有的复合测试仪还具有实时数据收集和分析软件，以监控整个组件的生产过程，在出现问题时能及时反馈以改进装配工艺，使生产的质量和效率能在控制范围之内，保证生产的正常进行。

10.5 SMA 返修技术

SMT 工艺一直在为满足一次安装通过率为 100%的要求而努力，但是 100%的成品率目前仍然是一个可望而不可即的目标，不管工艺有多么完善，总是存在着一些安装制造中无法控制的因素而产生不良品。PCB 安装中必须对废品率有一定的估计，且可以用返修来弥补产品生产过程中出现的一些问题。

SMA 的返修，通常是去除失去功能、损坏引脚或排列错误的元器件，重新更换新的元器件。或者说就是使不合格的电路组件恢复成与特定要求相一致的合格的电路组件。返修和修理是两个不同的概念，修理是使损坏的电路组件在一定程度上恢复它的电气机及械性能，而不一定与特定要求相一致。

为了完成返修，必须采用安全而有效的方法和合适的工具。所谓安全，是指不会损坏返修部分的元器件和相邻的元器件，也指对操作人员不会有伤害。所以在返修操作之前必须对操作人员进行技术和安全方面的培训。习惯上返修被看作操作人员掌握的手工工艺，实际上，高度熟练的操作人员也必须借助返修工具才可以使修复的 SMA 完全令人满意。目前，FC、CSP、BGA 等新型封装器件对装配工艺提出了更高的要求，对返修工艺的要求也在提高，此时手工返修已无法满足这种新要求。

10.5.1 维修工作站

维修工作站实际是一个小型化的贴片机和焊接设备的组合装置，对采用 SMT 工艺的 PCB 进行维修，或者对品种变化多而批量不大的产品进行生产，维修工作站都能够发挥很好的作用，但贴装、焊接元器件的速度比较慢。

大多数维修工作站装备了高分辨率的光学检测系统和图像采集系统，操作人员可以从监视器的屏幕上看到放大的电路焊盘和元器件电极的图像，使元器件能够高精度地定位贴装；高档的维修工作站甚至有两个以上的摄像头，能够把从不同角度摄取的画面叠加在屏幕上，操作人员可以通过监视器的屏幕仔细调整贴装头，让两幅画面完全重合，从而实现多引脚器件在 PCB 上的准确定位。对于任何 BGA 器件、FC、QFN、QFP、PLCC、SOP、金属屏蔽罩、通孔集成电路插座、通孔插装器件（THD）、柔性板、塑料元器件、异形器件、连接器等，均有优良的返修能力。

维修工作站都备有与各种元器件规格相配的红外辐射加热炉、电热工具或热风焊枪，不仅可以用来拆焊那些需要更换的元器件，还能熔融焊料，把要贴装的新元器件焊接上去。

图 10-11 所示为一款维修工作站的照片。

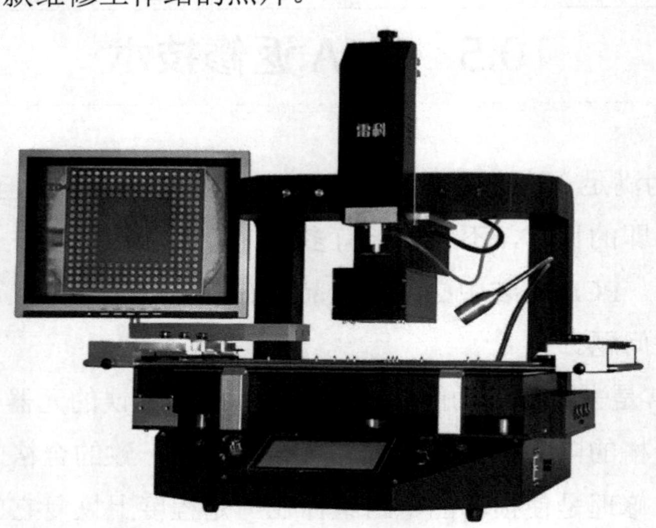

图 10-11　一款维修工作站的照片

10.5.2 返修的基本过程

1. 取下故障元器件

成功的返修首先是将故障位置上的元器件取下。将焊点加热至熔化，然后小心地将元器件从 PCB 上取下。注意焊料必须完全熔化，以免在取走元器件时损伤焊盘。返修系统应保证这部分工艺尽可能简单并具有重复性。热风嘴对准元器件后即可进行加热，一般先从底部开始，将热风嘴和元器件吸管分别移到 PCB 和元器件上方，开始顶部加热。加热结束时许多返修工具的元器件吸管中会产生真空，升起吸管将元器件从板上提起。由于在焊料完全熔化以前吸起元器件会损伤 PCB 上的焊盘，采用“零作用力吸起”技术能保证在焊料完全熔化前不会取走元器件。

2．PCB 预处理

在将新元器件换到返修位置前，该位置需要做预处理。预处理包括两个步骤：去除残留的焊料和添加助焊剂或焊锡膏。

（1）去除残留的焊料。去除残留的焊料可用手工或自动的方式，手工方式的工具包括电烙铁和吸锡铜网，不过手工工具用起来很困难，对于小尺寸 CSP 和 FC 器件去除焊料时焊盘很容易受到损伤。自动化焊料去除工具可以非常安全地用于高精度板的处理，如图 10-12 所示。有些清除器采用自动化非接触系统，先用热风使残留焊料熔化，再用真空将熔化的焊料吸入一个可更换的过滤器。清除系统的自动工作台一排一排依次扫过 PCB，将所有焊盘阵列中的残留焊料去除。清除器对 PCB 加热要进行控制，以提供热量均匀的处理过程，避免 PCB 过热。

图 10-12　自动化焊料去除工具

（2）添加助焊剂或焊锡膏。在返修工艺中，一般是用刷子将助焊剂直接刷在 PCB 上。CSP 和 FC 器件的返修很少使用焊锡膏，只要稍稍使用一些助焊剂就足够了。在 BGA 器件返修时，焊锡膏涂敷的方法可采用模板或可编程分配器。许多 BGA 器件返修系统都提供一个小型模板来涂敷焊锡膏。

在 PCB 上使用模板是非常困难的，为了在相邻的元器件中间放入模板，模板尺寸必须很小，除用于涂敷焊锡膏的小孔外几乎就没有空间了，由于空间小，因此很难涂敷焊锡膏并难以取得均匀涂敷的效果。有一种工艺可以替代模板涂敷焊锡膏，即用元器件印刷台直接将焊锡膏涂在元器件上，该装置还可在涂敷焊锡膏后用作元器件容器，在标准工序中自动拾取元器件。焊锡膏也可以直接点到 PCB 焊盘上，方法是使用 PCB 高度自动检测技术和一个旋转焊锡膏挤压泵，精确地提供与 PCB 焊盘位置完全一致的焊锡膏点。

3．元器件更换

（1）元器件对位。新元器件和 PCB 必须正确对准，对于小尺寸焊盘和细间距 CSP 及 FC 器件而言，返修系统的放置能力必须要能满足很高的要求。放置能力由两个因素决定：精度（偏差）和准确度（重复性）。一个系统可能重复性很好，但精度不够，只有充分理解这两个因素才能了解系统的工作原理。重复性是指在同一位置放置元器件的一致性，然而一致性很好不一定表示放在所需的位置上；偏差是放置位置测得的平均偏移值，一个高精度的系统可能有很小的放置偏差或没有放置偏差，但这并不意味放置的重复性很好。返修系统必须同时具有很高的准确度和精度，才可以将所有元器件放置到正确的位置。对放置性能进行试验时必须重视实际的返修过程，包括从元器件容器或托盘中拾取元器件、对准及放置元器件。

（2）元器件放置。返修工艺选定后，先将 PCB 放在工作台上，元器件放在容器中，再用 PCB 定位使焊盘对准元器件上的引脚或焊球。定位完成后元器件自动放到 PCB 上，放置力反馈技术和可编程力量控制技术可以确保正确放置，不会对精密元器件造成损伤。

（3）PCB 和元器件加热。先进的返修系统采用计算机控制加热过程，使之与焊锡膏制造厂商给出的规格参数尽量接近，并且采用顶部和底部组合加热方式，如图 10-13 所示。底部加热用来升高 PCB 的温度，而顶部加热用来加热元器件。元器件加热时有部分热量会从返修位置传导散失，而底部加热可以补偿这部分损失的热量，从而减少元器件在上部所需的总热量；另外，使用大面积底部加热器可以消除因局部加热过度而引起的 PCB 扭曲。

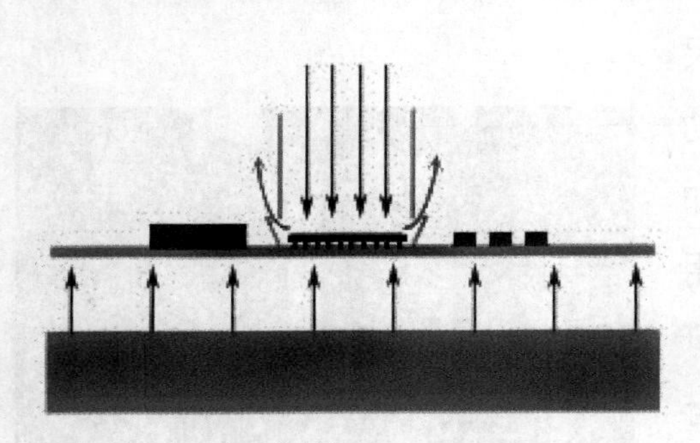

图 10-13　顶部和底部组合加热方式

加热曲线应精心设置，先预热，再进行再流焊。好的加热曲线能提供足够但不过量的预热时间，以激活助焊剂，若时间太短或温度太低则不能做到这一点。

10.5.3　BGA、CSP 芯片的返修

BGA、CSP 等芯片的返修设备主要是各种品牌的维修工作站。

1. BGA、CSP 芯片返修工艺

采用普通热风返修系统对 BGA、CSP 芯片进行返修的工艺流程为拆焊 BGA、CSP 器件→清洁焊盘→去潮处理→印刷焊锡膏→贴装 BGA、CSP 器件→再流焊接→检验。

（1）拆焊 BGA、CSP 器件。

① 将需要拆焊 BGA、CSP 器件的 PCB 放在返修系统的工作台上。

② 选择与器件尺寸相匹配的热风嘴，装在加热器的连接杆上。

③ 将热风嘴扣在器件上，注意与器件四周的距离要均匀。如果器件周围有影响操作的元器件，那么先将这些元器件拆掉，待返修完毕再复位。

④ 选择适合吸待拆焊器件的吸嘴，调节吸取器件的真空负压吸管高度，将吸嘴接触器件的顶面，打开真空泵开关。

⑤ 根据器件的尺寸、PCB 的厚度等具体情况设置拆焊温度曲线。

（2）清洁焊盘。

拆掉BGA、CSP器件后，需要去除PCB焊盘上的残留焊锡并清洗这一区域。

① 用电烙铁将PCB焊盘残留的焊锡清理干净、平整，可采用拆焊编织带和扁铲形烙铁头进行清理。操作时注意不要损坏焊盘和阻焊膜。

② 用异丙醇或乙醇等清洗剂将助焊剂残留物清洗干净。

（3）去潮处理。由于塑料封装的BGA、CSP器件对潮气敏感，因此在安装之前要检查器件是否受潮，若已经受潮，则需要对器件进行去潮处理。

（4）印刷焊锡膏。焊锡膏的印刷有下面两种方法。

① 将焊锡膏印刷在PCB焊盘上，可在返修台上或显微镜下进行对中印刷。

因为PCB上已经装有其他元器件，因此必须采用BGA、CSP器件专用的小模板，模板厚度与窗口尺寸要根据球径和球距确定，印刷完毕后必须检查印刷质量，如不合格，必须进行清洗后才能重新印刷。

② 将焊锡膏直接印刷在BGA、CSP器件的焊盘上。

第二种方法比较灵活，且比较科学，尤其适用于手机板等高密度板。

（5）贴装BGA、CSP器件。

① 将印刷好焊锡膏的PCB安放在返修系统的工作台上。

② 首先选择合适的吸嘴，打开真空泵，将BGA、CSP器件吸起来，用摄像机顶部光源照射已经印刷好焊锡膏的BGA器件的焊盘，调节焦距使监视器显示的图像最清晰。然后拉出BGA器件专用的反射光源，照射BGA器件底部并使图像最清晰。最后调整工作台的X轴、Y轴上的角度旋钮，使BGA器件底部焊球和BGA焊盘完全重合。

③ 焊球和焊盘完全重合后，将吸嘴向下移动，把BGA器件贴装到PCB上，然后关闭真空泵，移走吸嘴。

（6）再流焊接。

① 设置焊接温度曲线。为避免损坏BGA、CSP器件，预热温度应控制在100～125℃，升温速率和温度保持时间很关键。

② 选择与器件尺寸相匹配的方形热风嘴，并将热风嘴安装在加热器的连接杆上，注意安装平稳。

③ 将热风嘴扣在BGA、CSP器件上，注意与器件四周的距离要均匀。

④ 打开加热电源，调整热风强度，开始焊接。

（7）检验。

① BGA、CSP器件的焊接质量检验需要X-Ray或超声波检测设备。

② 在没有检测设备的情况下，可通过FCT判断焊接质量。

③ 在没有以上设备的情况下，可以把焊好BGA、CSP器件的PCB举起来，对光平视

BGA、CSP 器件四周，观察焊锡膏是否完全熔化，焊球是否塌陷，BGA、CSP 器件四周与 PCB 之间的距离是否一致等，以经验来判断焊接效果。

2．BGA 器件植球工艺

经过拆焊的 BGA 器件一般情况下可以重复使用，但由于拆焊后 BGA 器件底部的焊球被不同程度地破坏，因此必须进行植球处理才能使用。根据植球工具和材料的不同，植球的方法也有所不同，无论采用什么方法，工艺过程都是相同的，其工艺流程为清洁焊盘→涂敷助焊剂→选择焊球→植球→再流焊接→清洗。

（1）清洁焊盘。

① 用电烙铁将 BGA 器件底部焊盘残留的焊锡清洗干净、平整，可采用拆焊编织带和扁铲形烙铁头进行清理，操作时注意不要损坏焊盘和阻焊膜。

② 用清洗剂将助焊剂残留物清洗干净。

（2）涂敷助焊剂。

① 一般情况下采用涂敷（可以用刷子刷，也可以印刷）高黏度助焊剂的方法起到黏结和助焊作用，有时可以用焊锡膏代替，采用焊锡膏时焊锡膏的金属组分应与焊球的金属组分相匹配，应保证印刷后焊锡膏图形清晰、不漫流。

② 印刷时采用 BGA 器件专用小模板。印刷完毕必须检查印刷质量，若不合格，必须清洗后重新印刷。

（3）选择焊球。

① 选择焊球时要考虑焊球的材料，必须选用与 BGA 器件原焊球材料一致的焊球。

② 焊球尺寸的选择也很重要：若使用高黏度的助焊剂，则选择与 BGA 器件原焊球相同直径的焊球；若使用焊锡膏，则选择比 BGA 器件原焊球直径小一些的焊球。

（4）植球。通常可以采用下面两种方法进行植球。

① 采用植球器植球法。

a．选择一块与 BGA 器件焊盘匹配的模板，模板的窗口尺寸比焊球直径大 0.05～0.1mm，将焊球均匀地撒在模板上，摇晃植球器，多余的焊球会从模板上滚到植球器的焊球收集槽中，使模板表面每个漏孔中恰好保留一个焊球。植球器及模板如图 10-14 所示。

（a）植球器

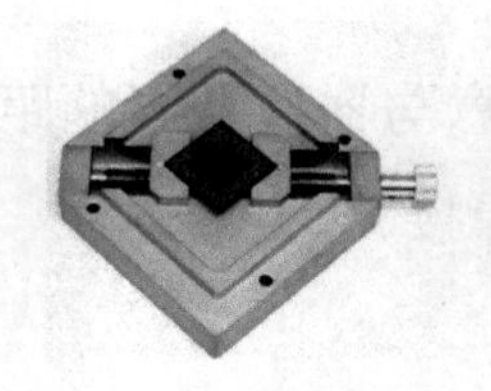

（b）固定器件

（c）固定焊球模板

（d）倒入焊球

图 10-14　植球器及模板

b．把植球器放置在 BGA 器件返修设备的工作台上，把印刷好助焊剂和焊锡膏的 BGA

器件吸在 BGA 器件返修设备的吸嘴上（焊盘面向下）。

c．按照贴装 BGA 器件的方法进行对准，使 BGA 器件底部图像与植球器模板表面每个焊球的图像完全重合。

d．先将吸嘴向下移动，把 BGA 器件贴装到植球器模板表面，再将 BGA 器件吸起来。

e．用镊子夹住 BGA 器件的外边框，关闭真空泵。

f. 将 BGA 器件的焊球面向上放置在 BGA 器件返修设备的工作台上。

② 不用植球器植球法。

a．把印刷好助焊剂或焊锡膏的 BGA 器件放置在工作台上。

b．准备一块与 BGA 器件焊盘匹配的模板，模板的窗口尺寸比焊球直径大 0.05～0.1mm。把模板四周用垫块架高，放置在印刷好助焊剂或焊锡膏的 BGA 器件上，使模板与 BGA 器件之间的距离等于或略小于焊球的直径，在显微镜下或在 BGA 器件返修工作台上对准。

c．将焊球均匀地撒在模板上，多余的焊球用镊子从模板上取下来，使模板表面每个漏孔中恰好保留一个焊球。

d．移开模板，个别没有放置好的焊球，可用镊子或带有小吸嘴的吸笔补放好。

（5）再流焊接。同 BGA 器件返修时的再流焊接一样进行焊球焊接，焊接时 BGA 器件的焊球面朝上，要把热风量调到最小，以免把焊球吹移位。再流焊的温度要比焊接 BGA 器件的温度稍低一些，经过再流焊处理，焊球就固定在 BGA 器件上了。

（6）清洗。完成植球工艺之后，应将 BGA 器件清洗干净，并尽快进行贴装和焊接，以防焊球氧化和 BGA 器件受潮。

10.6 思考与练习题

【思考】无论多么现代化的工厂，无论具备多么先进的检测条件，目视检验都是基本的检测方法，是 SMT 工艺和检验人员必须掌握的内容之一。

操作人员的责任心与熟练程度是提高目视检验准确率的条件。出色的完成工作任务，不但需要知识、技术、能力，更需要一种精益求精的精神。

1．简述电子产品的检测内容与检测方法。

2．简述贴装工序检测标准。

3．简述 AOI 的基本操作过程。

4．比较目视检验、AOI、AXI 三种检测方法的优缺点。

5．ICT 和 FCT 的测试内容有什么不同？

第11章

清洗剂与清洗工艺

电路板在焊接以后，其表面或多或少会留有各种污染物。为防止由于残留污染物的腐蚀而引起电路失效，必须通过清洗将污染物去除。

焊接和清洗是对电路组件高可靠性具有深远影响的相互依赖的安装工艺。在SMT中，由于所用元器件体积小，安装密度高，间距小，当助焊剂残留物或其他杂质存留在PCB表面或空隙中时，会因离子污染或侵蚀而造成断路或短路。因此，清洗显得更为重要。用于清洗的材料称为清洗剂。

11.1 清洗的作用与分类

1. 清洗的主要作用

清洗是一种去除污染物的工艺。SMA的清洗就是要去除安装后残留在SMA上影响其可靠性的污染物，排除影响SMA长期可靠性的因素。对SMA清洗的主要作用如下。

（1）防止电气缺陷的产生。最突出的电气缺陷就是漏电，造成这种缺陷的主要原因是PCB上存在离子污染物、有机残料和其他黏附物。

（2）清除腐蚀物的危害。腐蚀物会损坏电路，造成器件脆化；腐蚀物本身在潮湿的环境中能导电，会引起SMA短路故障。

（3）使SMA外观清晰。清洗后的SMA外观清晰，能使热损伤、层裂等一些缺陷显露出来，以便于进行检测和排除故障。

除采用免洗工艺的SMA外，SMA安装后都有清洗的必要，特别是军事电子装备和空中使用电子设备（一类电子产品）等高可靠性要求的SMA，以及通信、计算机等耐用电子产品（二类电子产品）的SMA，安装后都必须进行清洗。家用电器等消费类产品（三类电子产品）和某些采用免洗工艺进行安装的二类电子产品的SMA可以不清洗。

2. 清洗技术方法分类

根据清洗介质的不同，清洗技术分为清洗剂清洗和水清洗两种类型；根据清洗工艺和设备不同，又可分为批量式（间隙式）清洗和连续式清洗两种类型；根据清洗方法不同，还可以分为高压喷洗清洗、超声波清洗等几种形式。对应于不同的清洗方法和技术，有不同的清洗设备，可根据不同的应用和产量的要求选择相应的清洗工艺、技术和设备。

3．污染物类型

污染物是各种表面沉积物或杂质，以及被 SMA 表面吸附或吸收的能使 SMA 的性能降级的物质。

这些不同类型的污染物可归纳为极性污染物和非极性污染物两类。

（1）极性污染物。极性污染物的分子具有偏心的电子分布，即在分子中的原子之间“连接”的电子分布不均匀，这叫作极性特征。如 HCl 或 NaCl 的极性分子。极性污染物极易受潮，在空气中二氧化碳的作用下，产生正或负的离子。

这种自由离子是良好的导体，不仅能引起电路故障，还能与金属发生剧烈反应，导致 PCB 腐蚀。另外，极性污染物也可以是非离子化的。当非离子化的极性污染物出现在电场中，同时有高温或有其他应力存在时，负电性分子自身就排成行，形成电流。

（2）非极性污染物。非极性污染物是没有偏心电子分布的化合物，而且不分离成离子，也不带电流。这种类型的污染物大多数是由长链的碳氢化合物或脂肪酸组成的。通常非极性污染物是绝缘体，不产生腐蚀和电气故障，但会使 SMA 的可焊性下降和妨碍 SMA 有效电气测试。此外，极性污染物有可能夹杂在非极性污染物中，或被非极性污染物覆盖，如果极性污染物暴露在外面，那么有可能出现电气故障。

4．污染物可能的来源

（1）有机化合物。来源于助焊剂、焊接掩膜、编带、指印等。

（2）难溶无机物。来源于光刻胶、PCB 处理工序、编带、助焊剂剩余物等。

（3）有机金属化合物。来源于助焊剂剩余物、白剩余物等。

（4）可溶无机物。来源于助焊剂剩余物、白剩余物、酸、水等。

（5）颗粒物。来源于空气中的物质、有机物残渣等。

11.2　清洗剂

11.2.1　清洗剂的化学组成

从清洗剂的特点考虑，选择 CFC-113（三氟三氯乙烷）和甲基氯仿作为清洗剂的主体材料比较适宜。但由于纯 CFC-113 和甲基氯仿在室温尤其在高温条件下能和活泼金属反应，因而影响了使用和储存的稳定性。

为改善清洗效果，常常在 CFC-113 和甲基氯仿清洗剂中加入低级醇，如甲醇、乙醇等，但低级醇的加入会带来一些副作用，一方面 CFC-113 和甲基氯仿易同低级醇反应，在有金属共存时反应更加显著；另一方面低级醇中带入的水分还会引起水解反应，由此产生的 HCl 具有强腐蚀性。

因此，在 CFC-113 和甲基氯仿中加入各类稳定剂显得尤为重要。在 CFC-113 清洗剂中常用的稳定剂有乙醇酯、丙烯酸酯、硝基烷烃、缩水甘油、炔醇、N-甲基吗啉、环氧烷类化合物。

11.2.2 清洗剂的选择

早期采用的清洗剂有乙醇、丙酮、三氯乙烯等。现在广泛应用的是以 CFC-113 和甲基氯仿为主体的两大类清洗剂。但它们对大气层中臭氧层有破坏作用，现已开发出 CFC-113 的替代产品。

一般来说，一种性能良好的清洗剂应当具有以下特点。

① 脱脂效率高，对油脂、松香及其他树脂有较强的溶解能力。

② 表面张力小，具有较好的润湿性。

③ 不腐蚀金属材料，不溶解、不溶胀高分子材料，不损害元器件和标记。

④ 易挥发，在室温下能从 PCB 上除去。

⑤ 不燃、不爆、低毒性，利于安全操作，也不会对人体造成危害。

⑥ 残留量低，清洗剂本身也不污染 PCB。

⑦ 稳定性好，在清洗过程中不会发生化学或物理变化，并具有储存稳定性。

清洗剂分为极性清洗剂和非极性清洗剂两大类。极性清洗剂包括酒精、水等，可以用来清除极性污染物；非极性清洗剂包括氯化物和氟化物两种，如三氯乙烷、F-113（氟利昂）等，可以用来清除非极性污染物。由于大多数污染物是非极性污染物和极性污染物的混合物，所以，实际应用中通常使用非极性清洗剂和极性清洗剂混合后的清洗剂进行清洗，混合清洗剂由两种或多种清洗剂组成。混合清洗剂能直接从市场上购买，产品说明书会说明其特点和适用范围。

选择清洗剂，除了要考虑与污染物类型相匹配，还要考虑一些其他因素：去污能力、性能、与设备和元器件的兼容性、经济性和环保要求等。

11.3 清洗技术

清洗剂清洗设备按使用的场合不同，可分为连续式清洗机和批量式清洗机两大类，每一类清洗机中都能加入超声波冲击或高压喷射清洗功能。

这两类清洗设备的清洗原理是相同的，都采用冷凝-蒸发的原理清除污染物。主要步骤是先将清洗剂加热使其产生蒸汽，将较冷的待清洗的 PCB 置于清洗剂蒸汽中，清洗剂蒸汽冷凝在 PCB 上，溶解污染物，然后，将被溶解的污染物蒸发掉，待被清洗的 PCB 冷却后置于清洗剂蒸汽中。循环上述过程数次，直到把污染物完全清除。

11.3.1　批量式清洗机清洗技术

批量式清洗机适用于小批量生产的场合，如在实验室中应用。它的操作是半自动的，清洗剂蒸汽会有少量外泄，对环境有影响。

1．批量式清洗系统结构特点

批量式清洗剂清洗技术较普遍地用于清洗 SMA，其清洗系统有许多类型，最基本的有四种：环形批量式系统、偏置批量式系统、双槽批量式系统和三槽批量式系统。图 11-1 所示为双槽批量式系统的示意图。这些清洗剂清洗系统都采用清洗剂蒸汽清洗技术，所以也称为蒸汽脱脂机或有机清洗剂气相清洗机。它们都设置了清洗剂蒸馏部分，并按下述工序完成蒸馏周期。

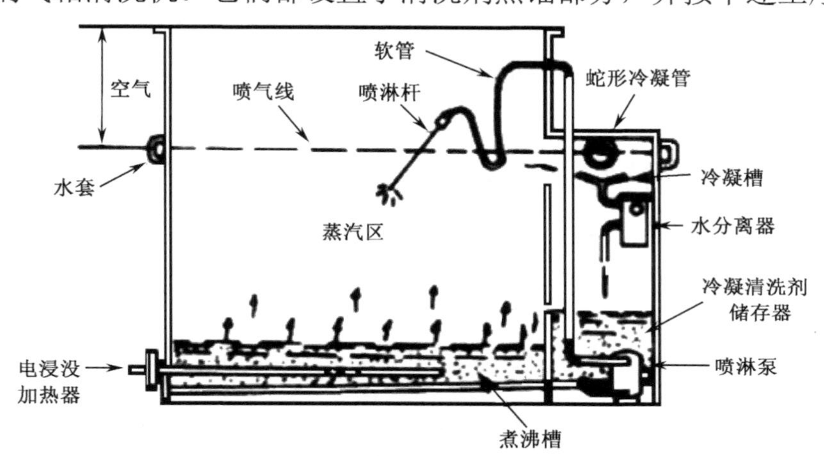

图 11-1　双槽批量式系统的示意图

① 采用电浸没加热器使煮沸槽产生清洗剂蒸汽。

② 清洗剂蒸汽上升到蛇形冷凝管处，冷凝成液体。

③ 蒸馏的清洗剂通过管道流进水分离器，去除水分。

④ 去除水分的清洗剂通过管道流入冷凝清洗剂储存器，从冷凝清洗剂储存器中用喷淋泵送至喷枪进行喷淋。

⑤ 流通管道和挡墙使清洗剂流回到煮沸槽，以便再次煮沸。

2．清洗原理

无论何种清洗剂蒸汽清洗系统，其清洗技术原理都基本相同：将需清洗的 SMA 放入清洗剂蒸汽，由于其温度较低，故清洗剂蒸汽能很快凝结在上面，将 SMA 上面的污染物溶解再蒸发，并带走。若给喷淋加以机械力或反复多次进行蒸汽清洗，则清洗效果会更好。

3．清洗工艺要点

① 煮沸槽中应容纳足量的清洗剂，以促进均匀迅速地蒸发，维持蒸汽区蒸汽饱和。还应注意从煮沸槽中清除清洗后的剩余物。

② 在煮沸槽中设置清洗工作台，用以支撑清洗负载。要使被污染的清洗剂在工作台水平架下面始终保持安全水平，以便使装清洗负载的筐子上升和下降时，不会将被污染的清洗剂带进另一清洗剂槽中。

③ 清洗剂罐中要充满清洗剂并维持在一定水平，使清洗剂总能流入煮沸槽。

④ 当设备启动之后，应有充足的时间（通常时间至少为 15min）形成饱和蒸汽区，并进行检查，确定蛇形冷凝管达到操作手册中规定的冷却温度后，才能开始清洗操作。

⑤ 根据使用量，周期性地更换煮沸槽中的清洗剂。

4．操作注意事项

① 操作人员应戴上安全眼镜，以免清洗剂进入眼睛导致严重的人身事故。

② 清洗装载装置若是托盘筐架式结构，待清洗 SMA 应先垂直放在托盘上再装入筐架中，慢慢向下移动放入煮沸槽上面的蒸汽区内，一般不应把 SMA 浸没在煮沸槽中。

③ 采用喷枪喷淋的场合，应待被清洗 SMA 在蒸汽中停留到清洗剂停止在 SMA 上凝聚后进行喷枪喷淋。

④ 喷淋时，清洗剂蒸汽消失。当 SMA 需继续在清洗剂蒸汽中进行一个清洗周期时，需要附加时间以重新形成饱和蒸汽区（通常为 60～90s）。

⑤ 清洗完毕，应缓慢从清洗机中提出装载筐架。机器停机后，应盖上机盖防止清洗剂外泄。

11.3.2 连续式清洗机清洗技术

连续式清洗机用于大批量生产的场合。它的操作是全自动的，它有全封闭的清洗剂蒸发系统，能够做到清洗剂蒸汽不外泄。连续式清洗机可以加入高压倾斜喷射和扇形喷射的机械去污方法，特别适用于 SMT 电路板的清洗。

1．连续式清洗机清洗技术特点

连续式清洗机一般由一个很长的蒸汽室组成，内部又分成几个小蒸汽室，以适应清洗剂的阶式布置、清洗剂煮沸、清洗剂喷淋和清洗剂储存，有时还把 SMA 浸没在煮沸的清洗剂中。通常情况下，把 SMA 放在连续式传送带上，根据 SMA 的类型，以不同的速度运行，水平通过蒸汽室。清洗剂的蒸馏和凝聚都在机内进行，清洗程序、清洗原理与批量式清洗机类似，只是清洗程序是在连续式的结构中进行的。连续式清洗机清洗技术适用范围广泛，对清洗量小或量大的 SMA 都适用，其清洗效率高。

2. 连续式清洗机类型

连续式清洗机按清洗周期可分为以下三种类型。

（1）采用蒸汽-喷淋-蒸汽周期的连续式清洗机。蒸汽-喷淋-蒸汽周期是连续式清洗机最普遍采用的清洗周期，SMA 先进入蒸汽区，然后进入喷淋区，最后通过蒸汽区排除清洗剂送出。在喷淋区从底部和顶部进行上下喷淋。无论采用哪一种清洗周期，通常在两道工序之间都对 SMA 进行喷淋。开始和最终的喷淋在倾斜面上进行，有利于提高 SMD 下面清洗剂流动的速度。随着高压喷淋技术的采用，这种清洗周期取得了很大的改进，提高了喷淋速度。典型的喷淋压力为 4 116～13 720Pa，这种类型的清洗机常采用扁平、窄扇形和宽扇形等喷嘴相结合，并辅以高压、喷射角度控制等措施进行喷淋。

（2）采用喷淋-浸没煮沸-喷淋周期的连续式清洗机。采用这类清洗周期的连续式清洗机主要用于难清洗的 SMA 的清洗。要清洗的 SMA 先进行倾斜喷淋，再浸没在煮沸的清洗剂中，最后进行倾斜喷淋，排除清洗剂。

（3）采用喷淋-带喷淋的浸没煮沸-喷淋周期的连续式清洗机。采用这类清洗周期的连续式清洗机与第二类连续式清洗机类似，只是在清洗剂煮沸上面附加了清洗剂喷淋。有的还在浸没煮沸清洗剂中设置喷嘴，形成清洗剂湍流。这些都是为了进一步强化清洗作用。这类连续式清洗机，在浸没煮沸系统的清洗剂液面降低到传送带以下时，清洗周期就变成了蒸汽－喷淋－蒸汽周期。

11.3.3　水清洗技术

水是一种成本较低且对多种污染物都有一定清洗效果的清洗剂，特别是在目前环保要求越来越高的情况下，有时只能使用水进行清洗。水对大多数颗粒性、非极性污染物和极性污染物都有较好的清洗效果，但对硅脂、树脂和纤维玻璃碎片等电路板焊接后产生的不溶于水的污染物没有效果。在水中加入碱性化学物质，如肥皂或胺等表面活性剂，可以改善清洗效果。除去水中的金属离子，将水软化，能够提高这些添加剂的清洗效果并防止水垢堵塞清洗设备。因此，清洗设备中一般使用软化水。

水清洗技术是替代 CFC 清洗 SMA 的有效途径。图 11-2 所示为常用的两种水清洗技术工艺流程。一种是采用皂化剂的水溶液，在 60～70℃的温度下，皂化剂和松香型助焊剂剩余物反应，形成可溶于水的脂肪酸盐（皂），可用连续的水漂洗去除皂化反应产物。另一种是不采用皂化剂的水清洗工艺，用于清洗采用非松香型水溶性助焊剂焊接的 PCB 组件。采用这种工艺时，常加入适当中和剂，以便更有效地去除可溶于水的助焊剂剩余物和其他污染物。

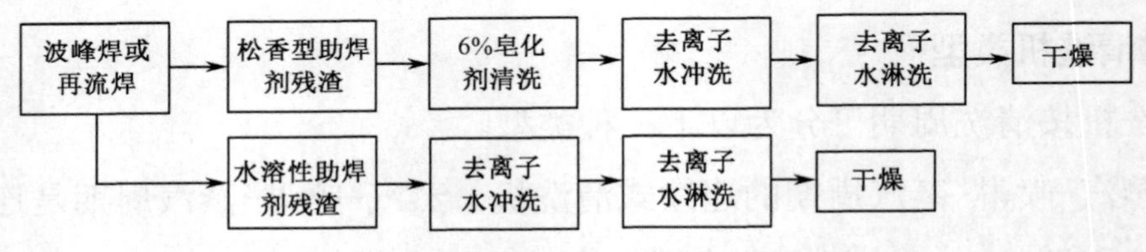

图 11-2　常用的两种水清洗技术工艺流程

图 11-3 所示为简单水洗工艺流程图。这种水洗工艺适用于结构简单的通孔安装的 PCB 组件的清洗。预冲洗部分可去除 PCB 组件上的可溶性污染物，冲洗用水来自循环漂洗用过的水。预冲洗用过的水，从清洗系统排出。循环冲洗部分由冲洗槽和泵组成，冲洗槽内设有浸没式加热器。冲洗槽一天排污水一次，或根据 PCB 组件的污染情况酌定。循环漂洗部分结构和循环冲洗部分相同，只是不设置浸没式加热器。最终漂洗部分用高纯度水进行漂洗。清洗过的 PCB 组件要进行吹干或红外加热烘干。

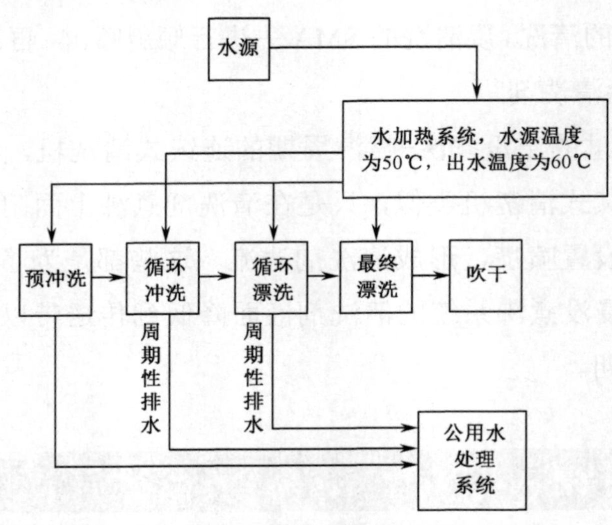

图 11-3　简单水洗工艺流程图

水洗系统有三个十分重要的辅助部分。一是一个非常纯净的水源，这是成功进行水洗的充分条件；二是水加热系统，一般要求清洗用水的温度是 54～74℃；三是公用水处理系统。清洗电路组件排放的污水必须按照环保要求，按规定处理到排放水的指标后进行排放。

11.3.4　超声波清洗

适用于 SMA 焊后的清洗技术还有超声波清洗和离心清洗，这两种清洗技术替代用 CFC 清洗的方法，可适用多种清洗剂，并能显著地提高清洗效果。

超声波清洗是一种效果好，价格经济，有利于环保的清洗工艺。超声波清洗机可以用于清洗各种尺寸、形状复杂、清洁度要求高的工件，特别适用于 SMA 的焊后清洗。

1. 超声波清洗原理

超声波清洗的基本原理是“空化效应”，当高于 20kHz 的高频超声波通过换能器转换成高频机械振动传入清洗剂中时，超声波在清洗剂中疏密相间地向前辐射，使清洗剂流动并产生数以万计的微小气泡，这些气泡在超声波纵向传播的负压区形成、生长，而在正压区迅速闭合（熄灭）。这种微小气泡的形成、生长及迅速闭合的过程称为空化现象。在空化现象中，气泡闭合时形成约 1 000 个大气压的瞬时高压，就像一连串的小“爆炸”，不断地轰击被清洗物表面，并可对被清洗物的细孔、凹位或其他隐蔽处进行轰击，使被清洗物表面及缝隙中的污染物迅速剥落。

2．超声波清洗的优点

① 效果全面，清洁度高，工件清洁度一致。

② 清洗速度快，清洗效果好，提高了生产率。

③ 不损坏被清洗物表面。

④ 减少了人手与清洗剂的接触机会，提高工作安全度。

⑤ 可以清洗其他方法到达不了的部位，对深孔、细缝和工件隐蔽处也能清洗干净。

⑥ 节省清洗剂、热能、工作面积、人力等。

3．超声波清洗机

（1）超声波清洗机的构成。超声波清洗机主要由超声波清洗槽和超声波发生器两部分构成。超声波清洗槽用坚固、弹性好、耐腐蚀的优质不锈钢制成，底部装有超声波换能器；超声波发生器产生高频高压，通过电缆连接线传输给超声波换能器，超声波换能器与振动板一起产生高频共振，从而使清洗槽中的清洗剂受超声波作用对污染物进行清洗。超声波清洗机如图 11-4 所示。

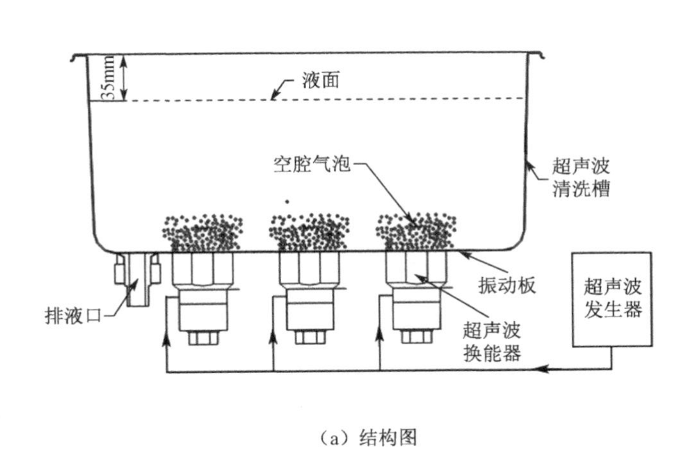

（a）结构图

（b）小型超声波清洗机实物图

图 11-4　超声波清洗机

（2）超声波清洗机的使用方法。

① 超声波清洗机安装。对于大型超声波清洗机应参照安装说明书连接超声波清洗机的电控柜与主机间的温控传感器信号线、超声波驱动线、加热器控制线等线路，并接通 380V 电源，安装超声波清洗机的上水管、放水管与溢流排放管。

② 超声波清洗机加水。向清洗槽内加入适量清水，液面高度以浸没将要清洗的零部件为准，一般不超过清洗槽容量的$\frac{3}{4}$。

③ 超声波清洗机加温。启动电控加热开关，将水温调节旋钮上的白色刻度线指向适当的温度（应为 60℃左右）。超声波清洗机在使用过程中，清洗剂的最高温度不应超过 70℃。

④ 超声波清洗机加入清洗剂。待水温升至 40℃左右时，将清洗剂加入清洗槽中，徐徐搅动清水使其充分溶解（此时也可启动超声波发生器或开启鼓气装置进行搅拌）。

⑤ 超声波清洗机零部件摆放。将零部件置于料筐中轻轻放入清洗槽内，当一次性放入的零部件很多时，应尽量使它们在料筐中均匀分布，不相互重叠。

⑥ 超声波清洗机开机。超声波清洗机正常工作时，超声波由三个方向同时发射，按超声波清洗机的启动按钮，向右旋转功率调节旋钮，并将其旋至合适的功率，此时 LED 显示器显示当前超声波清洗机的工作功率值。

⑦ 超声波清洗机停机。在清洗过程中若要停机，应先将功率旋钮旋至最小，再按停止按钮。清洗时间根据零部件清洗表面的情况掌握。

⑧ 超声波清洗机清洗后处理。取出清洗好的零部件，用压缩空气将各孔中的残留清洗剂彻底吹净，并将零部件表面吹干。

⑨ 超声波清洗机清洗剂的处理。当清洗机清洗了过多的零部件后，清洗剂中污染物的含量会相当高，加之超声波的乳化作用，清洗剂会因过脏发黏而减弱空化的能力，不宜继续使用。可配置储水桶与清洗机配合使用，以沉淀过脏的清洗剂，用于再循环使用以降低成本。

（3）使用注意事项。

① 超声波清洗机电源及加热器电源必须有良好的接地装置。

② 超声波清洗机严禁无清洗剂开机，即清洗槽没有加一定数量的清洗剂，不得闭合超声波清洗机开关。

③ 有加热装置的清洗设备严禁无液时打开加热开关。

④ 禁止用重物（铁件）撞击清洗槽槽底，以免换能器晶片受损。

⑤ 超声波发生器电源应单独使用一路 220V/50Hz 电源并配装 2 000W 以上的稳压器。

⑥ 清洗槽槽底要定期冲洗，不得有过多的杂物或污垢。

⑦ 每次换新清洗剂时，待超声波发生器启动后，方可清洗。

⑧ 清洗笼的使用。在清洗小零件时，常使用清洗笼，由于网眼会引起超声波衰减，要特别注意。当超声波频率为 28kHz 时，使用 10mm 以上的网眼为好。

（4）超声波清洗机的工艺参数设置。

① 功率的选择。超声波清洗机清洗效果不一定和功率与清洗时间的乘积成正比，有时用小功率，花费很长时间也没有清除污垢。而如果功率达到一定数值，有时很快便将污垢去除。若选择功率太大，空化强度将大大增加，清洗效果提高了，但这时使较精密的零件也会产生

蚀点，而且清洗槽底部振动板处空化严重，在采用水或水溶性清洗剂时，易受到水点腐蚀，因此要按实际使用情况选择合适的超声波清洗机功率。

② 频率的选择。超声波清洗机中的超声波的频率为15～100kHz，在使用水或水溶性清洗剂时，由空穴作用引起的物理清洗力在低频时效果最好，一般为15～30kHz。超声波频率高则方向性强，适用于精细物件的清洗，对小间隙、狭缝、深孔零件的清洗，一般采用40kHz以上的超声波，甚至几百kHz的超声波。

③ 清洗剂温度的选择。水溶性清洗剂最适宜的清洗温度为 40～60℃，清洗剂温度低空化效应差，清洗效果也差。

④ 清洗剂量的多少和清洗零部件的位置。一般清洗剂液面高于振子表面 100mm 以上为佳。由于单频清洗机受驻波场的影响，波节处振幅很小，波腹处振幅大，造成清洗不均匀。因此，最佳清洗零部件位置在波腹处。

（5）超声波清洗机的故障判断。

① 超声波清洗机打开电源开关，指示灯不亮，没有超声波输出。可能原因：电源开关损坏，没有电流输入或交流熔断器熔断。

② 超声波清洗机打开电源开关后，指示灯亮，但没有超声波输出。可能原因：超声波换能器与超声波功率板的连接插头松脱或直流熔断器熔断；超声波发生器或超声波换能器故障。

③ 超声波清洗机直流熔断器熔断。可能原因：整流桥堆、功率管烧毁或超声波换能器故障。

④ 机器有超声波输出，但清洗效果不理想。可能原因：清洗槽内清洗剂液位不当；超声波频率没有调好；清洗槽内液体温度过高或过低；清洗剂选用不当或超声波发生器老化。

11.4 免清洗焊接技术

清洗工艺要消耗能源、人力和清洗剂，特别是清洗剂带来的环境污染，已经成为必须重视的问题。

近年来，在大多数电子产品制造企业中，采用免清洗助焊剂进行焊接已经成为主流工艺。除制造航空、航天类高可靠性、高精度产品外，一般电子产品的生产过程中，都改用了免清洗材料（主要是免清洗助焊剂）和免清洗工艺，为降低生产成本和保护环境做出了有益的尝试。

传统的清洗工艺中通常要用到 CFC 类清洗剂，而 CFC 对臭氧层有破坏作用，所以逐渐被禁用。这样，免清洗焊接技术就成为解决这一问题的最好方法。对于一般的电子产品，采用免清洗助焊剂并在制造过程中减少污染物，如保持生产环境的清洁，工人戴手套操作避免油污、水汽沾染元器件和 PCB，焊接时仔细调整设备和材料的工艺参数，就能够免除清洗工序，实现免清洗焊接。但对于高精度、高可靠性产品，上述方法还不足以实现免清洗焊接，必须采取进一步的措施。

目前有两种技术可以实现免清洗焊接，一种是使用采用低固体成分的免清洗助焊剂，另一种是在惰性气体中焊接或在氮气中焊接。实际上，只有免清洗助焊剂和适当的免清洗焊接工艺及设备相结合，才能完成免清洗焊接，实现焊后免洗。

在惰性气体中进行波峰焊或再流焊操作，使 SMT 电路板上的焊接部位和焊料的表面氧化被控制到最低限度，形成良好的焊料润湿条件，用少量的弱活性助焊剂就能获得满意的焊接效果。常用的惰性气体焊接设备有开放式和封闭式两种。

开放式惰性气体焊接设备适用于采用通道式结构的波峰焊和再流焊工艺。用氮气降低通道中的氧气含量，从而降低氧化程度，提高焊料润湿能力，提高焊接的可靠性。但开放式惰性气体焊接设备的缺点是要用到甲酸类物质，会产生有害气体，且其工艺复杂，成本高。

封闭式惰性气体焊接设备也采用通道式结构，只是在通道的进出口处设置了真空腔。在焊接前，首先将 PCB 放入真空腔，封闭并抽真空，然后注入氮气，反复进行抽真空、注入氮气的操作，使腔内氧气浓度小于 5×10^{-6} mg/m^3。由于氮气中原有氧气的浓度小于 3×10^{-6} mg/m^3，所以腔内总的氧气浓度小于 8×10^{-6} mg/m^3。最后让 PCB 通过预热区和加热区。焊接完毕后，PCB 被送到通道出口处的真空腔内，关闭通道门，取出 PCB。这样，整个焊接在全封闭的惰性气体中进行，不仅可以获得高质量的焊点，还可以实现免清洗焊接。

11.5 思考与练习题

【思考】电子技术学科核心素养是电子学科育人价值的集中体现，是学生通过电子学科学习而逐步形成的正确价值观念、必备品格和关键能力，它主要包括技术观念、科学思维、科学探究、科学态度与责任四个方面。

SMT 中的清洗工艺，是保障电子产品质量长期可靠的关键。清洗不合格，虽然暂时看不出问题，但产品的耐用性将大打折扣。

认真做人，认真做事。是我们在学习知识的同时同样要思考的问题。

1．说明焊接污染物的种类及每种污染物可能导致的后果。

2．说明清洗剂的种类。选择清洗剂时应该考虑哪些因素？

3．性能良好的清洗剂应当具有哪些特点？

4．连续式清洗机按清洗周期可分为哪几种类型？

5．水清洗技术有什么特点？叙述其工艺过程。

6．简述超声波清洗的原理及超声波清洗机的使用注意事项。

7．什么是免清洗焊接技术？如何实现免清洗焊接？

第 12 章

SMT 的静电防护技术

随着 VLSI 和微型器件的大量生产和广泛应用，PCB 集成度提高，器件尺寸进一步变小，芯片内部的栅氧化膜更薄，致使器件承受静电放电（ESD）的能力下降。

摩擦起电、人体静电已成为电子工业中的两大危害。在电子产品的生产中，从元器件的预处理、贴装、焊接、清洗、测试直到包装，都有可能因静电放电造成对器件的损害，因此静电防护越来越重要。

12.1 静电及其危害

人们都知道当用丝绸摩擦玻璃棒或用毛皮摩擦硬橡胶棒时，棒端上就会吸引小纸屑，这是人类最初对静电的认识，并设定玻璃棒上所带的电荷为“正电荷”，硬橡胶棒上所带的电荷为“负电荷”。由于摩擦使机械能转变为电能，因此说静电是一种电能，它留存于物体表面，包含正电荷和负电荷。随着对原子内部这一微观世界的研究，才揭开电荷的真正面目：物质是由分子构成的，分子又由原子构成，金属直接由原子构成，原子由带正电的原子核和绕核旋转的带负电的电子构成。通常情况下，原子核所带的正电荷与电子所带的负电荷相等，原子本身不显电性，整个物质对外也就不显电性。

当两个物体互相摩擦时，一种物体中一部分电子会转移到另一个物体上，于是这个物体失去了电子，并带上“正电荷”，另一个物体得到电子并带上“负电荷”。电荷不能创造，也不能消失，它只能从一个物体转移到另一个物体。

防静电的基本概念是防止产生静电或在已经存在静电的地方如何迅速而可靠地消除静电。为了弄清哪些地方可能会产生静电，首先应知道静电产生的原因。

12.1.1 静电产生的原因

除了摩擦会产生静电，接触、剥离、断裂、高速运动、温度、压电效应、电解也会产生静电。

1．摩擦起电

除了不同物质之间的接触摩擦会产生静电，在相同物质之间也会产生。例如，当把两块密切接触的塑料分开时能产生高达 10kV 以上的静电；有时干燥的环境中当人快速在桌面上拿起一本书时，书的表面也会产生静电。几乎常见的非金属和金属之间的接触、分离均会产生静电，这也是最常见的产生静电的原因之一。静电量除了取决于物体本身，还与物体表面的清洁程度、环境条件、接触压力、光洁程度、表面积大小、摩擦分离速度等有关。

2．剥离起电

当相互密切结合的物体剥离时，会引起电荷的分离，出现分离物体双方带电的现象，称为剥离起电。剥离起电根据接触面积、接触面积的黏着力和剥离速度的不同而产生不同的静电量。

3．断裂带电

材料因机械断裂使带电粒子分开，断裂为两半后的材料各带上等量的异性电荷。

4．高速运动中的物体带电

高速运动的物体，其表面会因与空气的摩擦而带电。最典型的案例是高速贴片机贴装过程中因元器件的快速运动而产生静电，其静电压在 600V 左右。特别是贴片机的工作环境通常相对湿度较低，元器件因高速运动会产生静电，这对于 CMOS 器件来说，有时是一个不小的威胁，而且人们往往并没有重视它。与运动有关的还有清洗过程中，有些清洗剂在高压喷淋过程中也会产生静电。

此外，温度、压电效应及电解均会产生不同大小的静电。

12.1.2 静电放电对电子工业的危害

电子工业中，摩擦起电和人体带电常有发生，电子产品在生产、包装、运输及装联成整机的加工、调试、检测过程中，难免受到外界或自身的接触摩擦而形成很高的表面电位。如果操作人员不采取静电防护措施，那么人体静电电位可高达 1.5～3kV。因此无论是摩擦起电还是人体静电，均会对静电敏感电子器件造成损坏。根据静电的力学效应和放电效应，其静电损坏大体上分为两类，由静电引起的尘埃吸附，以及由静电放电引起的敏感元器件的击穿。

1．静电吸附

在半导体和半导体器件制造过程中广泛采用 SiO_2 及高分子物质的材料，由于它们的高绝缘性，因此在生产过程中易积聚很高的静电量，并易吸附空气中的带电微粒，导致半导体界面击穿、失效。为了防止此种危害，半导体和半导体器件的制造必须在洁净室内进行。同时，洁净室的墙壁、天花板、地板、操作人员及一切工具、器具均应采取防静电措施。

2．静电击穿和软击穿

VLSI 集成度高，输入阻抗高，这类器件受静电的损害越来越明显。特别是金属氧化物半导体（MOS）器件，受静电击穿的概率更高。

现以 MOS 场效应晶体管（MOSFET）为例予以说明：MOS 场效应晶体管的铝栅覆盖在 SiO_2 膜上，并盖住整个沟道，由于 SiO_2 膜绝缘性能好，使器件的输入阻抗高达 $10^{12}\Omega$以上，当铝栅上出现静电时，SiO_2 膜的高阻抗使其无从泄漏，于是就积聚在铝栅上。此时铝栅、SiO_2 膜及半导体沟道三者相当于一个平板电容，且 SiO_2 膜的厚度仅有 10^3Å，其耐压值仅为 80～100V，而 MOS 场效应晶体管输入电容量只有 3pF，即使是微量的电荷也会使电压升高，当电压超过 100V 时，会导致 SiO_2 膜被击穿，致使栅沟相通，器件受损。电压击穿时，往往是 SiO_2 膜的个别点上在某一过电压下出现网点击穿，以后只要在较低的电压下，就会出现大片区域的雪崩式击穿，造成永久性失效。有时高压静电会直接将芯片内引脚损坏，使集成电路永久性失效。

静电放电对静电敏感器件的损害主要表现为以下两方面。

（1）硬击穿。一次性造成整个器件的失效和损坏。

（2）软击穿。造成器件的局部损伤，降低了器件的技术性能，而留下不易被人们发现的隐患，以致设备不能正常工作。软击穿带来的危害有时比硬击穿更危险，软击穿初期器件性能稍有下降，在使用过程中，随着时间的推移，发展为器件的永久性失效，并导致设备受损。

静电导致器件失效的机理大致有下面两个原因：因静电电压造成的损害，主要有介质击穿、表面击穿和气弧放电；因静电功率而造成的损害，主要有热二次击穿、体积击穿和金属喷镀熔融。

在生产中，人们又常把对静电反应敏感的电子器件称为静电敏感器件（Static Sensitive Device，SSD）。这类电子器件主要是指 VLSI，特别是 MOS 器件。

12.2　静电防护

在现代化电子工业生产中，在一般情况下不产生静电是不可能的，但产生静电并非危害所在，真正的危险在于静电积聚，以及由此而产生的静电放电。因此，静电积聚的控制和静电泄放尤为重要。

12.2.1　静电防护方法

在电子产品生产过程中，对 SSD 进行静电防护的基本原则有两个：一是对可能产生静电的地方要防止静电积聚，即采取一定的措施，减少高压静电放电带来的危害，使之边产生边泄放，以消除静电积聚，并控制在一个安全范围内；二是迅速、安全、有效地消除已经产生的静电，即对已存在的静电积聚采取措施，使之迅速地消散掉，及时泄放。

因此，电子产品生产中静电防护的核心是“静电消除”。当然这里的消除并非指一点也不存在，而是控制在最小限度内。

1．静电防护中所使用的材料

对于静电防护，原则上不使用金属导体，因为导体泄漏电流大，会造成器件的损坏，而是采用表面电阻值为 $1\times10^5\Omega$以下的静电导体，以及表面电阻值为 1×10^5～$1\times10^8\Omega$的静电亚导体。例如，在橡胶中混入导电炭黑后，其表面电阻值可控制在 $1\times10^6\Omega$以下，为常用的静电防护材料。

2．泄放与接地

对可能产生或已经产生静电的部位，应提供通道，使静电及时泄放，即通常所说的接地。通常防静电工程中，均需独立建立接地线工程，并保证接地线与大地之间的电阻值小于 10Ω，接地线埋设与检测方法参见 GBJ 79—1985《工业企业通信接地设计规范》或 SJ/T 10694—2006《电子产品制造与应用系统防静电检测通用规范》。

静电防护材料接地的方法是将静电防护材料，如防静电桌面台垫、地垫，通过 1MΩ的电阻连接到通向接地线的导体上，详情见 SJ/T 10630—1995《电子元器件制造防静电技术要求》。

IPC-A-610C 标准中推荐的防静电工作台接地方法如图 12-1 所示。

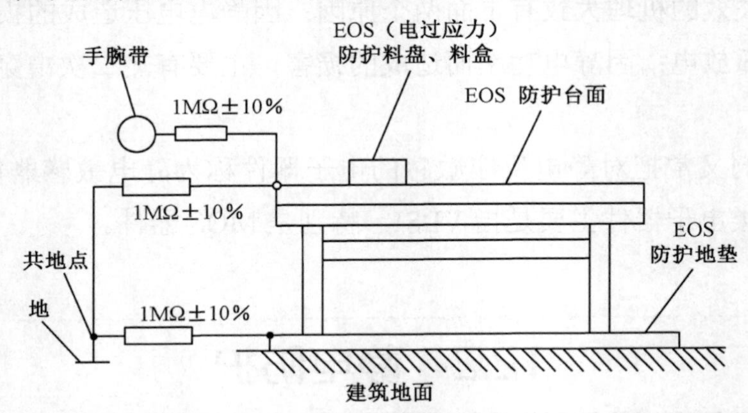

图 12-1　IPC-A-610C 标准中推荐的防静电工作台接地方法

通过串接 1MΩ电阻的接法确保对地泄漏电流小于 5mA，通常又称软接地；而对设备外壳，静电屏蔽罩通常是直接接地，称为硬接地。

3．导体带静电的消除

导体上的静电可以用接地的方法使其泄放到大地，一般要求在 1s 内将静电泄放使静电电压降至 100V 以下的安全区，这样可以防止因泄放时间过短，泄漏电流过大对 SSD 造成损坏。因此，在静电防护系统中通常有 1MΩ的限流电阻，将泄漏电流控制在 5mA 以下。这也是为操作人员的安全而设计的。即使操作人员在静电防护系统中不注意触及 220V 的电压，也不会带来危险。

4．绝缘体带静电的消除

对于绝缘体上的静电，由于电荷不能在绝缘体上流动，故不能用接地的方法泄放其静电，只能用下列方法来控制。

（1）使用离子风机。离子风机可以产生正、负离子以中和静电源的静电，用于那些无法通过接地来泄放静电的场所，如高速运动的空间、贴片机贴装头附近，使用离子风机消除静电通常有良好的防静电效果，如图 12-2 所示。

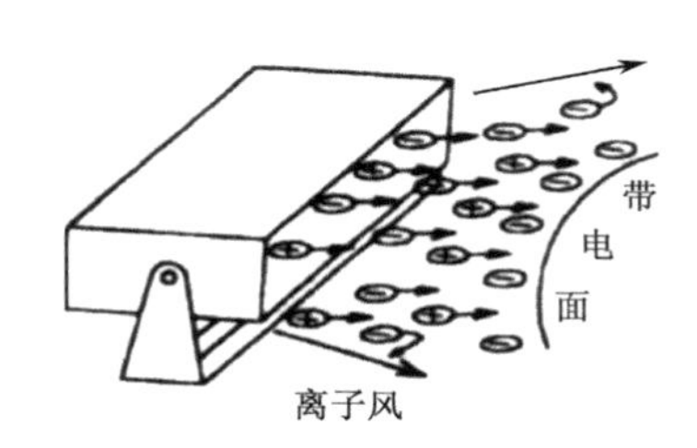

图 12-2　离子风机

（2）使用静电消除剂。静电消除剂是各种表面活性剂，通过擦洗的方法，可以去掉一些物体表面的静电，如仪表表面。当采用静电消除剂的水溶液擦洗后，能快速消除仪表表面的静电。

（3）控制环境湿度。湿度的增加可以使绝缘体材料表面的电导率增加，故物体不易积聚静电。在有静电的危险场所，在工艺条件许可时，可以安装增湿机来调节环境的湿度，如在北方的工厂，由于环境湿度低容易产生静电，可以采用增湿的方法降低静电产生的可能，这种方法效果明显且价格低廉。

（4）采用静电屏蔽。静电屏蔽是针对易散发静电的设备、部件、仪器而采取的屏蔽措施。通过屏蔽罩或屏蔽笼将静电源与外界隔离，并将屏蔽罩或屏蔽笼有效接地。

5．工艺控制法

工艺控制法的目的是在生产过程中尽量少产生静电，为此应从工艺流程、材料选用、设备安装和操作管理等方面采取措施，控制静电的产生和积聚。当然具体操作时应针对性地采取相关措施。

在上述的各项措施中，工艺控制法是积极的措施，其他措施有时应考虑综合应用，以便达到有效防静电的目的。

12.2.2　常用静电防护器材

电子产品生产过程中使用的防静电器材可归纳为人体静电防护系统、防静电地坪、防静电操作系统等。

1．人体静电防护系统

人体静电防护系统包括防静电的腕带、工作服、鞋袜、帽、手套等，这种整体的防护系统兼具静电泄放与屏蔽功能，如图 12-3 所示。有关它们的技术标准与使用要求详见 SJ/T 10694—2006《电子产品制造与应用系统防静电检测通用规范》，所有的防静电用品通常应在专业工厂或商店购买。

① 直接接触 SSD 的人员应佩戴防静电腕带，腕带应与人体皮肤有良好接触，且必须对人体无刺激、无过敏影响。腕带系统对地电阻值应为 $1\times10^{6}\sim1\times10^{8}\Omega$。

② 防静电桌垫上应有不少于两个腕带插座，一个供操作人员使用，另一个供技术人员、检验人员或其他人员使用。图 12-4 所示为工人操作时佩戴的防静电腕带和腕带插座。

图 12-3　人体静电防护系统

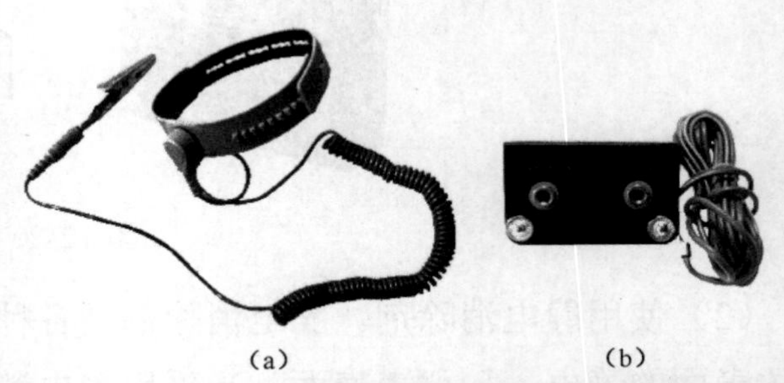

(a)　(b)

图 12-4　工人操作时佩戴的防静电腕带和腕带插座

③ 进入防静电工作区或接触 SSD 的人员应穿防静电工作服，防静电工作服面料应符合 GB l2014—2009《防静电服》的有关规定。在相对湿度大于 50%的环境中，防静电工作服允许选用纯棉制品。

④ 进入防静电工作区或接触 SSD 的人员应穿防静电鞋，防静电鞋应符合 GB 4385—1995《防静电鞋、导电鞋技术要求》的有关规定。一般情况下允许穿普通鞋，但应同时使用导电鞋束或脚跟带。

2．防静电地坪

防静电地坪是为了有效地将人体静电通过地面尽快地泄放到大地，特别是因移动操作而不宜使用防静电腕带的人体静电。同时，它也能泄放设备、工装上的静电。地面防静电性能参数的确定既要保证在较短的时间内将静电电压降至 100V 以下，又要保证人员的安全，系统电阻值应控制在 $1\times10^{5}\sim1\times10^{8}\Omega$。

常用于防静电地坪的材料有下列几种。

① 防静电橡胶地面：施工简单，抗静电性能优良，但易磨损。

② PVC（聚氯乙烯）防静电塑料地板：防静电效果好，持久强度高，使用广泛。

③ 防静电地毯：防静电效果好，使用方便，但成本高。

④ 防静电活动地板：防静电效果好，美观，成本极高。

⑤ 允许使用经特殊处理过的水磨石地面，如事先铺设接地线网、渗碳或在地面喷涂抗静电剂等。防静电水磨石地面寿命长，成本低，适用于新厂房。

有关防静电地坪的材料铺设方法及验收标准参见 SJ/T 10694－2006《电子产品制造与应用系统防静电检测通用规范》。

3. 防静电操作系统

防静电操作系统是指各工序经常会与元器件、组件成品发生接触、分离或摩擦作用的工作台面、生产线、工具、包装袋、储运车及清洗剂等。由于构成上述操作系统所用的材料均是高绝缘的橡胶、塑料、织物、木材，极易在生产过程中产生静电，因此都应进行防静电处理，即操作系统应具备防静电功能。

防静电操作系统包括以下内容。

（1）防静电台垫。操作台面均设有防静电台垫，表面电阻值为 1×10^5～$1\times10^9\Omega$，并通过1MΩ的电阻与地相接，周转箱、盒等容器应用防静电材料制作，并贴有标志。

（2）防静电包装袋。一切包装 PCB 或元器件的塑料袋均应为防静包装电袋。表面电阻值为 1×10^5～$1\times10^9\Omega$，在将 PCB 放入或拿出包装袋时，人手应佩戴防静电腕带。

（3）防静电物流车。用于运送元器件、组件的专用物流车，应具备防静电功能，特别是物流车的橡胶轮，应采用防静电橡胶轮，表面电阻值为 1×10^5～$1\times10^9\Omega$。

（4）防静电工具。特别是电烙铁、吸锡枪等工具应具有防静电功能，通常电烙铁应在低电压下操作（24/36V），烙铁头应良好接地。

总之，一切与 PCB 或元器件相接触的物体，包括高速运动的空间，都应有防静电措施。特别是在 SMT 高速贴装过程中，元器件的高速运动会导致静电电压的升高，对 SSD 会产生影响。防静电操作系统应符合 SJ/T 10694－2006《电子产品制造与应用系统防静电检测通用规范》中的相关要求。

12.3 SMT制程中的静电防护

电子整机生产作业过程中的静电防护是一个系统工程，SMT 车间首先应建立和检查防静电的基础工程，如接地线、地垫及台垫、环境的防静电工程等。因为一旦设备进入车间后，若发现环境不符合要求而重新整改，则会带来很大麻烦。基础环节建好后，若是长线产品的专用场地，则根据长线产品的防静电要求配置防静电装备；若是多品种产品，则根据最高等级的防静电要求配置防静电装备。

12.3.1 生产线内的防静电设施

1. 防静电工作区场地

生产线内的防静电区域禁止直接使用木质地板或铺设毛、麻、化纤地毯及普通地板革。

应选用由静电导体材料制成的地面，如防静电活动地板或在普通地面上铺设防静电地垫，并有效接地。

防静电区域内的天花板材料应选用防静电制品，一般情况下允许使用石膏板制品，禁止使用普通塑料制品。墙壁面材料应使用防静电墙纸，一般情况下允许使用石膏涂料或石灰涂料，禁止使用普通墙纸及塑料墙纸。

生产线内的防静电设施应有独立接地线，并与防雷线分开；接地线可靠，并有完整的静电泄放系统，车间内保持恒温、恒湿的环境，一般温度控制在（25±2）℃，湿度为 65%±5%（RH）；入口处配有离子风机，防静电工作区应标明区域界限，并在明显处悬挂警示标志，警示标志应符合 GJB 1649—1993《电子产品防静电放电控制大纲》中的相关规定，工作区入口处应配置离子化空气风浴设备。防静电警示标志如图 12-5 所示。

图 12-6 所示为 GJB 1649—1993《电子产品防静电放电控制大纲》中规定的防静电标志，图 12-6（a）所示为对静电放电敏感的符号，呈三角形，里面画有一只被拉一道痕的手，用来表示该物体对静电放电十分敏感。图 12-6（b）所示为对静电放电防护的符号，它和敏感符号的区别是在三角形外面围着一个弧圈，三角形内手上的那道痕没有了，用来表示该物体经过专门设计，具有静电防护能力。

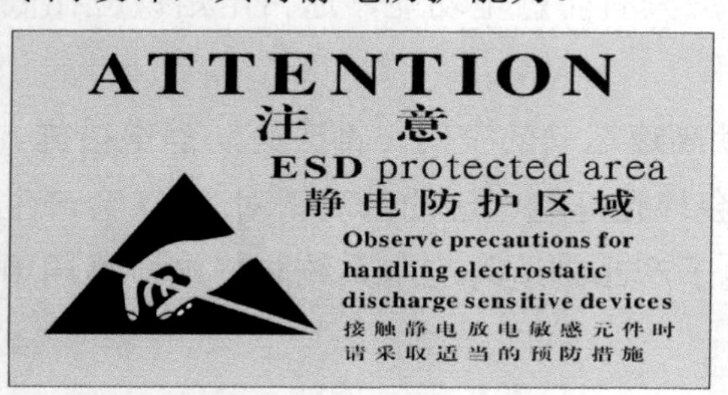

图 12-5　防静电警示标志

（a）

（b）

图 12-6　GJB 1649—1993《电子产品防静电放电控制大纲》中规定的防静电标志

防静电标志可以贴在设备、器件、组件及包装上，提示人们在对这些物体进行操作时，可能会遇到静电放电或静电过载的危险。通过防静电标志可以识别哪些是静电放电敏感物，哪些具有静电放电防护能力，在操作时一定要分别对待。这两个标志首先由静电放电协会提出，美国电子工业协会（EIA）已将其列入 EIA 标准 RS-471。

需要提醒的是，没有贴防静电标志的器件，不一定说明它对静电放电不敏感。在对器件的静电放电敏感性存疑时，必须将其当作静电放电敏感器件处理，直到能够确定其属性为止。

2．生产过程的防静电

① 车间外的接地系统每年检测一次，电阻值要求在 2Ω以下，改线时需要重新测试。地毯、地板、桌垫接地系统 6 个月测试一次，要求接地电阻值为零。检测机器与接地线之间的电阻值，要求电阻值为 1MΩ，并做好检测记录。

② 车间内的温度、湿度每天测两次，并做有效记录，以确保生产区恒温、恒湿。

③ 任何人员（操作人员、参观人员）进入生产车间之前必须穿好防静电工作服、防静电

鞋。对于直接接触PCB的操作人员，要佩戴防静电腕带并要求佩戴腕带的操作人员，每天上午、下午上班前各测试一次，保证防静电腕带与人体良好接触。同时，每天安排工艺人员监督检查。必要时对员工进行防静电方面的知识培训和现场管理。

④ 贴装过程中，需要手拿PCB时，规定只能拿PCB的边缘无电子元器件处，而不能直接接触电子元器件引脚或印制导线。贴装后的PCB必须先装在防静电包装袋中，再放在防静电周转箱中，方可运到安装区。安装时，要求一次拿一块PCB，不允许一次拿多块PCB。

⑤ 返工操作，必须将要修理的PCB先放在防静电盒中，再拿到返修工位。修理过程中应严格注意工具的防静电，修理后还要用离子风机中和，方可测试。在手工焊接时，应采用防静电低压恒温电烙铁。对GJB 1649—1993《电子产品防静电控制大纲》中规定的1级SSD的焊接，还应在拔掉电烙铁电源插头后进行。

3. SSD的存储

元器件库房必须是静电安全工作区，库房管理人员应掌握SSD一般保护常识，拒绝接收未包装在静电防护容器里的SSD。工作时穿防静电工作服、防静电鞋袜，在防静电工作台面上工作。

SSD应原包装存放，需要拆开时应严格按防静电要求处理，SSD入库、出库都必须装在防静电包装内，并遵守基本操作规程。禁止重复使用器件包装管包装SSD。

SSD在转到生产部门的过程中要放在防静电周转箱中，方可移动到生产区。在任何场合均不允许未采取防静电措施的人员接触SSD及其零部件。

12.3.2 管理与维护

1. 防静电工作区的管理

① 防静电工作区应有专门的管理人员及管理制度。

② 设有防静电工作区的部门应备有个人防静电用品（如防静电工作服、防静电鞋、防静电腕带等），以备外来人员使用。

③ 进入防静电工作区的任何人员必须先进行离子空气风浴，并接触静电放电设施，经静电安全检查合格后方可进入。

④ 管理人员应随时检查进入工作区内的人员是否遵守有关规定。

2. 防静电设施的维护检查

（1）防静电工作区总体效果检查。

① 防静电工作区总体效果由硬件（工作区内防静电设施）及软件（防静电操作）共同保证。

② 操作人员在工作区内进行正常操作时，用静电电压表检测各处及各种情况下的静电电压，一般应小于100V，特殊要求情况下，静电电压小于25V。

（2）操作人员进行的日常检查。

① 防静电腕带与连线及防静电桌垫的接触可靠，桌垫接地线、地垫接地线应完好，与接

地线连接可靠。

② 离子风静电消除器工作时，把手放在其窗口前应有微风的感觉。

③ 以上两项检查应在每次正式操作前进行。

（3）维护管理人员进行的定期检查（电气性能检查）。

① 防静电腕带的防静电性能每周检查一次，若配备防静电腕带监视器，则可以随时检查。

② 桌垫、地垫接地性能每周检查一次。

③ 离子风静电消除器性能每月检查一次。

④ 材料的防静电性能 6 个月检查一次。

⑤ 防静电元器件架、PCB 架、周转箱、元器件包装袋等的防静电性能 6 个月检查一次。

3．防静电教育

① 对工作中与 SSD 有关的人员必须经常进行防静电知识、防静电操作的培训。

② 防静电培训的内容包括静电的产生、静电放电原因及其产生的危害、静电安全工作台组成、防静电工艺技术、防护包装及防静电操作规程等。

③ 防静电培训必须列入操作人员上岗培训教育及考核内容。

总之，静电防护工程在电子装配行业中越来越重要，特别是它的涉及面广，是一项系统工程，某一个环节的失误都可能导致不可挽回的损失。

因此，首先要抓好人的教育，使各级人员认识到它的重要性，培训合格后方能上岗操作；其次要严格抓防静电工艺的纪律和管理，完善防静电设施，把握好每个环节，切实做好 SMT 生产中的防静电工作。

12.4 思考与练习题

【思考】电子工厂是一种高防静电场所，电子设备在生产过程中进行防静电管理主要目的是为了防止电子设备与产品由于静电放电而受到损害，因此对静电危害的防护问题就成为了电子工厂的重要工作。

作为将来 SMT 生产线的技术人员，必须具备专业的职业素养，树立牢固的防静电意识，严格遵守安全生产条例。

1．除了摩擦会产生静电，还有哪些因素也会产生静电？

2．静电放电对电子工业的危害有哪些？

3．简述电子工业中的静电防护方法。

4．人体静电防护系统所用的器材有哪些？

5．SMT 制程中的静电防护应采取哪些措施？

6．防静电的管理与维护包括哪些内容？

第 13 章

SMT 无铅工艺制程

铅是一种银灰色的金属，质地较软，因为熔点比较低，所以很容易被冶炼、加工和制造成各种合金。在生产生活中使用的电池、电缆、电子产品焊接用的焊料里面都含有铅。

近年来，铅对人体的毒害越来越受到重视，许多国家立法禁止在电子、汽车和飞机制造业中使用含铅焊料。开发绿色环保的电子产品，采用无铅焊接工艺已是大势所趋，国内一些大型电子加工企业，为推进我国无铅焊接工艺的发展，也都在积极进行无铅焊料的研究开发和推广使用，与焊接过程相关的 SMT 无铅工艺制程也在深入探讨与研究之中。

13.1 无铅焊料

13.1.1 铅的危害及“铅禁”的提出

1. 铅的危害与铅污染

铅是一种对神经系统有害的重金属元素，在人体内易于积累，由于铅是多亲和性毒物，主要损害神经系统、造血系统、心血管系统及消化系统，是引发多种重症疾病的因素。并且，铅对水、土壤和空气都能产生污染，人体吸收过量铅会导致铅中毒，少量吸收铅也会影响人的认识能力，甚至损伤人的神经系统。与成人相比，儿童更容易受到铅的威胁，当儿童体内铅含量超过 100μg/L 时，脑发育就会受到不良影响。1994 年世界卫生组织报告指出，儿童血铅水平每增加 100μg/L，IQ 值平均降低 1～3 分，血铅水平为 140μg/L 时，IQ 值降低 3～7 分。国际上公认，儿童血铅含量超过 100μg/L 就称为铅中毒。铅中毒对儿童的危害主要体现在智力发育、学习能力、心理行为、生长发育等方面。儿童体内铅含量过高的反应为面色发黄、生长迟缓、腹泻、恶心、呕吐、注意力不集中等。

铅对地球的污染日趋严重，主要是由于大量含铅的电子产品均无回收约束机制。以美国为例，每年随着电子产品丢弃的 PCB 约 1 亿块，若按每块 PCB 含锡铅合金焊料 10g，其中铅含量为 40%计算，则每年随 PCB 丢弃的铅的质量为 400t。

目前，电子产品带来的铅污染增长在我国主要表现为三种形式：第一，人们对电子产品的消费需求迅速增长，我国计算机、电视机、手机、音像产品的社会保有量已经占世界第一位，并且每年有数千万台的旧产品以非正常回收的方式淘汰；第二，我国沿海地区已经成为全世界电子产品的加工厂，发达国家纷纷把电子制造企业搬迁到中国；第三，虽然我国加大了遏制国外电子垃圾走私进入我国的力度，但现在我们仍不能有效地全面遏制这种走私，又缺乏把这些电子垃圾进行无害化处理的手段。这三种形式都可能加剧铅污染对我国环境和人民健康的危害。

2．“铅禁”的提出

早在 1978 年美国就禁止在商业中使用含铅涂料（如用含铅颜料生产的油漆等），1986 年又立法禁止在饮用水管网中使用含铅水管（目前含铅盐的塑料给水管已被世界各国禁用，我国有关部门也已禁止在饮用水管网中使用 PVC 塑料管材），20 世纪 80 年代起，许多国家明令要求使用无铅汽油。1992 年，美国国会提出了 Reid 法案，这是一个多方面的环境保护法案，其中一点就是在电子安装行业中禁止使用含铅物质。

日本的无铅电子制造技术在世界处于领先地位，日本政府从 2003 年 1 月开始全面推行无铅化电子制造。日本的松下、NEC、索尼、东芝、富士通、先锋等公司均于 2000 年开始采用无铅制造技术，到 2002 年年底基本或全部实现无铅化制造。日本一些大型电子公司已开始对我国国内的电子配套制造企业提出无铅化制造要求。

如今，全球范围内从法律上对无铅产品有严格要求并加以强制执行的当数欧盟。2003 年，欧盟公布了欧洲议会和欧盟部长理事会共同批准的《报废电子电气设备指令》（简称 WEEE 指令）和《关于在电子电气设备中禁止使用某些有害物质指令》（简称 RoHS 指令），以降低电子设备所含有害物质对环境的影响。它要求在 2006 年 7 月 1 日之后在欧盟地区上市销售的电子产品中以铅为首的 6 种有害物质的含量一律不得超标。

无铅并非含铅量为零，狭义的无铅或者说无铅的本意是指电子产品中铅含量不得超过 0.1%（质量百分比）。RoHS 指令针对所有生产过程中及原材料中可能含有以铅为首的 6 种有害物质的电气电子产品，主要包括电冰箱、洗衣机、微波炉、空调、吸尘器、热水器等家电，还包含 DVD、VCD、电视接收机等影音产品，IT 产品，数码产品，通信产品等。电动工具、电动电子玩具、医疗电气设备也在此列。RoHS 2.0 指令（对之前欧盟 RoHS 指令 2002/95/ EC 的更新。新指令于 2011 年 7 月 21 日生效）共涉及十大类、102 小类、数万种电子电气设备。

我国相关政府部门积极应对欧盟 RoHS 指令，并于 2006 年 2 月 28 日公布了中国版 RoHS 指令——《电子信息产品污染控制管理办法》。

中国版 RoHS 指令与欧盟 RoHS 指令内容大体相同，不同之处在于所限制的设备种类要少一些。中国版 RoHS 指令于 2007 年 3 月 1 日起实行。随着国内行业标准的提升与中国版 RoHS 指令的实施，国内电子产品厂商已经将无铅化生产提上了议事日程，并逐步推出采用无铅工艺制程的电子产品。

13.1.2 无铅焊料应具备的条件及其定义

无铅焊料的推广涉及方方面面，包括元器件行业、PCB行业、助焊剂行业、焊料行业和设备行业，即元器件引脚及内部连接也要采用无铅焊料和无铅镀层；PCB基材应适合更高温度的焊接，焊盘表面涂覆层也应适应高温焊接；助焊剂在高温下不应变色；焊接设备中机械材料、传动机构、控制系统也应适应在较高温场合下使用等。

由于纯锡熔点高（232℃），在铜上电镀的纯锡镀层在低温下长期暴露之后，可能会发生相变，在较高温度和潮湿环境下会诱发晶须的生长，同时，纯锡的焊接工艺性也较差，因此不便直接作为无铅焊料使用。

然而锡仍是作用优良的焊料基材，这是因为锡和其他许多金属之间有良好的亲和作用，且无毒无公害，特别是在地球上储藏量大，价格低，是一种无法取代的焊料基材，因此所谓的无铅焊料仍是以锡为基材的焊料。

1. 无铅焊料应具备的条件

众所周知，锡铅合金焊料具有优良的焊接工艺性、优良的导电性、适中的熔点等综合性能。可以取代目前通用的锡铅合金焊料的无铅焊料通常应满足以下条件。

① 无公害，无毒或毒性很低，某些金属如镉、碲等因有毒而不列入考虑范围。

② 熔点应与锡铅合金焊料相接近，要能在现有的加工设备和现有的工艺条件下操作。

③ 机械强度和耐热疲劳性能要与锡铅合金相当。

④ 焊料熔化后应对许多材料（目前在电子行业中已经使用的材料）有很好的润湿性，并形成优良的焊点，如铜、银铅合金、金、镍、42号合金及焊盘保护涂层OSP（有机保焊膜）等。

⑤ 可接受的市场价格，价格应接近锡铅合金焊料或不应超过太多。

⑥ 储量丰富，应有充足的原料来源以满足越来越大的电子产品制造需求，某些元素，如铟和铋储量较小，因此只能作为无铅焊料的添加成分。

⑦ 可以和现有元器件基板/引脚及PCB材料在金属学性能上兼容。

⑧ 要有合适的物理性能（如电导率、热导率、CTE）和足够的力学性能（剪切强度、蠕变抗力、等温疲劳抗力、热机疲劳抗力、金属学组织的稳定性）。

⑨ 可容易地制成条、丝、膏等形式。不是所有的合金都能够被加工成所有形式，如铋含量增加将导致合金变脆而不能拉拔成丝状。

由此不难看出，要满足上述诸多条件不是一件容易的事。

2. 无铅焊料的定义

铅常以杂质的形式存在于锡或其他金属中，其质量比小于0.1%。目前无铅焊料仍是以锡为基体的焊料，因此在此类焊料中仍含有微量的铅，并且它用一般的冶金技术难以去除。

无铅焊料的定义目前世界上尚无统一的标准，但可以用欧盟、美国、日本知名的协会提出的无铅焊料定义加以说明，欧盟 EUELVD 协会的标准是铅质量含量小于 0.1%；美国 JEDEC 协会的标准是铅质量含量小于 0.2%；日本 JEIDA 协会的标准是铅质量含量小于 0.1%。

由于 0.1%和 0.2%均是很低的数值，故通常又可理解为只要不是故意在焊料中加铅都可以称之为无铅焊料。目前国际公认的无铅焊料的定义为以锡为基体，添加其他金属元素，且铅的含量在 0.1%或 0.2%以下的主要用于电子安装的软焊料。

13.2 无铅焊料的研发

13.2.1 几种实用的无铅焊料

根据无铅焊料应具备的条件，最有可能替代锡铅合金焊料的是以锡为主，添加银、锌、铜、锑、铋、铟等金属元素组成的无毒合金焊料，通过改变焊料中不同金属元素的质量比来改善合金性能，提高可焊性。

应该说，到目前为止，虽然有很多品种的无铅焊料正在加紧研制，一些品种已经进入实用阶段，但是至今还没有哪种无铅焊料在各方面的性质上都优于并可以完全取代锡铅共晶焊料。研究正沿着如下三个方向展开。

（1）主要追求安全性和可靠性：在锡里添加银或铜，在高温区域焊接。

（2）主要追求焊接温度接近锡铅共晶焊料：在锡里添加锌。

（3）主要追求低熔点和低焊接温度：以上述两个研究方向为基础，在锡银铜合金里添加微量铋可适当降低焊接温度；在锡锌合金里加大铋的添加量，可制成低温焊料。

目前常用的无铅焊料主要是以锡银合金、锡锌合金、锡铋合金为基体，添加适量的其他金属组成三元合金或多元合金。表 13-1 所示为投入使用或正在研究并取得进展的无铅焊料及其特征。

表 13-1　投入使用或正在研究并取得进展的无铅焊料及其特征

合金系	名称	主成分	熔点/℃	抗拉强度/(kgf/mm^2)	扩展率/%	润湿性（大气中）
锡银系	Sn96	Sn/Ag	约 221	4.7	33	良好
锡银铜系	Sn96Cu	Sn/Ag/Cu	约 217	5.3	27	良好
锡铜系	Sn100C	Sn/Cu/Ni	约 227	3.3	48	良好
锡铋系	Bi57	Sn/Bi	约 139	7.6	33	良好
锡铋锑系	LF-B2	Sn/Bi/Sb 等	144～200	8.2	4	良好
锡银铋铜系	LF-C2	Sn/Ag/Bi/Cu	208～213	5.1	25	良好
锡锌系	LF-A	Sn/Zn	约 199	—	—	良好
锡锑系	95A	Sn/Sb	236～243	4.7	38	良好

1. 锡银系焊料

锡银合金焊料是人们很早就已熟悉的高温焊料，它具有较好的焊接性能，早期就开始用在厚膜工艺中，曾在20世纪80年代初用在双面PCB再流焊中第一面的再流焊接，但由于焊接温度高，故未能广泛应用。锡、银互熔后会生成金属间化合物 Ag_3Sn，即锡银合金的组织是以 Ag_3Sn 的形式分散在母相锡中的。锡银合金共晶点的成分为Sn-3.5Ag，熔点为221℃。它具有优良的机械性能、拉伸强度及蠕变特性，其耐热老化性能比锡铅共晶焊料稍差，但不存在延展性随时间加长而劣化的问题。缺点：熔点偏高，比锡铅合金焊料高30～40℃，润湿性差，成本高。

2. 锡银铜系焊料

近几年来，通过对Sn-3.5Ag的改进性研究，发现通过添加少量或微量的铜、铋、铟等金属，可以降低合金的熔点，且其润湿性和可靠性得到提高，特别是铜的加入，焊料在波峰焊时可以有效地减少 PCB 焊盘上铜的溶蚀。现在已经投入使用最多的无铅焊料就是这种合金焊料，配比为96.3Sn-3.2Ag-0.5Cu，其熔点为217～218℃，市场价格是锡铅合金焊料的3倍以上。

研究表明锡银铜合金的机械性能，如抗拉强度及抗疲劳等明显好于Sn-3.5Ag，合金组织均匀、致密。进一步的研究还表明，无论是铜含量变化（从0.5%变化到3.0%），还是银含量变化（从3.0%变化到4.7%），对其合金的熔点影响都不明显，但银含量的变化与铜含量的变化对其合金的机械性能有明显的影响，当银含量为3.0%～3.1%，铜含量为1.5%时，合金有最佳的机械性能，包括抗拉强度、抗疲劳。但当银的含量超过4.7%时，其机械性能没有任何明显的提高，反而在受到热冲击时焊点容易开裂。

3. 锡锌系焊料

锌在元素周期表中是第四周期的过渡元素，由于该元素原子结构的特殊性，锌的熔点仅为419℃，锌有良好的导热性和导电性，化学性质较活泼，由于Sn-9Zn的熔点仅有199℃，是熔点最接近于锡铅合金的合金，这意味着Sn-9Zn焊料若用作无铅焊料，则它的焊接工艺条件基本上接近于锡铅合金焊料。此外，金属锌资源广泛，不属于贵金属，因此国外许多大公司，多年来一直在从事锡锌合金焊料的研究。

锡锌合金焊料的共晶组成是Sn-8.8Zn，其共晶温度为199℃，而偏离共晶点比例的合金熔点迅速升高，锡、锌以固溶体的形式构成合金，说明锡锌有较好的互熔性，锌能均匀致密地分散在锡中。锡锌系焊料是无铅焊料中唯一与锡铅共晶焊料熔点接近的焊料，适合用于耐热性差的电子元器件的焊接。它的机械性能好，拉伸强度比锡铅共晶焊料好，可拉制成丝使用，具有良好的蠕变特性。

缺点：锌极易氧化，润湿性和稳定性差，具有腐蚀性，锡锌合金配制的焊锡膏保存期短。

该焊料在大气中熔融时，表面将形成厚的锌氧化膜，必须使用氮基气氛，或使用能熔解锌氧化膜的强活性助焊剂，才能确保焊接质量。

4．锡铋系焊料

铋是一种低熔点的金属，熔点为 271℃，由于它在元素周期表中排在第 V A 族的末位，故具有脆性，是一种金属性弱的表现。42Sn-58Bi 焊料是人们早已熟悉的低温（139℃）焊料，但因为熔点过低而未能大规模地用于电子安装行业。42Sn-58Bi 是锡铋合金的共晶组成成分，此时合金的共晶温度为 139℃，因此 42Sn-58Bi 焊料通常用作低温焊料。缺点：延展性不好，由于硬而脆，加工性差，所以不能加工成线材使用。

研究表明，在 Sn-58Bi 中添加 1%的银，即 Sn-57Bi-1Ag，它可以明显改进 Sn-58Bi 的机械性能。在 Sn-58Bi 中添加 1%的银后，其合金的组织形态比不加银时要细化。试验表明，Sn-57Bi-1Ag 焊料的延伸率可以增加 40%，弹性模量优于 Sn-37Pb 焊料。值得一提的是，Sn-57Bi-lAg 焊料的熔点只有 139℃，在常温上的抗蠕变性明显优于 Sn-37Pb 焊料。另外，Sn-57Bi-lAg 焊料与锡铅合金焊料一样，不形成金属间化合物，所以表面张力低，扩展性和流动性好；以前曾作为焊锡膏用于再流焊中，在基材是铜的焊接中使用，但不能用于 42 号合金等铁系基材的连接。经 1%Ag 改进后的 Sn-58Bi 焊料，实际应用的效果已能达到 Sn-37Pb 焊料的性能，但由于已探明的铋金属的储藏量不是太高，所以铋的价格较高，这不利于 Sn-57Bi-1Ag 焊料的推广。

5．锡铜系焊料

铜和锌一样，也是第四周期的过渡元素，铜的熔点为 1 083℃，远比锌的熔点高，铜与锡在元素周期表中位置相距较远，故锡、铜间电极电位差较大，锡、铜会形成金属间化合物。Sn-0. 7Cu 为锡铜合金的共晶点成分，它表明在纯锡中加入 0.7%的铜后可以使锡的熔点由 232℃降为 227℃，此温度为锡铜合金的共晶温度。但由于锡铜合金是以两种金属间化合物 Cu_6Sn_5 和 Cu_3Sn 的形态分散在锡中（连续相）的，它们会导致锡铜合金组成结构粗化，从而使其机械性能变差。特别是表征焊接性能的润湿时间远远长于 Sn-37Pb 焊料，故早期人们没有采用 Sn-0.7Cu 作为焊料使用。

随着焊料无铅化的推广，人们又重新审视 Sn-0.7Cu 作为焊料使用的可能性，特别是用作波峰焊焊料。研究表明，在 Sn-0.7Cu 中添加少量的镍可以增加焊接中焊料的流动性；添加少量的银可以改善焊料的机械性能；添加少量的锑可以减少焊料中残渣的产生。

由于锡铜系焊料构成简单，供给性好且成本低，因此大量用于基板的波峰焊、浸焊，适合作为松脂芯软焊料。其中添加镍构成的锡铜镍合金焊料（产品名为 Sn100C），在熔融时流动性得到明显改善。在 FQFP 集成电路的波峰焊中无桥接现象，也没有无铅焊料特有的针状晶体和气孔，得到了光亮的焊点。

此外，锡铜镍合金焊料还有延伸性好和蠕变强度高，以及电阻值低的特点。焊接时焊料不产生气体，经热冲击试验可以确定焊料的抗断裂性强，焊接可靠性高。

Sn-0.7Cu（Ni）焊料主要用作波峰焊焊料，其一，波峰焊的成本主要来自焊料本身，而Sn-0. 7Cu（Ni）焊料的成本比锡银铜合金焊料低；其二，虽然Sn-0.7Cu（Ni）焊料的机械性能相对Sn-37Pb焊料来说低了很多，但通孔焊点的结构赋予焊点较强的机械强度，故足以补充焊料的不足；其三，波峰焊时焊料温度虽高，但通孔插装元器件（THC/THD）引脚在焊料槽停留时间短，元器件受到的影响相对较小，而在再流焊中则由于元器件停留时间长，焊接温度高（245℃），以及无引脚焊点强度不如THC/THD焊点，所以Sn-0. 7Cu（Ni）焊料不推荐用在再流焊工艺中。

13.2.2 无铅焊料引发的新课题

随着无铅焊料的研制，焊料的成分和性能发生了变化，与焊接过程相关的新课题也在探讨与研究之中。

1. 元器件问题

① 因为多数无铅焊料的熔点都比较高，焊接过程的温度比使用锡铅合金焊料高，这就要求元器件及各种结构性材料能够耐受更高的焊接温度。

② 目前还有很多元器件的焊端或引脚表面采用锡铅镀层，在推广无铅焊接的同时，这些镀层也必须采用无铅材料。

2. PCB问题

① 要求PCB的板材能够承受更高的焊接温度，焊接以后不产生形变或铜箔脱落。

② 要求焊盘表面镀层无铅化，与无铅焊料兼容，且成本低。

3. 助焊剂问题

目前所用的助焊剂不能帮助无铅焊料提高润湿性，必须研制润湿性更好的新型助焊剂，其温度特性应该与无铅焊料的预热温度和焊接温度相匹配，而且满足环境保护的要求。

4. 焊接设备问题

① 要适应更高的焊接温度，再流焊炉要改变温区设置，预热区必须加长或更换新的加热器；波峰焊机的焊料槽、焊料波喷嘴和传输导轨的爪钩材料要能够承受高温腐蚀。

② 由于焊料成分不同使焊料的熔点及性能不同，焊接温度和设备的控制变得比锡铅合金焊料复杂。

③ 在焊接高密度、窄间距的SMT电路板时，有必要采用新的抑制焊料氧化技术或采用惰性气体保护焊接技术。

④ 采用氮气保护焊接，有利于价格昂贵的无铅焊料减少氧化，但气体的产生、保管、防

泄漏、回收等问题都需要解决。

⑤ 无铅焊接设备的售价往往是普通焊接设备的 2.5～4 倍，购置新设备带来的成本压力导致无铅焊接在电子产品制造企业推进缓慢。

5．工艺流程中的问题

在 SMT 工艺流程中，无铅焊料的涂敷印刷，元器件的贴装、焊接，助焊剂残渣的清洗及焊接质量的检验都是新的课题。

6．废料回收问题

从无铅焊料的残渣中回收铋、铜、银等金属，也是一个新课题。

13.3 无铅波峰焊

无铅波峰焊工艺同含铅波峰焊工艺有类似之处，但也有不同之处，类似的是其工艺流程相同；不同之处是由于无铅焊料的焊接温度通常比传统的锡铅合金焊料高（30℃左右），并且润湿性差，可焊性差，因此波峰焊机结构及参数均应做相应的调整。

13.3.1 无铅焊料的选择

当前用于无铅波峰焊的合金焊料主要有两大类，一是锡银铜合金焊料，二是 Sn-0.7Cu 焊料。锡银铜合金焊料的综合性能好于 Sn-0.7Cu 焊料，尤其是机械性能，但 Sn-0.7Cu 焊料最大的优点是价格便宜，它改性后的品种如 Sn-0.7Cu（Ni）焊料，在高温下也有好的流动性和焊接性能，因此选择谁作为无铅波峰焊焊料完全取决于所安装的电子产品的性能要求及经济价值。对于消费类电子产品，当产品仅采用波峰焊工艺生产时，为了降低成本，可以用 Sn-0.7Cu 焊料或改性后的品种 Sn-0.7Cu（Ni）焊料作为波峰焊焊料；而用于工业类电子产品时，特别是当这类产品采用双面焊接工艺，并且一侧已采用锡银铜合金焊锡膏再流焊工艺，另一面若采用波峰焊工艺时，则仍应采用锡银铜合金焊料作为波峰焊焊料。同一块 PCB 中使用两种不同焊料，在需要维修时易出现焊料混用现象，锡银铜合金焊料和 Sn-0.7Cu 焊料不宜混合使用，否则会造成焊点连接不均匀而产生疲劳失效。

13.3.2 无铅波峰焊工艺对波峰焊机的要求

1．PCB 预热温度/锡炉温度

若采用 Sn-0.7Cu 焊料作为波峰焊焊料，则波峰焊机锡炉温度应设置为 265～270℃。在此温度下 Sn-0.7Cu 焊料也有好的流动性和焊接性能（此时润湿时间仅为 0.5s），为减少对 PCB 及片式元器件的热冲击，要相应提高 PCB 预热温度，通常 PCB 预热温度应达到 130～150℃（比传统的锡焊要高出 30℃），只有达到预期的预热温度才能加速助焊剂溶剂的挥发和使助焊剂活化，从而得到好的焊接效果。若预热温度和预热时间调整不当，则会造成较多的焊后残留物，或由于助焊剂活性不足，造成焊点润湿性变差。当预热温度偏低时还可能导致气体放出而产生焊料球和飞溅。为了不降低设备的生产能力，波峰焊机的预热烘道要适当加长。目前无铅波峰焊机的预热烘道已由原来的一段式加热改为两段式加热，并且长度达到 1. 8m 以上，预热的功率一般不低于 15kW，这样确保了 PCB 进入锡炉前有一个理想的预热温度。由于无铅焊接工艺对温度精度要求较高，锡炉温度的精度应控制在±1℃之内。此外，还要做好锡炉周围的保温，防止因环境温度变化而产生影响。

2．助焊剂喷涂系统

在无铅波峰焊实施过程中，对助焊剂喷涂系统没有特别要求，目前以雾化喷涂为主，因为它比传统的发泡式涂敷要均匀并且价格适中。

3．焊接时间与锡炉的喷嘴

无铅波峰焊过程中已提高了 PCB 预热温度和锡炉温度，从理论上说可以减少焊接时间，但是因锡银铜合金焊料的润湿能力偏低，因此，在实际生产中焊接时间仍控制在 4～5s 为好。在双波峰焊机中，焊接时两波峰之间的温度跌落（下降）不超过 50℃。因此通常可将锡炉的喷嘴适当加宽，两喷嘴之间的距离适当减小，以保证焊接时波谷的温度不低于 200℃。

4．焊料的防氧化

波峰焊工艺中焊料的防氧化一直是件麻烦的事，同锡铅合金焊料相比，高锡含量的无铅焊料在高温焊接中更容易氧化，锡炉中形成氧化物残渣（SnO_2），会影响焊接质量。设备厂家采用改善锡炉喷嘴结构的方法来减少氧化物，但最好的办法是采用氮气保护，虽然增加氮气保护的设备前期投入较大，但从长远利益考虑还是合算的，用氮气保护既提高了焊接质量又可以防止无铅焊料因氧化带来损失。

5．锡炉的防腐蚀

无铅焊料的锡含量高，如 Sn-0.7Cu 焊料几乎是纯锡，在高温时对铁有很强的浸析能力，传统的波峰焊机的锡炉及喷嘴大多采用不锈钢材料，从而易发生溶蚀反应，随着时间的推移，最终会导致部件溶蚀损坏，特别是喷嘴及泵系统。

因此，目前国外的无铅波峰焊机中的锡炉及泵系统已采用铸铁制造，并在其部件的外侧涂敷专用涂料，以防腐蚀。国内采用金属钛制造相应的部件，预防锡的腐蚀。

6．焊后冷却系统

快速冷却有两个作用：一是可减少无铅焊料针状晶体的生成，保证无铅波峰焊焊点光亮；

二是在无铅波峰焊接后主板常常会发生焊盘“剥离”（Lift-off）缺陷，产生的原因在于冷却过程中合金焊料的冷却速率与 PCB 的冷却速率不同。因此加速焊好的 SMA 冷却有助于克服此缺陷。目前在新型的无铅波峰焊机中常采用冷水或强制冷风对焊接后的 SMA 进行冷却。冷却速率一般控制在 5～6℃/s，应注意的是过快的冷却速率会造成片式电容的损坏，因此在调节冷却速度时要对其他方面予以兼顾。

13.3.3 无铅波峰焊工艺对生产要素的影响

无铅波峰焊因为温度高，不仅对设备有新的要求，还对相关的生产要素也有新要求。

1. PCB

高的焊接温度会使 PCB 变形，因此在 PCB 设计时应考滤到 PCB 厚度与长宽比是否得当；在波峰焊机中应设置中央支撑，这些都可有效地防止 PCB 在无铅波峰焊中因高温引起凹陷变形。选择玻璃化温度较高的基板材料，可从根本上防止 PCB 变形。

2. 元器件

在无铅波峰焊中，焊接高温对 THC/THD 来说影响不太大，但对片式元器件会有较大的影响，如片式电容，塑封 SOT、SOIC 等，严重时会造成这类器件的损坏。预防元器件损坏的办法是适当调高 PCB 预热温度及适当降低锡炉温度，必要时对元器件进行预烘处理以去除元器件内部的潮气。

3. 助焊剂

传统的免清洗助焊剂多数不适用于无铅波峰焊，因为它在高温下很快就会失去活化能力，也不能有效地防止焊盘二次氧化。目前已研制出用于无铅波峰焊的水溶性无 VOC 助焊剂，如 IF2005，它在高温时也有优良的助焊能力。在传统的助焊剂中有部分中固含量的助焊剂也能满足无铅波峰焊的需要，因此在未要求使用特定成分的助焊剂的前提下，只要其活性温度范围符合无铅焊接的要求，且润湿效果也好，都可以用于无铅焊接工艺。

4. PCB 焊盘设计

波峰焊焊点形成机理是流动的融熔焊料提高了焊盘和引脚的温度使之能够润湿，依靠焊盘孔与元器件引脚之间的间隙所形成的毛细现象而使焊料穿透到元器件引脚上，因此其间隙大小很重要。由于 Sn-0.7Cu（Ni）焊料等无铅焊料的表面张力大，穿透力不强，因此无铅波峰焊中焊盘孔与元器件引脚之间的间隙要适当加大。

5. 波峰焊工艺曲线

若以 Sn-0.7Cu（Ni）焊料作为无铅波峰焊焊料，则与它相适应的波峰焊工艺曲线如图 13-1 所示。

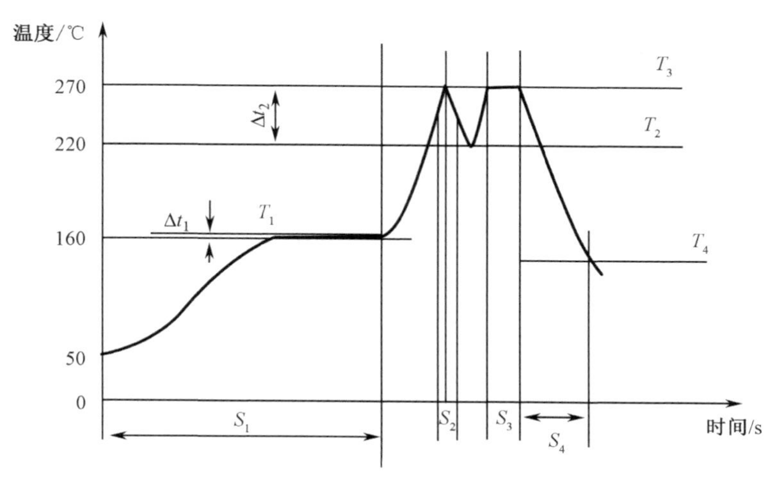

图 13-1　Sn-0.7Cu（Ni）焊料波峰焊工艺曲线

图中 S_1 是预热时间，一般为 80～120s，PCB 到锡炉前的预热温度为 135～145℃，锡炉温度为（270±5）℃；S_2 是第一波峰时间，一般为 1～2s；S_3 是第二波峰时间，一般为 3.5～5s，则 SMA 总的焊接时间为 4.5～7s（S_2+S_3），一般控制在 4.5～5.5s，两波峰之间的最低温度不低于 200℃；若是焊接镀镍/金层的 PCB，则整个的波峰焊接触时间应大于 6s。这样在焊料波峰顶部的氧化物能被很好地排除掉，焊料波会产生一个向上的推力，改善 PCB 通孔的润湿性。此外，还要精心调整好波峰焊的各项参数，一是要将导轨的倾斜角度调整到 5°～7°。在焊接高密度板和混装板时，若倾角太小则容易出现桥接，特别是在 SMT 器件的“遮蔽区”；若倾角太大则会造成焊点吃锡量太小，产生虚焊。二是波峰高度的调整，一般波峰的液面高度要在 PCB 厚度的 $\frac{1}{3}$～$\frac{1}{2}$，无铅波峰焊的焊接后冷却速率应控制在 5～6℃/s，以保证焊点外观较为光亮。

13.4　无铅再流焊

13.4.1　无铅再流焊工艺要素

1. 无铅焊锡膏选择

由于无铅焊锡膏同锡铅合金焊锡膏的性能有明显的不同，因此无铅焊锡膏再流焊工艺的相关参数应随之改变，要做好无铅焊锡膏再流焊工艺，首先要熟悉无铅焊锡膏的性能，特别是其同锡铅合金焊锡膏的不同之处。

在现已开发的三大系列无铅焊锡膏中，首选锡银铜系无铅焊锡膏，它已得到业界普遍认可，在锡银铜系无铅焊锡膏中选用低银的配比，如 Sn-3.0Ag-0.5Cu，Sn-2.5Ag-0.7Cu-0.55Sb 焊锡膏也是大多数公司的选择。确定了无铅焊锡膏的合金后，焊锡膏印刷性、可焊性的关键在于助焊剂。不同焊锡膏公司生产的焊锡膏性能不同，因此要通过试验对比，看看印刷时焊锡膏的滚动、填充、脱模性能，以及定时观察印刷质量及 8h 后的黏度变化等。

2．无铅再流焊工艺中的 PCB 设计

由于 PCB 设计的人为影响因素较多，出现的问题也较多，在实施无铅再流焊工艺时应牢记高温容易造成 PCB 变形。因此无铅再流焊工艺中，对 PCB 焊盘设计时除了要遵守常规的设计原则，在既可单面布线又可双面布线的情况下，应尽可能采用单面布线工艺，这样可以有效地防止二次高温对 PCB 和元器件的伤害。布线时应注意元器件分布的均匀性，在没有元器件的板面可设置空白网格以减小热应力对 PCB 的影响。

此外，在设计多层板时，层数设置应保持其对称性，这样可以有效减小 PCB 焊接过程中引起的热变形，焊盘可稍大于用传统方法设计的焊盘，以保持焊盘的二次维修强度。总之，应结合无铅焊料的可焊性差及焊接温度高的缺点，从设计方面提高焊接的可靠性。

3．无铅焊锡膏印刷模板窗口的设计

由于无铅焊锡膏的润湿性和铺展性比锡铅合金焊锡膏差，所以在焊盘上没有印到无铅焊锡膏的地方，焊料是铺展不到的，可能会导致焊盘长期暴露在空气中，在潮湿、高温等恶劣环境下，造成焊点被腐蚀失效，影响产品的寿命和可靠性。另外，由于缺少铅的润滑作用，无铅焊锡膏印刷时填充性和脱模性较差，故无铅焊锡膏模板窗口设计应适当大一些，使无铅焊锡膏尽可能完全覆盖焊盘。通常，对于引脚间距大于 0.5mm 的器件，一般采取 1∶（1.05～1.08）的窗口；对于引脚间距小于或等于 0.5mm 的器件和 0402 的阻容元器件，通常采用 1∶1 的窗口；模板厚度可与含铅焊锡膏模板相同，由于无铅焊锡膏中助焊剂含量高一些，同体积的焊锡膏其合金含量会少一些，故必要时也可适当增加模板厚度。

4．元器件应能适应无铅工艺的要求

由于高温对元器件的不利影响，在片式元器件中，1206 以上的大元器件发生开裂失效的机会较多；铝电解电容对温度极其敏感，损坏的概率也很大；连接器和其他塑料封装元器件（如 QFP、PBGA）在高温时损坏量明显增加。除了器件来料本身要有足够的适应性，元器件吸湿性也是决定因素，解决办法是尽量降低焊接峰值温度，严格按元器件湿敏感性要求操作。理论上无铅焊接时元器件焊端表面镀层也应无铅化，但在过渡期尚难做到。一般来说消费类产品中元器件焊端表面的含铅镀层尚能适应无铅工艺的要求；但在 BGA 器件的使用中应注意焊球合金成分与焊锡膏合金成分的一致性，否则焊点中易出现空洞缺陷。即当使用无铅焊锡膏时，若 BGA 仍为铅锡合金焊球，则铅锡合金焊球会在比无铅焊锡膏熔点低 35℃时熔化，在焊球是液态而无铅焊锡膏不是液态时，助焊剂放出的气体将直接进入熔化的焊球中，从而可能产生大量的空洞。

5. 无铅工艺对PCB基材的耐热要求

高温容易造成PCB的热变形，因树脂老化变质而降低强度，特别是PCB的Z轴与X-Y方向的CTE不匹配，造成金属化孔镀层断裂失效等可靠性问题。因此在PCB选材时应做到消费类产品可以采用FR-4基材，工业类及投资类产品需要采用耐高温的FR-5基材。

PCB焊盘表面镀层常用锡铅合金热风整平工艺，由于镀层含铅，在无铅再流焊中不再使用。

6. 印刷过程注意事项

在印刷中应注意无铅焊锡膏黏度的变化，特别是锡银铜合金焊锡膏密度比锡铅合金焊锡膏密度低，故锡银铜合金焊锡膏印刷性差，易粘印刷刮刀，在印刷微细焊盘时更加明显。通常解决这类问题的最好办法是对不同厂家的焊锡膏做全面的评估。此外，由于无铅焊锡膏的润湿力小，再流焊时自对中作用比较小，因此，使用无铅焊锡膏的印刷精度应比含铅焊锡膏时更高，以保证良好的焊接效果。

7. 贴装工艺

贴装工艺在无铅技术中受到的影响较小。焊锡膏在贴装工艺中的唯一作用是固定住贴装后的元器件，使它不会在焊接前偏移原位。焊锡膏是否能够很稳定地固定住贴装后的元器件，其关键在于焊锡膏的黏结力。

8. 焊接工艺

无铅技术在焊接工艺上变化最大，也是整个工艺技术中最难处理的部分。原因来自无铅焊锡膏在熔点和表面张力上的变化。

图13-2所示为Sn-3.5Ag-0.7Cu焊锡膏再流焊工艺曲线，它的形态与锡铅合金焊锡膏再流焊工艺曲线基本相同，即也可划分为预热区（包括保温区）再流区、冷却区。由于无铅焊锡膏焊接过程中对温度均匀度要求较高，故工艺窗口比较窄，在预热区升温速率控制在1.2～1.6℃/s，保温区温度控制在160～170℃（比锡铅合金焊锡膏相应高出10℃）。但在再流区峰值温度一般应控制在235～240℃，并要求温度维持时间为10～15s，从升温到峰值温度的时间仍维持在3.5～4min，时间不宜过长，否则会使焊接界面上Cu_3Sn的厚度增加而影响焊点质量。

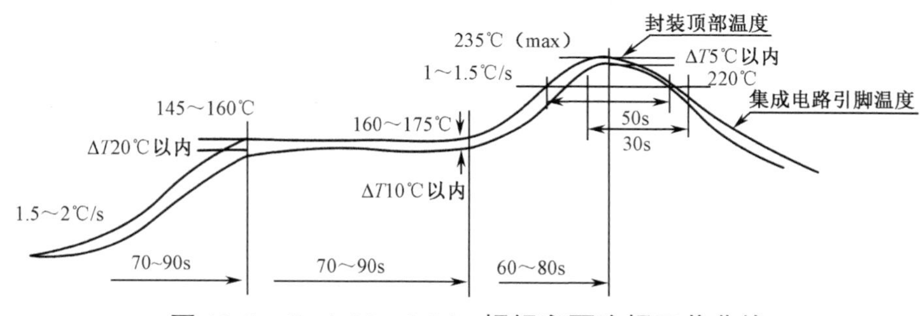

图13-2 Sn-3.5Ag-0.7Cu焊锡膏再流焊工艺曲线

再流焊峰值温度会直接影响到焊点的焊接强度，随着峰值温度的提高，焊接强度提高，因此无铅再流焊工艺中峰值温度是非常重要的。

图13-2所示曲线的特点是SMA在加热时有一段保温时间，故SMA表面温度较均匀，即SMA表面不同位置的温差ΔT较小，显然当所焊接的元器件大小不均匀时，SMA表面温度仍较均匀，随着继续升温会获得满意的焊接效果，但在保温后期至峰值温度时，升温速率较快对元器件有一定的热冲击。

无铅再流焊中不但工艺窗口的缩小会给生产带来挑战，而且高温焊接过程中元器件的氧化也会使焊接困难，润湿不良会造成焊点的虚焊。如果无铅焊锡膏的助焊剂性能不良，或再流焊焊接温度曲线在保温区的工艺参数设置不当，那么再流焊时就可能出现“爆米花”、立碑及气孔等焊接缺陷。

9．氮气再流焊

无铅再流焊工艺窗口比含铅再流焊工艺窗口小，氮气再流焊不仅能防止预热期间造成的氧化，还能增加其润湿性。有条件的工厂应考虑实施氮气再流焊工艺。

10．无铅焊锡膏焊点的形态

无铅焊锡膏焊后在常温冷却过程中，焊点表面无光亮感，呈“凝固线条”或“橘皮形状”，没有锡铅合金焊锡膏焊后焊点那样光亮、流畅，以致早期的AOI系统都难以判别焊点的质量。但这并不影响焊点的可靠性，锡银铜合金焊锡膏焊点的形态如图13-3所示。

图13-3　锡银铜合金焊锡膏焊点的形态

13.4.2　无铅再流焊工艺中的常见问题

1．无铅焊锡膏印刷中常见的问题

（1）堵孔。印刷时堵孔现象主要发生在0201元器件模板的印刷之中，用于0201元器件的模板窗口只有0.3mm×0.15mm（12mil×6mil），模板厚度通常为0.125mm（5mil）。在焊锡膏印刷过程中高黏性的无铅焊锡膏很容易粘在小孔壁上，印刷后不容易通过小孔而完整地落在PCB上。这是因为锡银铜合金焊锡膏的密度（7.49g/cm^3）比锡铅合金焊锡膏（8.4g/cm^3）的密度小，也就是说无铅焊锡膏要轻些，因此无铅焊锡膏不容易从小孔中脱落出来而造成堵孔。由于0201模板开孔大小和无铅焊锡膏密度几乎无法调整，所以选择一个适当黏度的无铅焊锡膏就显得比较重要了。

（2）桥接。桥接就是PCB上相邻的焊锡膏连在一起。调整印刷机的参数，增加模板的擦洗频率，适当提高印刷速度，以及降低刮刀的压力可以改善桥接。但对细间距的元器件焊盘，通常元器件之间的距离仅在0.1mm左右，为了避免发生无铅焊锡膏印刷桥接现象，除了采取以上措施，还应选择低塌落系数的无铅焊锡膏。

由于有的无铅焊锡膏随着印刷时间的延长，塌落系数会变大，这样无铅焊锡膏在印刷一段时间后，发生桥接的概率增大，因此在印刷过程中还应定时补充新的无铅焊锡膏，保证无铅焊锡膏工艺性能的稳定性。

（3）焊锡膏易粘刮刀。焊锡膏粘刮刀也是无铅焊锡膏在印刷工艺中常见的缺陷，造成焊锡膏粘刮刀的主要原因是焊锡膏黏度太高。引起焊锡膏黏度增高的原因很多，除了无铅焊锡膏密度较轻，还有一个更重要的原因是从化学的角度来讲的，它包括锡合金粉和助焊剂两部分，锡合金粉又以超细微粒分散在助焊剂中，因此锡合金粉会和助焊剂密切结合而发生缓慢的化学反应，使其性能变坏。因此，无铅焊锡膏更应遵循低温（0～10℃）存放，使用时间不要超过存放期的要求。

2．元器件贴装中常见的问题

在0201元器件贴装过程中，由于0201的焊盘小，易出现元器件偏离或元器件丢失现象，其原因一方面是微量的焊锡膏本身易发干，失去黏性；另一方面是无铅焊锡膏中助焊剂质量，因此还应通过试验来选择合适的无铅焊锡膏。

3．无铅焊锡膏在焊接中的缺陷

无铅焊锡膏在再流焊中常出现不熔化缺陷，引起的原因常有下列几种。

① 比起大块焊锡膏，微量焊锡膏在再流焊过程中不太容易熔化在一起。微量焊锡膏与空气接触的表面积比大块焊锡膏要大。所以微量焊锡膏的助焊剂不太容易覆盖住金属颗粒，也不能够充分保护金属颗粒在再流焊的保温区内不被氧化。一旦金属颗粒部分被氧化，其熔点就会比未氧化金属颗粒熔点高很多，故在再流焊的熔化区无铅焊料中的两种金属颗粒很难熔化在一起。

② 从热传递的角度看，在升温初期及保温阶段，微量焊锡膏很容易传热，温度很快升高。高温加强了金属颗粒的氧化，同样导致金属颗粒不能很好熔化。实际生产中许多焊锡膏可以用在普通SMT生产中，但不能用于0201元器件的焊接，因为它不能很好地熔化。

无铅焊锡膏的熔点和氧化活性都比含铅焊锡膏高，所以增加了它在0201焊接工艺中正常熔化的难度。

③ 在热容量大的集成电路器件附近由于温度很难上升，导致再流焊效果不佳。此时通过肉眼观察，能够见到无铅焊锡膏熔化后的焊点光亮度差、锡珠多，有时像豆腐渣一样，表面粗糙不规则。

对于上述现象，通常可以适当调节再流焊焊接温度曲线来解决，但焊接温度曲线如果不允许调整太大，那么比较容易的办法是找到一个好的无铅焊锡膏配方，能够保证其在 0201 焊接工艺中正常熔化。此外，在氮气氛围中焊接也是解决这一问题的好方法。

④ 焊点中有孔。焊点中有孔的现象通常用目测法很难发现，随着 AXI 的使用，这种隐性焊接缺陷逐步引起人们的重视。焊点中有孔特别是一些大孔会使接触性能变差，导致电性能变差，严重时会由于焊点的疲劳强度下降而引起焊点断裂，这也是整机工作一段时间后易出现故障的原因之一。

无铅焊料形成的焊点中，出现孔洞的概率明显高于锡铅合金焊料，有孔焊点的 X-Ray 图像如图 13-4 所示。

翼形引脚焊点孔洞

BGA器件焊点孔洞

图 13-4　有孔焊点的 X-Ray 图像

对于元器件品种来说，按出现孔洞的概率大小依次排列是 CSP 器件、BGA 器件、TSOP 器件、片式电阻电容。当元器件焊球或引脚镀层材料与焊料成分不一致时，焊点出现孔洞的概率比元器件焊点与焊料成分一致时焊接后出现孔洞的概率大。对于 CSP、BGA 器件来说，本体与 PCB 距离越近其出现有孔焊点的概率越大，这与焊料的加热过程气体及助焊剂不易排放有直接关系。

减少孔洞出现概率的方法是适当控制保温时间及改善助焊剂的质量，特别是活性温度，防止在再流区因温度过高助焊剂过早老化或变质，由此也不难推断，采用氮气保护再流焊仍是最有效的减少孔洞的手段之一。

13.5　无铅手工焊接

无铅手工焊接是无铅焊接的一个重要组成部分。与一般手工焊接相比，无铅手工焊接需要解决的问题仍然是无铅焊料带来的影响。

（1）扩展能力差：无铅焊料在焊接时，润湿、扩展的面积只有锡铅共晶焊料的 $\frac{1}{3}$ 左右。

（2）熔点高：无铅焊料的熔点一般比锡铅共晶焊料的熔点高 34～44℃。

1. 无铅手工焊接面临的困难

以下是进行无铅手工焊接时所遇到的一些问题。

① 烙铁头寿命缩短。一般烙铁头结构，内部主要由铜制成，外面镀上铁（镀铁层），而镀铁层前端再镀上锡（镀锡层），后端会镀上抗氧化的铬。由于锡和铁同样属于高活动性的金属，所以它们很容易会结合成金属间化合物，特别是在高温的状态下。而且在焊接时所使用的助焊剂（特别是高活性的）也是加速它们产生金属间化合物反应的催化剂。当使用锡铅共晶焊料时几乎是不会产生金属间化合物的，但当使用Sn-3.7Ag-0.7Cu焊料时便会产生厚度为15μm的金属间化合物。

金属间化合物的产生速度会因焊接温度的不同而改变。温度越高，产生速度越快，特别是在400℃或以上的情况下更为明显。进行焊接时，锡与铁会不断产生混合反应，而由于所产生的金属间化合物会从烙铁头镀层表面剥落，因此烙铁头镀层会逐渐被浸蚀掉，继而锡会很快地浸蚀烙铁头内的铜，从而烙铁头会在很短时间内穿洞。

不同成分的焊料会对烙铁头有不一样的浸蚀速度。Sn-0.7Cu焊料对烙铁头的浸蚀速度最快，其次是Sn-3.5Ag-0.75Cu焊料、Sn-2Ag-0.75Cu-3Bi焊料，最后是Sn-37Pb焊料。

在400℃的焊接温度下，Sn-3.5Ag-0.75Cu焊料对烙铁头的浸蚀速度比传统的锡铅共晶焊料要快3倍，而Sn-0.7Cu焊料要快4倍。除了浸蚀，无铅焊料还会加速烙铁头的氧化。

② 由于无铅焊料的熔点较高，高温焊接会加速焊料氧化，影响焊料的扩散性及润湿性。

③ 高温焊接会破坏一些电子组件，包括塑料连接器、继电器、发光二极管、电解电容及多层陶瓷电容，甚至会使塑料组件熔化或变形。

④ 高温会使电路板变形，导致多层陶瓷电容损毁。

⑤ 需要使用活性较高（腐蚀性强）的助焊剂。

⑥ 要提供较多热量及焊接较长时间才可以达到理想的焊接效果。

⑦ 容易产生桥接及虚焊，且不易修正。

⑧ 容易产生锡珠及助焊剂飞散。

2. 克服无铅手工焊接缺陷的措施

① 在满足无铅焊料熔化温度的前提下，应尽量使用低温焊接，一般设定在350℃左右进行焊接为宜。提高焊接温度有可能会造成焊接困难，因为高温会加速无铅焊料氧化，影响无铅焊料的扩散性及润湿性。虽然使用某些助焊剂可以有效改善焊接效果，但是会对环境造成一定的污染，实践中还是应该偏向保护环境，使用免清洗助焊剂。

实际上，如果选择正确的烙铁头形状，操作控制得当，那么现有的烙铁头温度大多可以适应无铅手工焊接的需要。只有当待焊部位的热容量很大时，才需要提高烙铁头温度。无铅合金的应用比以前更需要注意工艺控制。手工焊接工艺必须进行全面重新定义，包括烙铁头形状、输出功率、热传递效率及绝对烙铁头温度等。

② 使用高热回复性的焊台，使烙铁头温度相对稳定。普通电烙铁功率一般在 60W 以下，焊接一个焊点大约需要消耗使烙铁头温度降低 50～100℃的热量，要焊接下一个焊点需要迅速进行温度补偿，但是普通电烙铁补偿焊接所需要的温度大约需要 5s 或更长时间，很难满足焊接需要，生产效率低下，产能下降。为满足焊接需要，往往通过提高电烙铁的设定温度来实现，然而，单纯追求设定高温会导致上述其他负面影响。所以，普通焊台根本无法实现高频无铅焊接。

目前，市场上已有很多专门用于无铅手工焊接使用的无铅焊台和无铅电烙铁，以及不同形状的无铅烙铁头，如图 13-5 所示。

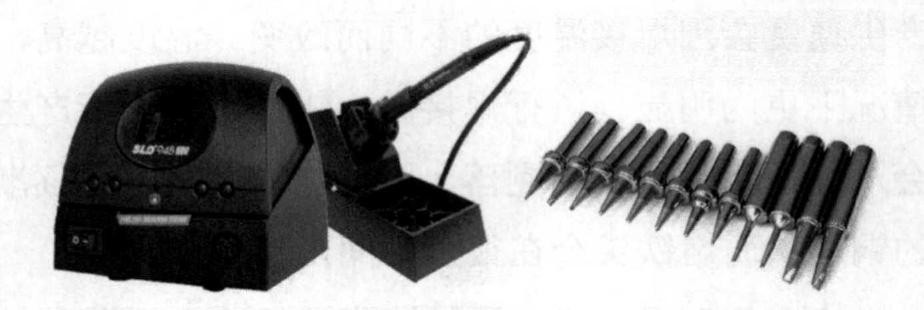

图 13-5　无铅手工焊接设备

图 13-6 所示为 PS-800E 型无铅焊接系统的烙铁头和烙铁手柄及其使用实况。PS-800E 型无铅焊接系统采用具有过程控制的智能加热（SmartHeat）技术，烙铁头加热快，焊接效率高，不会因过热而损坏 PCB 和元器件。SmartHeat 技术可以在不提高烙铁头温度的情况下满足无铅合金对热量的苛刻要求。整个主机系统由主机电源、烙铁手柄（含 PS-CA1、AC-CP2）、烙铁加热组件、自动休眠烙铁支架和功率表等组成，可为大规模的生产应用提供高效率和更经济的焊接解决方案。

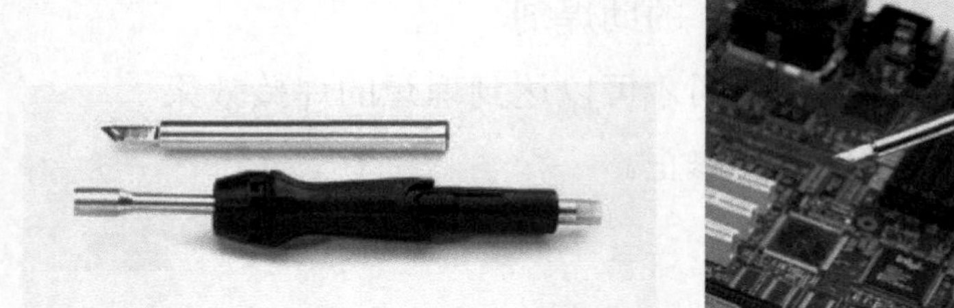

图 13-6　PS-800E 型无铅焊接系统的烙铁头和烙铁手柄及其使用实况

③ 采用带有氮气环境的手工焊接，也就是焊接中在烙铁头的周边喷出保护性的氮气。通过对焊接部位的覆盖，可起到改善焊接润湿性，防止基板氧化的作用，这种做法在使用锡铅合金焊料时是很有效果的。另外，采用氮气保护焊接时，喷出的氮气具有一定的温度，还具有对元器件、PCB 预热的作用。在电烙铁设定温度相同情况下，使用氮气保护进行焊接，烙铁头温度会有所下降，测定得到的温度差约为 15℃。

④ 配合焊点大小的同时，应尽量选择相对较大的烙铁头进行焊接，因烙铁头越大，设定温度可以越低，热量流失越少。PS-800E 就是大功率增强型无铅焊台，它拥有较大的功率输

出，以及加大几何尺寸和加厚镀层的烙铁头。图 13-7 所示为几种 PS-800E 型烙铁头的形状和尺寸。

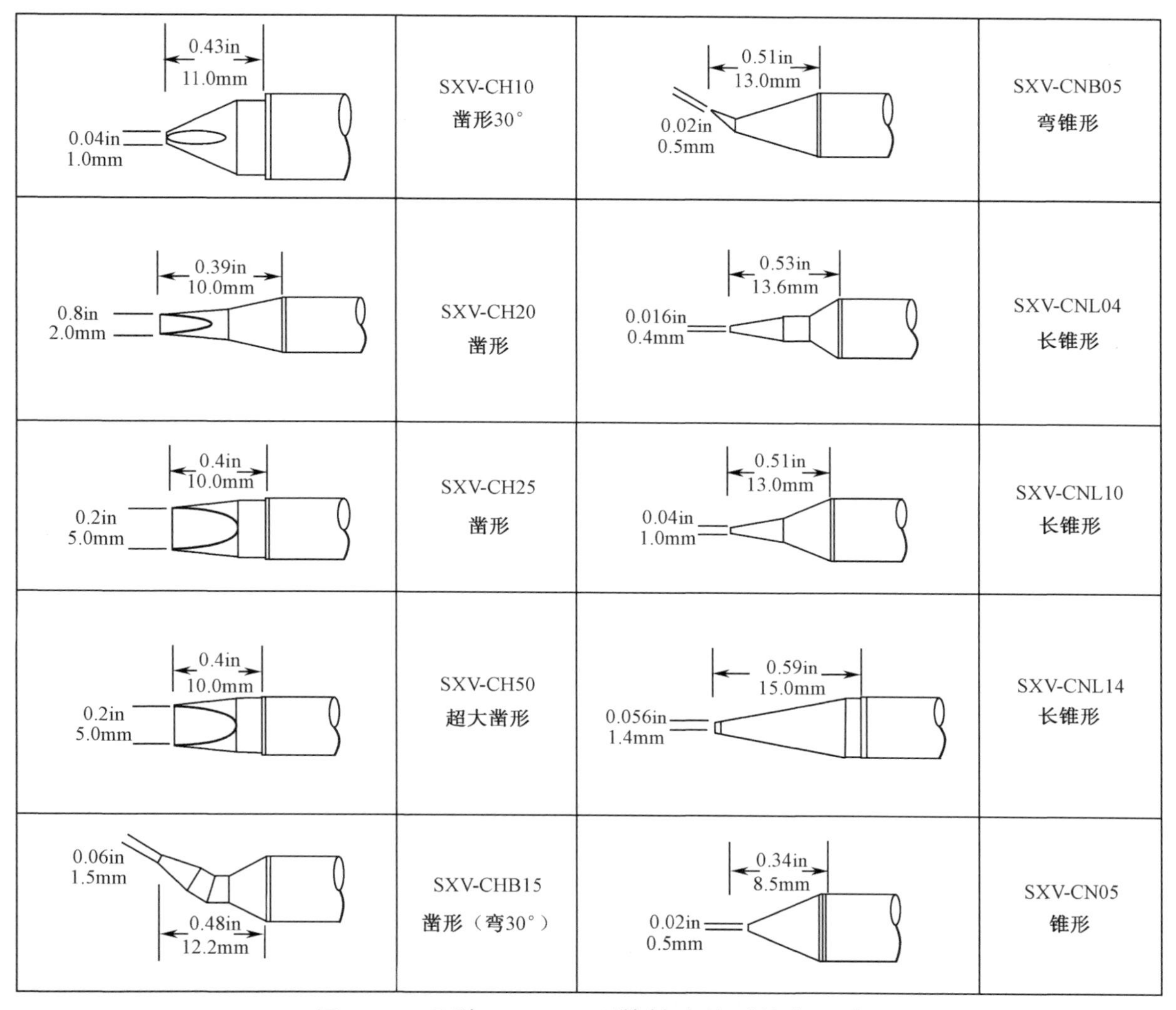

图 13-7 几种 PS-800E 型烙铁头的形状和尺寸

3. 提高烙铁头使用寿命的方法

① 使用尽量低的温度进行焊接，进行无铅焊接时不要使烙铁头的温度超过 400℃。实验证明，当烙铁头的温度超过 400℃进行连续焊接时，烙铁头的寿命大约缩短 $\frac{1}{4}\sim\frac{1}{3}$。虽然无铅焊料的熔点较高，但这并不代表必须要使用较高的温度进行焊接。

② 进行无铅焊接时，烙铁头必须经常保持清洁，原因是相比于传统焊料，无铅焊料是不能够容忍杂质污染的。

③ 使用烙铁头清洁海绵清洁。清洁海绵保持潮湿状态，请勿加水太多或太干燥，加水过多，会加速烙铁头的氧化；太干燥，会破坏烙铁头最表面的镀锡层和镀铬层。

④ 当烙铁头停止使用时，一定要加上新锡层，以保护烙铁头，防止其氧化。

⑤ 不使用烙铁头时，不要让烙铁头长时间处于高温状态，烙铁头处于高温状态，会使烙

铁头上的助焊剂转化为氧化物，致使烙铁头导热功能大为减弱，并加速其氧化。

⑥ 当发现烙铁头头部有黑色氧化物时，应及时进行氧化物去除处理。方法是调整烙铁头温度至200～250℃，用清洁海绵进行反复清理，直至黑色氧化物除去。氧化物去除后立即进行使用或加上新锡层。

⑦ 使用高质量的免清洗助焊剂可以延长烙铁头的寿命。

4．烙铁头的不当使用

① 为了导热更快，将小烙铁头生硬地插入焊接处，导致烙铁头镀层破损。

② 为了去除烙铁头上的助焊剂氧化残留物，一个小时内几次将烙铁头用磨损性材料进行过分清洗，这样烙铁头镀层很快会被磨损掉。

③ 烙铁头上锡不当也会对烙铁头寿命造成危害。因为要清除烙铁头上厚厚的氧化物，烙铁头上锡时会使用活性助焊剂，如果烙铁头上完锡后不进行除酸，那么烙铁头也会很快被腐蚀。正确的方法是首先上锡清洗烙铁头，清除氧化残留物；然后，用海绵清洗烙铁头，清除残留的酸，海绵必须用去离子水浸湿，不能用自来水，因为自来水中的污染物会污染烙铁头，在加热后形成黑斑点；最后，将烙铁头上锡，用焊料覆盖，保证其与空气隔绝，避免再次氧化。

13.6 思考与练习题

【思考】无铅焊接技术使用的焊接材料为无铅焊料合金，这类焊料的熔点均高于共晶锡铅焊料，焊接温度的提高也使得元器件在焊装中要承受过高的温度，同时，无铅焊接的可焊性及形成焊点的可靠性尚存在不如有铅焊接的问题，这也成为制约电子产品在军事、航空航天或某些特定领域应用的重要原因。

1．简述铅的危害及电子产品带来的铅污染增长在我国的主要表现形式。

2．无铅焊料的定义是什么？

3．目前投入使用或正在研究并取得进展的无铅焊料有哪些？

4．简述无铅波峰焊工艺对波峰焊机的要求。

5．简述无铅波峰焊工艺对生产要素的影响。

6．简述无铅再流焊的工艺要素。

7．无铅再流焊工艺中常见的问题有哪些？

8．简述克服无铅手工焊接缺陷的措施。

附录 A

本书部分专业英语词汇

详细内容请扫描二维码查阅

参考文献

［1］ 宣大荣．表面组装技术［M］．北京：电子工业出版社，1994．

［2］ 张文典．实用表面组装技术（第2版）［M］．北京：电子工业出版社，2006．

［3］ 韩满林．表面组装技术［M］．北京：人民邮电出版社，2010．

［4］ 李朝林．SMT制程［M］．天津：天津大学出版社，2009．

［5］ 王卫平，陈粟宋．电子产品制造工艺［M］．北京：高等教育出版社，2005．

［6］ 张立鼎．先进电子制造技术：信息装备的能工巧匠［M］．北京：国防工业出版社，2000．

［7］ 赵英．电子组件表面组装技术［M］．北京：机械工业出版社，1991．

［8］ 龙绪明．实用电子SMT设计技术［M］．成都：四川省电子协会SMT专委会，1997．

［9］ 何丽梅．SMT表面组装技术［M］．北京：机械工业出版社，2006．

［10］ 周德俭，吴兆华．表面组装工艺技术（第2版）［M］．北京：国防工业出版社，2009．

［11］ 吴兆华，周德俭．表面组装技术基础［M］．北京：国防工业出版社，2002．

［12］ 廖汇芳．实用表面安装技术与元器件［M］．北京：电子工业出版社，1993．